异步图书
www.epubit.com

卷积传媒
AIRBOOK

数亦有道

Python
数据科学指南

王树义　翟羽佳◎著

U0335332

人民邮电出版社
北　京

图书在版编目（CIP）数据

数亦有道：Python数据科学指南 / 王树义，翟羽佳
著. -- 北京：人民邮电出版社，2021.10
ISBN 978-7-115-56385-9

Ⅰ. ①数… Ⅱ. ①王… ②翟… Ⅲ. ①软件工具—程
序设计—指南 Ⅳ. ①TP311.561-62

中国版本图书馆CIP数据核字(2021)第068647号

内 容 提 要

本书结合数据科学的具体应用场景，由浅入深、循序渐进地引导读者入门数据科学，覆盖了数据获取、数据预处理、数据分析等方面的内容，共 10 章。本书首先概括性地介绍各章的主要内容，然后通过一个个生动的案例讲解数据获取、数据预处理、自然语言处理、机器学习和深度学习等方面的典型应用，最后为读者提供进一步学习 Python 的方向和方法建议。本书各章的案例均基于具体应用场景，以简单、清晰的方式对数据科学相关的技术原理和实际操作进行讲解。

本书适合高等院校的理工科、管理学科的本科生、研究生学习，尤其适合非计算机专业但对计算机编程感兴趣的学生参考学习，同时也适合数据科学行业的从业者阅读。

◆ 著　　　　王树义　翟羽佳

责任编辑　赵祥妮

责任印制　王　郁　陈　犇

◆ 人民邮电出版社出版发行　　北京市丰台区成寿寺路 11 号

邮编　100164　电子邮件　315@ptpress.com.cn

网址　https://www.ptpress.com.cn

涿州市京南印刷厂印刷

◆ 开本：800×1000　1/16

印张：23.75　　　　　　　　　2021 年 10 月第 1 版

字数：545 千字　　　　　　　2021 年 10 月河北第 1 次印刷

定价：89.90 元

读者服务热线：**(010)81055410**　印装质量热线：**(010)81055316**

反盗版热线：**(010)81055315**

广告经营许可证：京东市监广登字 20170147 号

前　　言

目前，数据科学的技术门槛逐渐降低。面对海量信息扑面而来的我们，该如何从这种趋势中收获更多呢？

不友好的技术世界

我们经常听别人谈论，数据科学的门槛在逐渐降低。数据科学、机器学习、自然语言处理、神经网络、人工智能……一系列的名词让我们眼花缭乱，让我们对这个时代充满期待。每个人都跃跃欲试，希望自己也能用新技术让工作卓有成效。但是，如果我们从事的不是与信息技术（Information Technology，IT）相关的工作，学习的不是计算机专业，那可能会逐渐发现，技术世界似乎"不那么友好"。

如我们只想对文本提取主题，作者却写了这么长的公式：

$$
\int_{\theta_j} P(\theta_j;\alpha) \prod_{t=1}^{N} P(Z_{j,t} \mid \theta_j) \mathrm{d}\theta_j = \int_{\theta_j} \frac{\Gamma\left(\sum_{i=1}^{K} \alpha_i\right)}{\prod_{i=1}^{K} \Gamma(\alpha_i)} \prod_{i=1}^{K} \theta_{j,i}^{n_{j,(\cdot)}^{i}+\alpha_i-1} \mathrm{d}\theta_j
$$

$$
= \frac{\Gamma\left(\sum_{i=1}^{K} \alpha_i\right)}{\prod_{i=1}^{K} \Gamma(\alpha_i)} \cdot \frac{\prod_{i=1}^{K} \Gamma(n_{j,(\cdot)}^{i}+\alpha_i)}{\Gamma\left(\sum_{i=1}^{K} n_{j,(\cdot)}^{i}+\alpha_i\right)} \int_{\theta_j} \frac{\Gamma\left(\sum_{i=1}^{K} n_{j,(\cdot)}^{i}+\alpha_i\right)}{\prod_{i=1}^{K} \Gamma(n_{j,(\cdot)}^{i}+\alpha_i)} \prod_{i=1}^{K} \theta_{j,i}^{n_{j,(\cdot)}^{i}+\alpha_i-1} \mathrm{d}\theta_j
$$

$$
= \frac{\Gamma\left(\sum_{i=1}^{K} \alpha_i\right)}{\prod_{i=1}^{K} \Gamma(\alpha_i)} \cdot \frac{\prod_{i=1}^{K} \Gamma(n_{j,(\cdot)}^{i}+\alpha_i)}{\Gamma\left(\sum_{i=1}^{K} n_{j,(\cdot)}^{i}+\alpha_i\right)}
$$

又如我们想做一个时间序列的预测，结果一个处理单元就有图 1 所示的结构。

除了不断"从入门到放弃"，我们还能做什么？

别急，这不是真相。真相是，只要我们知道如何找到正确的工具包，就可以用短短几行代码完成以前手工需要做几天的工作。

编程，对于有需求的人来说，如今已经变成了和驾驶一样的基础技能。开辆自动挡的汽车，不难吧？我们可以安全行驶几十万千米，成为名副其实的"老司机"，而不必理解发动机（或者电动机）的构造。汽车需要维护和保养，这是自然的，但是这些工作我们都可以交给专业人士。我们需要了解的无非是转向、制动、油门、信号灯……

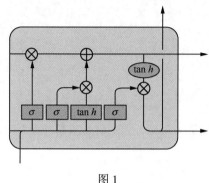

图1

数据科学技术门槛的降低就应该体现在处理数据问题的时候，我们应当像驾驶汽车一样自然地处理这些问题，而不应当像学习发动机构造一样"挑战自我"。

本书的受众与架构

在机械师的眼中，发动机的构造简单易懂。所以他们中的大部分人写发动机构造教程的时候，很少考虑那些对物理一无所知的读者的感受。

同样，那些制造数据科学与人工智能工具的人也很聪明，相关原理于他们而言就是"理所当然"，所以大部分数据科学类教程，对于读者阅读数学公式和分析模型构造提出了较高要求。而这对于大部分读者，尤其是非理工科的读者来说是一大障碍。

非理工科读者们充满期待，试图通过掌握数据科学工具来完成科研与工作任务，而拿到的教程依然在完完整整地罗列公式，甚至是推导过程。这就像我们想学开车，教练却要我们先学习发动机构造。

读者此时可能会产生自卑感——因为看不懂这些公式。其实，这又有什么？

想必你我都认同，普通的非专职司机（可能是成功的生物学家、成功的作家等），即便不懂发动机的构造和工作原理，依然可以很好地开车，顺利、安全地到达目的地。

因此，我们任何人都不应该在这"数字技术洪流"中受到阻碍。特别是，我们不应该把自己推到"数字鸿沟"的另一端。

我们需要的是找到适合自己阅读的教程。这种教程的特点是什么？在笔者看来，大致包括以下3点。

- 以问题为导向。用例子讲明白如何用合适的工具，简单、高效地解决问题。

- 解决问题的方法完全可以复制。教程必须给出全部的代码和步骤流程。读者参考后就能上手，获得结果。
- 尽量不使用数学公式和一大堆晦涩难懂的术语；即便使用术语，也需要解释清楚。

秉持与上述特点一致的原则，从 2017 年 6 月开始，笔者在自己的公众号"玉树芝兰"和简书、知乎、科学网专栏等写了一系列的数据科学教程。很荣幸，这些教程受到了很多读者的欢迎。

现在，笔者将这一系列教程整理成书，分享给读者。本书每一小节都保持了"原汁原味"的问题导向风格的标题。这样读者可以在浏览目录后，迅速定位到自己需要的部分，实践和复用代码，解决遇到的实际问题。

为了让读者更容易理解并实践书中的内容，本书的程序输出结果以截图形式直接给出，部分较复杂内容更保留了输入形式截图。

本书案例大部分有配套代码和案例数据，下载链接：https://github.com/zhaihulu/DataScience/。读者可以尽情下载、修改和使用。本书中的每个案例都经历了成百上千个读者的实际运行和检验。他们的提问和反馈也曾帮助笔者查找出许多问题，或是查找到教程讲解中不容易理解的部分，从而促使笔者不断迭代改进表述方式和案例，这些都在本书有所体现。

数据科学欢迎你

如果你是理工科的学生，甚至是计算机专业的学生，也没有关系。或许本书有些内容对于你来说过于简单，甚至有些啰唆，但你也可以换个角度来看它。

笔者的专栏和公众号读者里面，不乏知名大学信息科学、计算机科学、统计学和数学专业的老师与研究生。笔者曾经疑惑，他们怎么也来读笔者的教程？后来笔者明白了，有的老师是希望这些教程能帮助自己的学生快速上手，有的老师是希望切磋教学用例和教学方法。而有的老师则是从专业的角度帮笔者把关。

他们给了笔者很多的鼓励，也提供了诸多有益的反馈和点拨。在此，笔者向他们表示衷心的感谢！欢迎读者帮笔者挑挑"硬伤"，提高这本书的质量。我们可以共同协作，以免误人子弟的情况出现。

所以你看，你并不孤独。开放的数据科学教育需要大家都贡献自己的一份力量。Welcome on board（欢迎加入我们）！

王树义　翟羽佳

2021 年 9 月

视频导向图书使用指南

什么是视频导向图书?

视频导向图书是一种创新的内容分发形式,它以我们熟悉的图书为载体,但图书只是一个起点。通过视频导向图书,读者可以很容易地使用手边的智能设备,如手机和平板电脑,从图书出发,和图书背后的创作者建立联系,获取视频、直播甚至线下活动等丰富形式的内容,提升获取信息的效率和体验。

在视频导向图书上找到入口

所有视频导向图书上都有两种形式的入口。

1. 二维码

二维码是大家非常熟悉、几乎天天都接触的。本书中的二维码入口如图1所示(它真的可以扫描)。

图 1　二维码入口

为了保证这个二维码不会失效,我们采用了活码进行跳转。关注微信公众号"内容市场",使用微信"扫一扫"来扫描书上的二维码,根据页面提示进入微信小程序即可观看讲解视频。也可以使用卷积传媒研发的应用——内容市场，来扫描二维码并观看讲解视频。

2. 增强现实触发图

虽然扫描二维码是一种很熟悉的体验，但不得不承认这种方式有点太常见。为此，我们提供了另一种有趣的入口：把一张图直接变成一段视频并就地播放！方法是使用"内容市场"App 来扫描触发图，它在本书中如图 2 所示（它真的可以扫描）。

您可以在智能手机上的应用市场等渠道下载和安装"内容市场"App。

图 2　触发图

单击"内容市场"底部的扫描按钮来扫描触发图，首次识别可能需要等待数秒，但马上您就可以获得相当惊喜的就地播放体验了，而且还可以看到运动跟踪的效果。当然，您不需要一直手持设备并对准触发图，而是随时可以单击"全屏播放"，视频就会切换到全屏播放。

免费享用增值内容的权益

"内容市场"为读者提供的内容分为两个部分，一是与图书配套的、在图书上提供入口的增值内容，二是由图书的作者再度创作的、并不在图书上提供入口的订阅内容。

本书所有的读者都可以免费享用所有的增值内容，如果您看了视频感觉有所收获，也可以将它们分享给您的亲朋好友。

订阅内容也有很多免费的，但有些内容可能需要另外付费购买，这完全出于您的需求和意愿。

联系客服

如果读者朋友们在使用软件或任何内容时遇到了技术故障或任何困难，可以联系客服工作人员。

卷积传媒

目　　录

第1章

入门导读

本书按照先易后难的顺序组织各章，因此本章简要介绍其余各章的内容，并提示读者可能遇到的问题。

1.1　环境设置

本书的大部分教程都是在 Python 运行环境——Jupyter Notebook 上运行和演示的。

安装这个运行环境最简单的方法就是安装 Anaconda 集成套件。

我们会在第 2 章讲解并带领读者安装 Anaconda，然后运行第一个 Jupyter Notebook，并成功输出"hello world!"。

本书代码大多采用 Python 3 版本，但部分内容会涉及 Python 2.x。

为什么呢？因为随着技术的发展，Python 已经逐步过渡到 3.x 版本。尽管许多第三方软件包都已经宣布了时间表，会尽快支持 3.x 版本，放弃对 2.x 版本的支持，可是目前某些软件包依然只能支持 Python2.x，虽然这样的软件包越来越少了。你需要暂时做个"两栖动物"，千万不要束缚自己，固执地不肯用低版本 Python。

解决了 Anaconda 的环境设置问题，我们就可以尝试不同的数据科学任务。我的建议是先尝试词云（Word Cloud）。因为它比较简单，而且会让你有成就感。

1.2　探索分析

跟着第 3 章的教程"词云制作"和"中文分词"一步步执行，用少量 Python 代码，你就可以做出图 1-1 所示的词云。

当然我们也会讲解如何改变词云边框的外观，构造更加漂亮的词云，如图 1-2 所示。

学习完前 3 章，你将掌握 Python 运行环境安装、文本文件读取、常见软件包调用、可视化分析与结果呈现、中文分词等基本"功夫"。

图 1-1

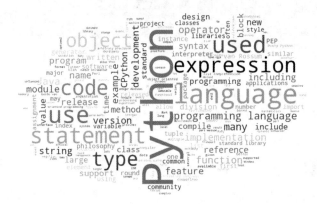

图 1-2

除此之外，在第 3 章我们还通过实例，给大家讲解使用 Python 和 R 语言探索数据集的具体应用，让大家一步步深入数据分析领域。

1.3　数据获取

掌握了初步的数据分析后，你会发现自己变成了"数据饥渴症患者"。如果没有数据，你就无法思考、解答现实问题。

如何获取数据呢？我们先要区分数据的来源。数据的来源很多，但是对于研究者来说，来自网络和文献的数据比较常用。目前主流（合法）的网络数据获取方法主要分为 3 类：

- 开放数据集下载；
- 应用程序接口（Application Programming Interface，API）读取；
- 爬虫抓取（Crawling）。

在第 4 章，我们讲解了如何把开放数据集下载到本地，并且在 Python 中使用，还介绍了常见的 CSV、JSON 和 XML 等格式的开放数据文件的读取、初步处理和可视化方法与流程。

如果没有开放数据集可供下载，网站只提供 API，该怎么办呢？在 4.2 节中，我们使用 Python 读取阿里云云市场的一款天气数据 API，获得指定城市的天气变化记录，并且做可视化分析。

如果没有开放数据集，网站也没有提供 API，那就得"直接上大锤"了。4.3 节介绍了非常人性化、易用的网页抓取软件包 requests_html，你可以用它尝试抓取网页内的指定类型的链接。

希望这些内容可以帮助你高效地获得优质数据，支撑起你的思考和探索。

1.4　数据预处理

数据科学的实际工作，80% 甚至 90% 的时间都是在做数据预处理，许多数据分析的场景都要求输入结构化的数据。

然而，结构化的数据不一定就待在那里，静候我们来使用。很多时候，它蕴藏在以往生成的非结构化文本中。我们大部分时间接触到的数据都没有结构。各种类型的数据混合在一起，需要用一种通用的快速方式统一处理。

从大量的文本中抽取结构化的数据是一项重要但烦琐的工作。大家可能早已习惯人工阅读文本信息，把关键点抽取出来，然后将之复制、粘贴到表格中。从原理上讲，这样做无可厚非，但是实际操作中太麻烦，而且效率太低。

在第 5 章中，我们会介绍如何使用更简单的方式，自动化地快速完成这些烦琐的操作步骤。

1.5　自然语言处理

我们还将尝试自然语言处理（Natural Language Processing，NLP）。

如果你希望对单一长文本提取若干重要关键词，该怎么办呢？请阅读 6.1 节的内容。这一节会介绍如何采用词汇向量化（Vectorization）、TextRank 等成熟的关键词提取算法来解决问题。

情感分析（Sentiment Analysis）是自然语言处理在许多社会科学领域热门的应用之一。在第 6 章中我们会详细讲述英文和中文文本情感分析的两个案例，采用不同的软件包，有针对性地满足应用需求。只需要少量代码，Python 就能"告诉"我们文本的情感倾向，是不是很期待？

以情感分析为基础，我们可以尝试增加维度，对更大体量的数据做分析。增加时间维度就可以持续分析变化的舆情。我们会介绍如何用 Python 实现舆情时间序列可视化，一步步指引你在时间刻度上可视化情感分析结果，如图 1-3 所示。

图 1-3 不是很美观。不过我们需要容忍自己起步时的笨拙，通过不断迭代以精进技术。一出手就获得满分，这对极少数"天才"来说确实是日常。但对大多数人而言，则是"拖延症"的开始。你可能迫不及待想要尝试用自己的数据进行时间序列可视化分析。阅读到 6.3 节，你可能会对情感分析有些了解。

但是情感分析不只是极性分析（正面 / 负面）。我们都知道，人的情感其实是由多方面共同构成的。如何从文本中分析出多维度的情感特征变化呢？在 6.4 节中，我们会分析《权力的游戏》中某一集的剧本，你会获得图 1-4 所示的结果。

如果你是《权力的游戏》的观众，请告诉我，这张图描绘的是哪一集？6.4 节的可视化分析部分，用的是 R。

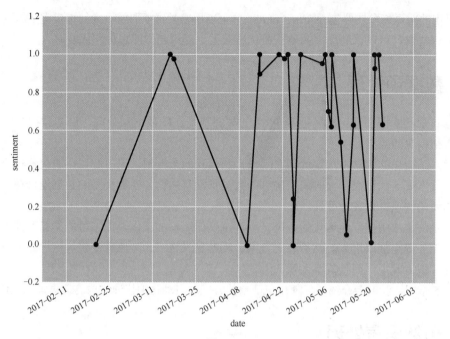

图 1-3

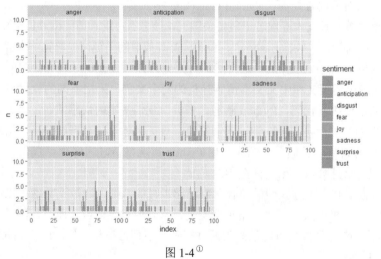

图 1-4 [①]

R 也是数据科学领域一个非常受欢迎的开源工具。它的通用性和热度可能不如 Python（毕竟 Python 除了数据科学，还能做许多其他的事），但是由于统计学界诸多学者的拥护和添砖加瓦，因此它有一个非常好的生态系统。

---

① 图中n代表不同情感对应的文本行数，index对应文本中的段落位置。

从文本中抽取主题、运用成熟的词嵌入（Word Embeddings）方法、对文本进行语义分析……
第 6 章还有很多需要你去探索的问题。

1.6 机器学习

你可以尝试做更进一步的分析，例如机器学习（Machine Learning）。

机器学习的妙用体现在那些你（其实是人类）无法准确描述解决步骤的问题的解决上，让机
器通过对大量案例（数据）的观察、试错，构建一个相对有用的模型来自动化处理问题，或者为
人类的决策提供辅助依据。大体上，机器学习主要分为 3 类：

- 监督学习（Supervised Learning）；
- 非监督学习（Unsupervised Learning）；
- 强化学习（Reinforcement Learning）。

本书会介绍一些案例供大家理解学习。

监督学习与非监督学习最大的差别在于数据。数据已有标注（一般是人工赋予标记），一般
用监督学习；数据没有标注，一般只能用非监督学习，如图 1-5 所示。

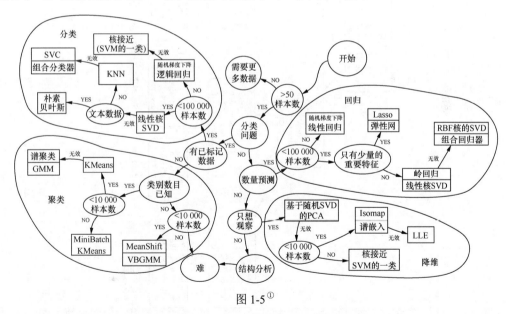

图 1-5①

在监督学习部分，我们将讲解分类（Classification）任务的例子。

如何用 Python 和机器学习做出决策中的案例？我们选择贷款审批辅助决策。采用机器学习
算法决策树（Decision Tree），如图 1-6 所示。

---

① 图片来源：CSDN社区。

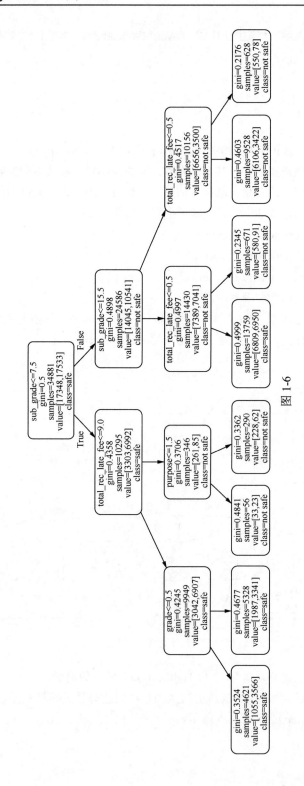

图 1-6

在 7.2 节中，我们不仅对停用词（Stop Words）处理方式进行详细的介绍，而且把监督学习中的朴素贝叶斯（Naive Bayes）模型应用于情感分析，手把手教你如何训练自己的情感分类模型。

除此之外，我们还将深入讲解如何从海量文本中抽取主题。

1.7　深度学习

深度学习（Deep Learning）指用深度神经网络（Deep Neural Network，DNN）进行机器学习。相对于传统机器学习方法，它使用的模型结构更为复杂，需要更多数据的支持，并且训练起来需要消耗更多的计算资源和时间。

常见的深度学习应用包括语音识别、计算机视觉、机器翻译等。当然，可能新闻里面经常提的是围棋。我们提供的案例不用挑战人类智能极限，而是与日常工作和生活更加相关。

8.1 节介绍深度神经网络的基本结构，通过客户流失预警的例子，讲述使用前馈神经网络进行监督学习的基本样例。实际操作部分，我们采用 TensorFlow 作为后端，TFLearn 作为前端，构造自己的一个深度神经网络。

基于深度神经网络的基础知识，我们开始讲解机器学习中的计算机视觉。8.2 节实践分类马和羊的图像集合，卷积神经网络（Convolutional Neural Network，CNN）这时就大放异彩了。8.2 节将分析卷积神经网络中不同层（Layer）的作用。我们将尽量避免用公式，而是用图像和平实简洁的语言来解释概念。

我们使用的深度学习框架是苹果公司的 Turi Create。我们将会调用一个层数非常多的卷积神经网络帮助我们迁移学习（Transfer Learning），试图用很少的训练数据获得非常高的分类准确率。为了解释这种"奇迹"，8.3 节进一步介绍"寻找近似图片"。希望读者通过 8.3 节的内容，能对迁移学习有更深入的认识。

1.8　机器学习进阶

前几章我们从实例应用方面对机器学习和深度学习进行了简单的介绍，但大多数人对这两个概念仍然一知半解。很多实践案例往往只是介绍机器学习和深度学习的具体任务和操作，缺乏对机器学习的整体流程和可能出现的问题的详细论述。在这一部分，我们将梳理有关机器学习的概念和机制，分析如何更加有效地沟通机器学习的结果，以及如何更加科学地利用数据集进行学习训练，进一步带领大家深入理解和掌握机器学习的含义和应用规则。

9.1 节中我们以二元分类任务为引，介绍机器学习过程中的重要概念，然后针对不同的数据类型，解释如何选择更合适的实施模型，进而帮助大家在执行机器学习任务时，能够从原理和评估的角度有效准确地完成任务。

对训练好的模型，我们终归需要对结果进行解释和分析。但因为模型准确率再高，有时也免不了会有运气的成分，所以其能否在实际应用中发挥作用，并不能单单靠着简单的几个指标来评判。哪怕是机器学习的结果已经远超人类，但在很多涉及健康、安全、隐私等的领域，大家对于机器学习的结果还是不能完全接受。特别是对整个模型学习过程不了解的情况下，大家对机器学习的决策肯定是不会加以采纳的。因此在 9.2 节中，我们将会对如何解释机器学习的结果进行介绍和讨论，相信在学习完这一章后，大家会对模型结果的沟通有更深的理解和把握。

机器学习的根本就是数据，而数据又分成训练集、验证集和测试集，包含了各种各样的数据集合类型。在 9.3 节我们会进一步讨论数据集的选取和构建，希望大家能够在这一节的引导下更加游刃有余地处理数据。

1.9　答疑时间

随着知识、技能和经验的积累，你的疑问可能也逐渐增多了吧？或许有的读者对本书有此疑问——案例挺有意思，也很简单易学，但是怎么把它用到我自己的学习、工作和科研中呢？在第 10 章中，我们会提供一些关于继续学习和探索的意见和指引。

- 如何指定目标？
- 如何确定深度？
- 如何加强协作？

对于 Python 的深度学习，我们根据不同的人群的学习特性进行分类。你可以根据分类的结果，选择更适合自己的学习路径。本书中还推荐了进一步学习的资料，不仅包括书籍，还包括视频。希望这种互动教学方式对你入门数据科学有所帮助。

不仅如此，我们还将向你展示一种任务导向的学习方式，期望它可以提升你的 Python 运用能力和数据科学学习效率。

第2章

环境设置

稳定的运行环境是开展数据科学工作的基础。在本章中，我们会给大家详细介绍如何安装 Python 的主要运行环境、配置和复制教程代码，以及介绍本书使用的在线学习工具和平台，方便大家在学习过程中使用和重复练习本书中的实验内容。

2.1 Python运行环境Anaconda的安装

本书使用的 Anaconda 是在 Windows 10 中下载及安装的，建议大家下载及安装及最新的版本，以保证系统安全及新的软件的兼容性。

2.1.1 下载及安装Anaconda

这里先打开浏览器。或许默认配置是打开 IE，但是建议使用 Google Chrome 浏览器或者 Mozilla Firefox 浏览器。这里使用 Mozilla Firefox 浏览器进行演示。

首先用搜索引擎查询并打开 Anaconda 的下载页面。在正确打开 Anaconda 的下载页面之后，它会根据我们使用的操作系统推荐对应的下载版本。如图 2-1 所示，本书使用的是 Windows 版本。

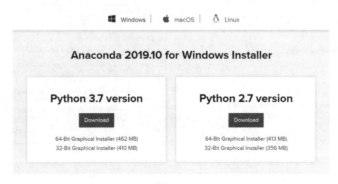

图 2-1

　　图 2-1 中，在 Anaconda 版本下方给出了两种下载选择，左边是 3.7 版本，右边是 2.7 版本，而且在不同的版本下，还分为 64 位和 32 位操作系统对应的安装包。请根据自己所使用的操作系统，选择对应的安装包，否则，可能会出现无法兼容或无法保证较好性能的情况。

　　要了解自己使用的计算机是多少位的，首先要右击桌面上的"此电脑"图标，再单击"属性"，会显示图 2-2 所示的系统类型信息。本书所用计算机的操作系统为 64 位，因此，选择 64 位的安装包进行下载及安装。

系统类型　　　　64 位操作系统, 基于 x64 的处理器

图 2-2

　　接下来，单击 3.7 版本的 64 位安装包，选择安装包保存路径，并进行下载。下载完毕之后，我们可以看到一个扩展名为 .exe 的文件，如图 2-3 所示。

Anaconda3-20
19.10-Windows
-x86_64.exe

图 2-3

　　双击文件图标开始安装。如图 2-4 所示，单击"Next"，然后单击"I Agree"，再选择"Just Me"，并单击"Next"，即可进行安装目录选择。在进行安装目录选择时，一般选择默认目录安装即可。然后勾选第二个选项，单击"Install"进行安装。安装时长视计算机配置而定。在安装完后单击"Next"，进入完成安装界面，这里有两个选项，不建议初学者勾选，然后单击"Finish"完成安装。

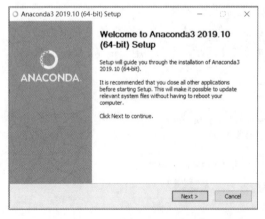
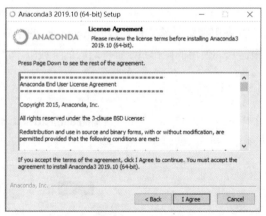

（a）　　　　　　　　　　　　　　　　（b）

图 2-4

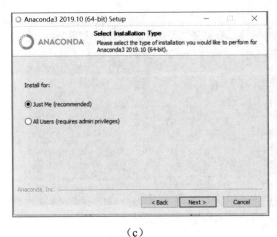
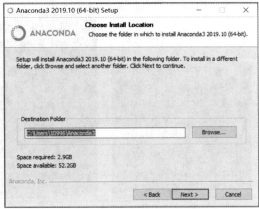

（c）　　　　　　　　　　　　　　　　　　（d）

（e）

图 2-4（续）

2.1.2　运行Anaconda

打开开始菜单，单击"Anaconda3(64-bit)"，如图 2-5 所示，出现几个图标，包括 Jupyter Notebook 和 Spyder 等。

下面单击 Anaconda 的命令行工具 Anaconda Prompt。如图 2-6 所示，打开后，会自动提示运行路径。

下面，在光标所在处输入以下命令并运行：

```
dir
```

可以显示该路径下的文件夹，如图 2-7 所示。

图 2-5

图 2-6

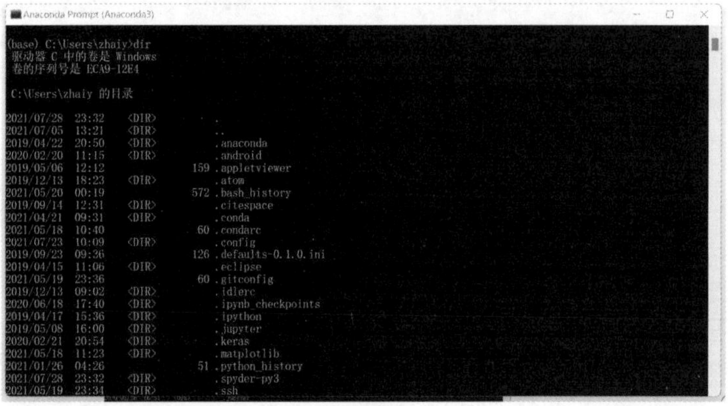

图 2-7

如果需要 Jupyter Notebook 在某一个具体的文件夹下运行，则需要使用 cd 命令。首先，在桌面新建一个文件夹，命名为 demo。然后，回到 Anaconda 命令行，执行以下命令：

```
cd Desktop
```

此时运行路径变为桌面，如图 2-8 所示。此时再执行 dir 命令，查看桌面下的文件夹。再次使用 cd 命令，在光标处输入：

```
cd demo
```

运行结果如图 2-9 所示，此时运行路径为 demo 文件夹。

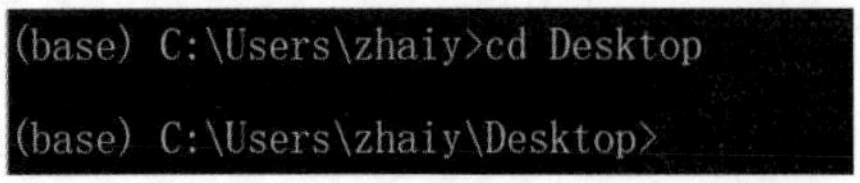

```
(base) C:\Users\zhaiy>cd Desktop
(base) C:\Users\zhaiy\Desktop>
```

图 2-8

```
(base) C:\Users\zhaiy\Desktop>cd demo
(base) C:\Users\zhaiy\Desktop\demo>
```

图 2-9

然后，我们需要在现在的运行路径下打开 Jupyter Notebook。在光标处输入以下命令并运行：

```
jupyter notebook
```

如图 2-10 所示，打开 Jupyter Notebook。

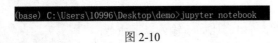

图 2-10

在命令运行后，后台会使用默认浏览器打开 Jupyter Notebook，如图 2-11 所示。

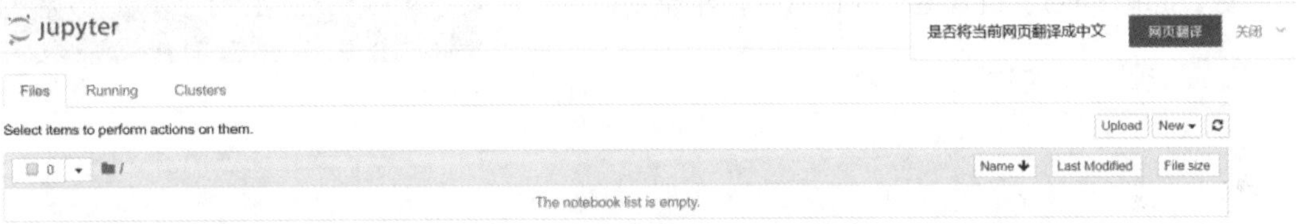

图 2-11

单击右上角的"New"按钮，出现新建菜单，如图 2-12 所示。

其中，Python 3 表示新建 Python 3 版本的文件，"Text File"表示新建文本文件，"Folder"表示新建目录，"Terminal"表示新建命令行。单击"Python 3"新建文件，如图 2-13 所示。

图 2-12   图 2-13

下面，可以尝试运行一些基础的命令。首先给 a 和 b 赋值，输入以下命令：

```
a = 2
b = 3
```

按【Shift+Enter】组合键执行该命令。然后，输入以下命令（将两个数相乘）：

```
a * b
```

按【Shift+Enter】组合键执行该命令，结果如下：

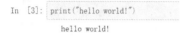

```
In [1]: a = 2
        b = 3

In [2]: a * b
Out[2]: 6
```

我们还可以输出一些字符串。比如，输入以下命令：

```
print("hello world!")
```

按【Shift+Enter】组合键执行该命令，结果如下：

```
In [3]: print("hello world!")
        hello world!
```

2.2　在线运行Python代码

2.2.1　在线运行程序的需求

在学习 Python 数据处理的过程中，最让人头疼的就是运行环境的安装。

虽然我们已经认真做了准备，例如集成环境，选用了对用户很友好的 Anaconda，代码在我们的实验平台上运行没有问题，在学生的计算机上运行也没有问题，然后才上传到了 GitHub，但是，实际运行时遇到的问题依然五花八门。

有的是因为操作系统中的编码不同。不同的操作系统，有的默认中文编码是 UTF-8，有的默认是 GBK。这样同样的一段中文文本，在某台计算机上可能一切正常，在另一台计算机上可能就是乱码。

有的是因为套件路径不同。在开始阅读本书之前，你的计算机可能已经安装了 Python 2 或 3 的各种版本的 Anaconda。但在开始学习时发现需要 Python 3.7，于是又安装了一次 Anaconda。结果执行时根本分不清运行的 Python pip 来自哪一个套件，更不清楚软件包究竟安装到哪里去了。

因此，只提供基础源代码对于许多新手来说是不够的。用户需要的是一个直接可以运行的环境。这不是录一段视频然后播放那样简单，大家需要即时获得运行结果的反馈。在此基础上，还要可以修改代码，对比运行结果的差别。

只要你的设备上有较新版的浏览器（包括但不限于 Google Chrome、Mozilla Firefox、Safari 和 Microsoft Edge 等）就可以解决这个问题了。赶紧升级浏览器版本吧！

通过本节的学习，你也能用 iPad 运行代码。

2.2.2　尝试打开在线程序代码

请你打开浏览器，访问链接地址（https://mybinder.org/v2/gh/wshuyi/demo-spacy-text-processing/master?urlpath=lab/tree/demo.ipynb）。看看会发生什么？这里用 iPad 演示。首先是启动界面，如图 2-14 所示。因网速不同，打开的时长略有差异，请你稍等一段时间。

图 2-14

然后就可以看到熟悉的 Python 代码运行界面了，如图 2-15 所示。

这个界面来自 JupyterLab。可以将它理解为 Jupyter Notebook 的增强版，它具备以下主要特征：

- 可直接使用鼠标拖动代码单元；
- 一个浏览器标签，可打开多个 Notebook，而且分别使用不同的核心（Kernel）；
- 提供实时渲染的 Markdown 编辑器；
- 完整的文件浏览器；
- CSV 数据文件快速浏览；
- …………

图 2-15 中，左侧分栏是工作目录下的全部文件，右侧分栏中打开的是我们要使用的扩展名为 .ipynb 的文件。

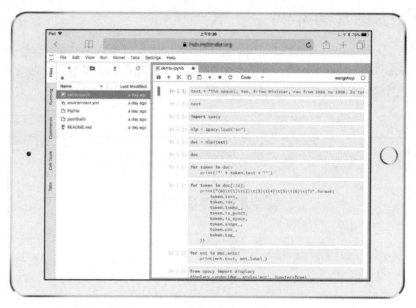

图 2-15

请单击右侧代码上方工具栏的运行按钮。单击一次就会运行并显示当前所在代码单元的结果。继续单击运行按钮，运行代码单元就可以看见，结果都被正常渲染，如图 2-16 所示。

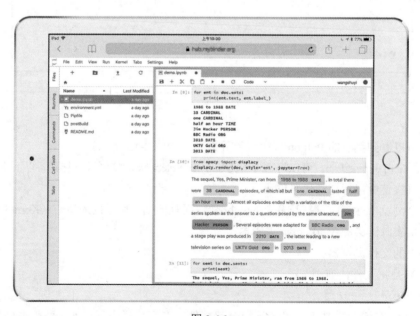

图 2-16

图像也能正常显示，如图 2-17 所示。

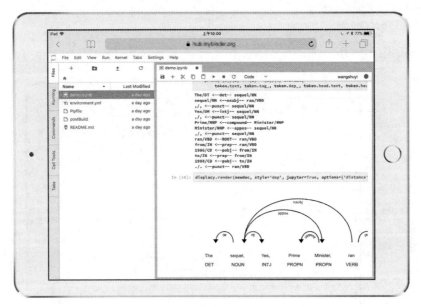

图 2-17

就算需要一定运算量的可视化结果，图像也能正常显示，如图 2-18 所示。

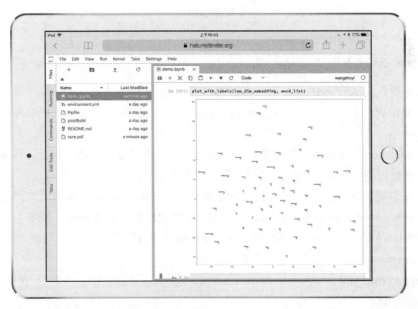

图 2-18

我们可以在新的单元格中写一行输出语句。就让 Python 输出你的名字吧。假如你的名字为 Chuck，就这样写：

```
print("Hello, Chuck!")
```

输出结果如图 2-19 所示。

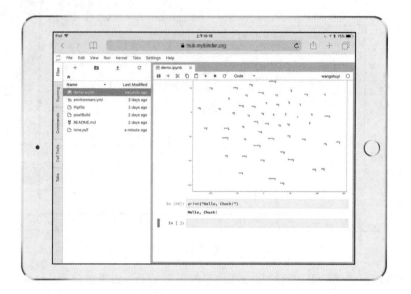

图 2-19

2.2.3　在线运行Python的实现过程

我们来讲讲在线运行 Python 是怎么实现的。

这里需要用到一款工具，叫作 mybinder。它可以把 GitHub 上的某个代码仓库快速转换成一个可运行的环境。

注意：mybinder 为我们提供了云设施，也就是计算资源和存储资源。因此，即便许许多多的用户同时在线使用同一份代码转换出来的环境，也不会互相冲突。

我们先来看看怎么准备一个可供 mybinder 顺利转换的代码仓库。请访问本书的资源链接地址 https://github.com/zhaihulu/DataScience/，访问对应章的样例，打开链接，如图 2-20 所示。

在该 GitHub 页面展示的文件列表中，你需要注意以下 3 个文件：

- demo.ipynb；
- environment.yml；
- postBuild。

其中 demo.ipynb 文件就是你在前文看到的包含源代码的 Jupyter Notebook 文件。你需要首先在本地安装相关软件包，并且运行测试通过。如果在本地运行都有错误，放到云上去，想必也难以正常运行。

图 2-20

environment.yml 文件非常重要，它将告诉 mybinder 需要如何为代码运行准备环境。该文件的内容如下。

```
dependencies:
  - Python=3
  - pip:
    - spacy
    - ipykernel
    - scipy
    - numpy
    - scikit-learn
    - matplotlib
    - pandas
    - thinc
```

这个文件首先告诉 mybinder 使用的 Python 版本。我们使用的是 3.x 版本，所以只需要指定 Python=3 即可。mybinder 会自动下载并安装最新的 Python 版本。

然后这个文件说明需要使用 pip 命令安装哪些软件包。我们需要把所有依赖的安装包都罗列出来。但是这还没有结束，因为 mybinder 只是安装好了一些软件依赖。这里还有两个步骤需要处理。

为了分析语义，我们需要调用预训练的 Word2Vec 模型，这需要 mybinder 提前下载好。

打开 Jupyter Notebook 后，应当使用的 Kernel 名称为 wangshuyi，这个 Kernel 目前还没有在 Jupyter 里面注册，需要用 mybinder 来完成。

为了完成上述两个步骤，需要准备最后一个 postBuild 文件。它的内容如下：

```
Python -m spacy download en
Python -m spacy download en_core_web_lg
Python -m ipykernel install --user --name=wangshuyi
```

跟它的名字一样，postBuild 文件是在 mybinder 依据 environment.yml 文件安装了依赖组件后，依次执行的命令。如果代码需要其他命令提供环境支持，也可以放在这里。

至此，准备工作就算结束了。"魔法表演"正式开始。

请打开 mybinder 的网站（https://mybinder.org/），如图 2-21 所示。

图 2-21

在"GitHub repo or URL"一栏，填写 GitHub 代码仓库链接，具体如下。

https://github.com/wshuyi/demo-spacy-text-processing

我们希望一进入界面，就自动打开 demo.ipynb 文件，因此需要在"Path to a notebook file（optional）"一栏填写 demo.ipynb。

这时，你会发现"Copy the URL below and share your Binder with others:"一栏中，出现了代码运行环境网址。

https://mybinder.org/v2/gh/wshuyi/demo-spacy-text-processing/master?filepath=demo.ipynb

单击右侧的"复制"图标将代码运行环境网址保存到记事本里。将来找到转换好的运行环境就全靠它了。妥善保存网址后，单击"launch"按钮，如图 2-22 所示。

How it works

图 2-22

　　根据依赖安装包数量等因素，需要等待的时间长短不一。但是只有第一次构建的时候需要花较长的时间。以后每一次调用执行时，都会非常快了。

　　构建完毕，mybinder 会自动开启对应的运行环境，如图 2-23 所示。

图 2-23

测试一下，能够正常运行代码就证明 mybinder 在线运行 Python 的环境构建成功了。

可能你会发现，前文用 iPad 展示的，不是 JupyterLab 吗？怎么又变成了 Jupyter Notebook 了？别着急。

看看目前的链接地址。

https://mybinder.org/v2/gh/wshuyi/demo-spacy-text-processing/master?filepath=demo.ipynb

你只需要做个小小的调整，将其中的"?filepath="替换为"?urlpath=lab/tree/"。替换后的链接地址如下。

https://mybinder.org/v2/gh/wshuyi/demo-spacy-text-processing/master?urlpath=lab/tree/demo.ipynb

把以上链接地址输入浏览器，运行结果如图 2-24 所示。

至此，在线运行 Python 就没问题了。

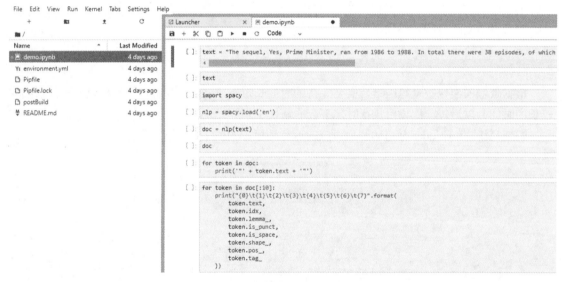

图 2-24

2.2.4　mybinder的运行原理

你是不是觉得，mybinder 很"黑科技"？其实也不算，它只是把已有的几项技术串联了起来。这大概也算是"积木式创新"的一个实例吧。

mybinder 中最为关键的技术是 Docker。Docker 是什么呢？简单来说，Docker 就是为了在不同平台上，都能够顺利执行同一份代码而设计的保障工具。

这说的不是 Java 吗？没错，Java 的特色之一就是，"一次编码，各处运行"。它利用虚拟机来实现这种能力，如图 2-25 所示。

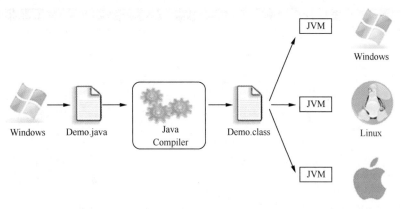

图 2-25

如果你经常使用 Java 开发出来的工具，你就应该了解 Java 的痛点有哪些了，至少你应该对 Java 程序的运行速度有一些体会。

在图 2-26 中，左侧是虚拟机，右侧是应用容器引擎（Docker）。Docker 不但效率更高，而且支持的编程语言也不止一种。

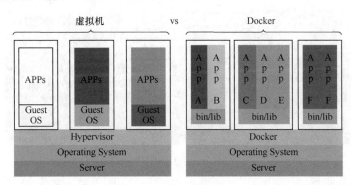

图 2-26

其实，把 GitHub 代码仓库转换为 Docker 镜像（Image）的工作也不是 mybinder 完成的。此时调用的是另外一个工具，叫 repo2docker，如图 2-27 所示。

而浏览器能够执行 Python 代码，是因为 Jupyter Notebook（或者 Jupyter Lab）本来就是建立在"浏览器 / 服务器"（Browser / Server，B/S）结构上。如果你已经在本地计算机安装过 Anaconda，那不妨看看本地执行如下命令会出现什么？如图 2-28 所示。

    jupyter lab

对，它开启了一个服务器，然后打开你的浏览器，与这个服务器通信。Jupyter 的这种设计让它的扩展极为方便。无论 Jupyter 服务器是运行在你的本地计算机上，还是在另一个大洲的机房，对你执行 Python 代码来说都是没有本质区别的。

图 2-27

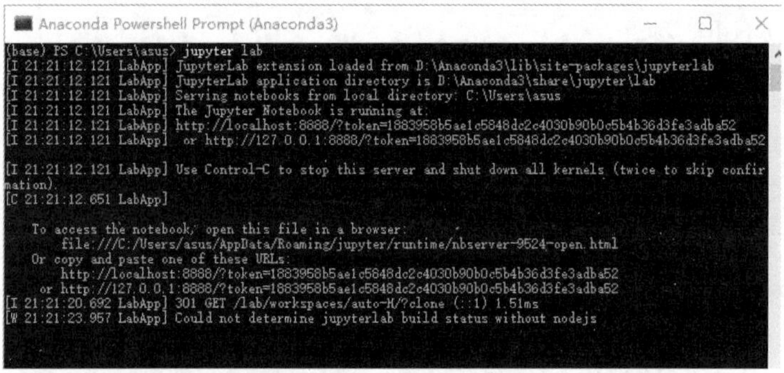

图 2-28

另外，如果你以为 mybinder 只能让你在浏览器上运行 Python 代码，那就太小瞧它了，包括 R 语言在内的其他编程语言，它都可以运行。

2.2.5　小结与思考

最后总结一下，本节为你讲述了以下内容：
- 如何利用 mybinder，把一个 GitHub 代码仓库一键转换成 Jupyter Lab 运行环境；
- 如何在各种不同操作系统的浏览器上运行该环境，编写、执行与修改代码；
- mybinder 转换成 GitHub 代码仓库的基本原理。

显然，mybinder 不仅仅只有这些简单的用途。那么请思考以下问题。
- 如果代码执行都在云端完成，教学实验室机房还有没有必要预装一大堆软件，且不定期更新维护？

- 练习、作业、考试有没有可能通过这种方式，直接远程进行，并且自动化评分？
- 既然应用的工具都是开源的，我们有没有可能利用这些开源工具创业，例如提供深度学习环境，租赁给科研机构与小企业？

希望你能在学习之后，进一步思考和实践。

2.3　复制运行环境

我们的 Python 教程代码可以免安装在线运行。但如果你希望在本地复制运行环境，请参考本节中的步骤说明。

2.3.1　在线环境的局限

在 2.2 节中，我们介绍了用 mybinder 在线运行 Python 代码。但你在使用的时候可能会发现，为什么在 mybinder 上新建的文件再次打开就不见了呢？

我们介绍 mybinder 是为了给读者提供一个搭建一致的代码运行环境的建议。你可以免安装运行代码，可以修改代码重新运行，甚至可以上传数据文件进行分析。但我们需要补充说明一个重要事项——mybinder 为用户提供的 Python 运行环境资源是共享的，并非永久独占空间。每个用户打开相同的一个链接后，mybinder 都会开启一个独立的环境，大家互不干扰。

但是，Python 环境的运行是需要后台资源支持的。每打开一个 mybinder 的链接，后台都要提供对应的 CPU、内存、硬盘等一系列资源。如果这些资源被大量用户长期占用，平台将无法承受。新的用户也就无法加入使用了。

因此，mybinder 和用户的约定是，如果用户超过 10 分钟"不活跃"（Inactivity），系统就会关闭会话（Session），从而回收资源，服务更多有需要的用户。如果运行结束关闭浏览器超过 10 分钟，再用该链接重新访问，所做的改动自然就都不见了。

也正因如此，我们会在每一章为大家提供对应源代码的 GitHub 代码仓库地址。你可以选择在自己的机器上复制教程的 Python 运行环境。

哪些情况下，会需要在本地复制 Python 运行环境呢？如果数据量比较大，或者安全性要求较高，上传到云端不方便；如果担心网络不稳定，导致代码运行中途网络出现问题，前功尽弃；如果运行的深度学习模型，需要 GPU 或者大容量内存的支持……

遇到上述情况，不要紧。下面将介绍如何使用 Pipenv 方便地复制教程指定的 Python 运行环境，在本地运行 Jupyter Notebook。

2.3.2　复制运行环境流程

我们以 6.5 节的案例为例，因为该案例提供了完整的实例代码和数据。可以直接访问本书的资源链地址 https://github.com/zhaihulu/DataScience/，下载对应章的数据集，还可直接下载包含源代码与运行环境的压缩包。

解压之后，可以看到目录中包含一个配置文件 Pipfile。

后文我们把这个目录称为"演示目录"，请一定记住它的位置。打开 Pipfile 文件，看到如下内容：

```
[[source]]
url = "https://pypi.Python.org/simple"
verify_ssl = true
name = "pypi"

[packages]
requests-html = "*"
ipykernel = "*"
pandas = "*"
jupyter = "*"

[dev-packages]

[requires]
Python_version = "3.6"
```

其中 requires 部分说明了本教程使用的环境，即 Python 3.6。packages 部分告诉 Pipenv，需要准备的软件包都有哪些。

下面看看如何用 Pipenv 复制运行环境（在安装了 Anaconda 3 之后）。

第 1 步，执行如下命令。这条命令用于安装 Pipenv 工具，以便处理 Pipfile。

```
pip install pipenv
```

第 2 步，执行如下命令。这条命令可以让 Python 根据目前的 Pipenv 配置自动构建环境，并且从网上把所有需要用到的依赖软件包都下载并安装好。如果在运行过程中出现版本错误，我们可以根据自己安装的 Python 版本进行修改，例如改成 3.7。

```
pipenv install --skip-lock
```

第 3 步，执行如下命令。这条命令将在 Jupyter Notebook 中安装一个 Kernel 组块，并把刚才安装的软件包信息都放在这个组块里。为了便于在后文重复使用代码，这里将这个组块命名为 wangshuyi。

```
pipenv run Python -m ipykernel install --user --name=wangshuyi
```

对于一般的教程源代码，上述步骤就可以了。但是如果涉及绘图，而且图中需要显示中文字符，我们还需要进行一些处理，以便让程序顺利运行，保证中文字符正常显示。方法是执行下面这条命令：

```
pipenv run Python handle_matplotlib_chinese.py
```

最后一步，开启 Jupyter Notebook。

```
jupyter notebook
```

这时候，你就可以看到熟悉的 Jupyter Notebook 界面了。单击菜单栏中的"Cell"，选择"Run All"，看能否正常运行全部代码，并且显示分析结果图形。

如果一切正常，那么意味着你的 Python 运行环境复制工作顺利完成。

2.3.3　小结与思考

在本节中，我们介绍了如何使用 Pipenv 方便地复制教程指定的 Python 运行环境，并在本地运行 Jupyter Notebook。在学过这一节的内容后，大家可以根据需求，在我们提供的 GitHub 地址中选择下载对应的源代码，构建教程的 Python 运行环境。

第3章

探索分析

本章我们将通过一个个"神奇"的案例开始数据科学之旅，相信这些看似复杂的案例能够帮助大家更好地接受数据科学的理论与进行实践。本章将从词云制作入手，然后进一步进行中文的文本分析，解释如何使用 Python 的常见数据格式，还会引入 R 语言作为辅助，它可以帮助我们更便捷地探索数据集信息，了解自己感兴趣的科研领域的现状。

3.1 词云制作

在"大数据时代"，我们经常可以在媒体或者网站上看到一些非常漂亮的信息图，如图 3-1 所示。

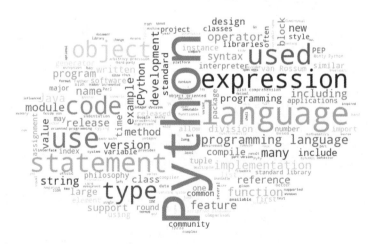

图 3-1

看过之后有什么感觉？想不想自己做一张？

本节将从零开始一步步介绍如何制作词云图。当然，基础的词云图肯定比不上网络中"炫酷"的信息图。不过不要紧，好的开始是成功的一半。食髓知味，读者可以自己提升技能，踏上

"开挂"的成功之路。

网络中关于制作信息图的教程很多,大部分都利用了一些专用工具。这些工具虽然便捷而强大,但是它们的功能大都太过专一,适用范围有限。本节我们要尝试的是用通用的编程语言 Python 来制作词云。

心动了?那我们就开始吧。

3.1.1 安装WordCloud与数据准备

首先,我们需要安装 Python 运行环境。请确保已经安装 Anaconda,并且已经进入终端。请执行以下命令:

```
pip install wordcloud
```

安装完 Python 运行环境,我们还需要数据。

词云分析的对象是文本。从理论上讲,文本可以源于各种语言,如英文、中文、法文、阿拉伯文……为了简便,这里以英文文本为例。你可以随意到网上找一篇英文文章作为分析对象。我特别喜欢英剧 *Friends*,所以到维基百科上找到了这部剧的介绍词条,如图 3-2 所示。

图 3-2

把其中的部分文字复制下来,存储为一个文本文件,叫作 Friends.txt;也可以访问本书的资源链接地址 https://github.com/zhaihulu/DataScience/,下载对应章的数据集的压缩包,并且把压缩包解压,将其中的 Friends.txt 文件移到工作目录 demo 里。

好了,文本数据已经准备好了,开始进入编程的"魔幻世界"吧!

3.1.2 开始制作词云

我们应该注意到,压缩包里面其实还有一个文件,即用词云制作的完整代码 IPYNB 文件。不过建议大家还是自己做一遍。这样印象更深刻,不是吗?在命令行中执行如下命令:

```
jupyter notebook
```

浏览器会自动开启，并且显示图 3-3 所示的界面。

图 3-3

这就是我们刚才的劳动成果——安装好的 **Python** 运行环境。我们还没有编写程序，目录下只有一个刚才移入的文本文件。

打开这个文件，浏览其内容，如图 3-4 所示。

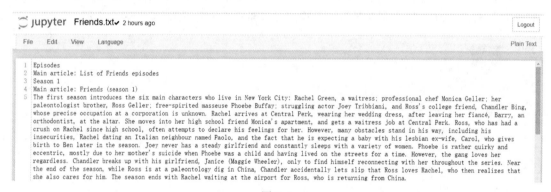

图 3-4

回到 Jupyter Notebook 的主界面。单击"New"按钮，新建一个笔记本（Notebook）。在 Notebook 里面，请选择"Python 3"选项，如图 3-5 所示。

图 3-5

系统会提示输入 Notebook 的名称。程序代码文件可以随便命名，但是建议你输入一个有意义的名称，以方便查找。由于我们要尝试制作词云，因此就称其为 wordcloud 好了，如图 3-6所示。

图 3-6

然后会出现一个空白的 Notebook 以供使用。我们在网页中唯一的代码文本框里，输入以下3 条语句（请务必根据示例代码逐字输入，空格数量都不可以有差别。尤其注意第 3 行，以 4 个空格，或者 1 个制表符开始）。输入后，按【Shift+Enter】组合键就可以执行了。

```
filename = "Friendes.txt"
with open(filename, encoding="utf8")as f:
    mytext = f.read()
```

这里没有任何输出动作，程序只是打开了 Friends.txt，把里面的内容都读了出来，并且将它们存储到了一个叫作 mytext 的变量里。

我们尝试显示 mytext 的内容。输入以下语句之后，还需要按【Shift+Enter】组合键，系统才会实际执行该语句。之后的步骤里，也千万不要忘了这一确认执行动作。

```
mytext
```

显示的结果如图 3-7 所示。

Out[12]: 'Episodes\nMain article: List of Friends episodes\nSeason 1\nMain article: Friends (season 1)\nThe first season introduces the six main characters who live in New York City: Rachel Green, a waitress; professional chef Monica Geller; her paleontologist brother, Ross Geller; free-spirited masseuse Phoebe Buffay; struggling actor Joey Tribbiani, and Ross\'s college friend, Chandler Bing, whose precise occupation at a corporation is unknown. Rachel arrives at Central Perk, wearing her wedding dress, after leaving her fiancé, Barry, an orthodontist, at the altar. She moves into her high school friend Monica\'s apartment, and gets a waitress job at Central Perk. Ross, who has had a crush on Rachel since high school, often attempts to declare his feelings for her. However, many obstacles stand in his way, including his insecurities, Rachel dating an Italian neighbour named Paolo, and the fact that he is expecting a baby with his lesbian ex-wife, Carol, who gives birth to Ben later in the season. Joey never has a steady girlfriend and constantly sleeps with a variety of women. Phoebe is rather quirky and eccentric, mostly due to her mother\'s suicide when Phoebe was a child and having lived on the streets for a time. However, the gang loves her regardless. Chandler breaks up with his girlfriend, Janice (Maggie Wheeler), only to find himself reconnecting with her throughout the series. Near the end of the season, while Ross is at a paleontology dig in China, Chandler accidentally lets slip that Ross loves Rachel, who then realizes that she also cares for him. The season ends with Rachel waiting at the airport for Ross, who is returning from China. \n\nSeason 2\nMain article: Friends (season 2)\nRachel greets Ross at the airport only to discover that he has returned with Julie (Lauren Tom), someone he knew from graduate school. Rachel\'s attempts to tell Ross that she loves him initially mirror his failed attempts in the first season. After he breaks up with Julie for Rachel, friction bet

图 3-7

看来 mytext 中存储的文本内容就是从网上复制的文字。到目前为止，一切正常。

然后我们导入（import）词云包，利用 mytext 中存储的文本内容来制作词云。

```
from wordcloud import WordCloud
wordcloud = WordCloud().generate(mytext)
```

这时程序可能会报警。别担心。警告（warning）不影响程序的正常运行，如图 3-8 所示。

```
//anaconda/lib/python2.7/site-packages/matplotlib/font_manager.py:273: Us
erWarning: Matplotlib is building the font cache using fc-list. This may
take a moment.
  warnings.warn('Matplotlib is building the font cache using fc-list. Thi
s may take a moment.')
```

图 3-8

此时词云分析已经完成了。没错，制作词云的核心步骤只需要以上两行语句，而且第一行还只是从扩展包里找"外援"。但是此时程序并不会为我们显示任何内容。

说好的词云呢？运行下面 4 行语句，就可以见证"奇迹"发生了。

```
%pylab inline
import matplotlib.pyplot as plt
plt.imshow(wordcloud, interpolation='bilinear')
plt.axis("off")
```

运行结果如图 3-9 所示。

我们可以在词云图上右击，用"图片另存为"功能导出词云图。

通过以上的词云图，我们可以看到不同单词和词组出现的频率高低差别。高频词的字号明显更大，而且颜色也很醒目。值得说明的是，最显眼的单词 Rachel、Ross 等都是这部剧的主角们。

```
In [4]: %pylab inline
        import matplotlib.pyplot as plt
        plt.imshow(wordcloud, interpolation='bilinear')
        plt.axis("off")

Populating the interactive namespace from numpy and matplotlib

C:\ProgramData\Anaconda3\lib\site-packages\IPython\core\magics\pylab.py:160: UserWarning: pylab import has clobbered these variables:
['f']
`%matplotlib` prevents importing * from pylab and numpy
  "\n`%matplotlib` prevents importing * from pylab and numpy"

Out[4]: (-0.5, 399.5, 199.5, -0.5)
```

图 3-9

对自己生成的词云图满意吗？如果不满意也不要紧，我们可以尝试挖掘 WordCloud 软件包的其他高级功能以制作更复杂的词云图。至此，读者可能已经掌握了用 Python 来制作词云的方法。

3.2 中文分词

3.2.1 中文分词的需求

在前文中我们介绍了英文文本的词云制作方法。前文提过，选择英文文本作为示例，是因为其处理起来最简单。但是很快会有人尝试用中文文本制作词云。按照前文的方法，你成功了吗？

估计是不成功的，因为其中缺少一个重要的步骤。观察英文文本，你就会发现英文单词之间采用空格作为强制分隔符，例如：

The first season introduces the six main characters who live in New York City：Rachel Green，a waitress；professional chef Monica Geller；her paleontologist brother，Ross Geller；free-spirited masseuse Phoebe Buffay；struggling actor Joey Tribbiani，and Ross's college friend，Chandler Bing，whose precise occupation at a corporation is unknown. Rachel arrives at Central Perk，wearing her wedding dress，after leaving her fiancé，Barry，an orthodontist，at the altar.

但是，中文文本就没有这种空格分隔了。为了制作词云，我们首先需要知道中文文本里都有哪些"词"。我们可以人工处理 1 句、100 句，甚至是 10 000 句话。但是如果是 100 万句话呢？这就是人工处理和计算机自动化处理的最显著区别之一——规模。

那么如何用计算机把中文文本正确拆分为一个个的词呢？这种工作对应的专业术语叫作分词。

在介绍分词工具及其安装之前，请确认已经阅读过 3.1 节的内容，并且按照其中的步骤做了相关的准备工作，然后再继续依照本节的内容一步步实践。

3.2.2 中文分词的操作

中文分词的工具有很多种。有的免费，有的收费，有的在笔记本电脑里就能安装使用，有的却需要联网进行云计算。

本小节给大家介绍的是如何利用 Python 在笔记本电脑上免费进行中文分词。我们采用的工具，名称很有特点，叫作"结巴分词"。为什么叫这么奇怪的名字？读完本小节内容，你应该就能想明白了。

我们先来安装这款分词工具。回到终端或者命令提示符下，进入我们之前创建好的 demo 文件夹，运行以下命令：

```
pip install jieba
```

好了，如图 3-10 所示，现在 Python 已经安装好工具包，知道该如何进行中文分词了。

图 3-10

3.2.3 准备分词数据

在 3.1 节中，我们使用了美剧 *Friends* 的维基百科介绍文本。这次我们从百度百科上找到了这部美剧对应的中文页面，其翻译名为《老友记》，如图 3-11 所示。

图 3-11

将页面剧情正文复制之后，存入文本文件 Friends-cn.txt，并且将这个文件移动到工作目录 demo 下。好了，我们有了用于分析的中文文本数据了。

当然，你可以使用任意的中文文本数据进行替换。

先别忙着编程。正式输入代码之前，我们还需要做一件事情，就是下载一个中文字体文件。请访问本书的资源链接地址 https://github.com/zhaihulu/DataScience/，根据对应章节下载文件 simsun.ttf。下载后，将这个扩展名为 .ttf 的字体文件也移动到 demo 目录下，和文本文件放在一起。

3.2.4　制作中文词云

在命令行中，执行以下命令：

```
jupyter notebook
```

浏览器会自动开启，并且显示如下界面，如图 3-12 所示。

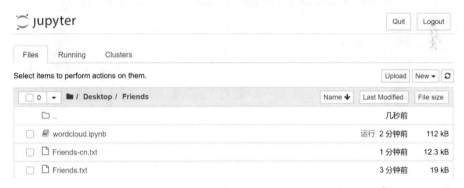

图 3-12

打开 Friends-cn.txt 文件，浏览一下内容，如图 3-13 所示。

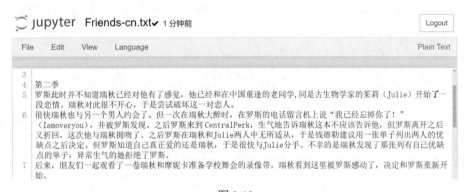

图 3-13

确认中文文本内容已经被正确存储。回到 Jupyter Notebook 的主界面。单击"New"按钮，新建一个 Notebook。在 Notebook 里面，请选择"Python 3"选项，如图 3-14 所示。

系统会提示输入 Notebook 的名称。为了区别于上次制作的英文词云 Notebook，就叫它 wordcloud-cn 好了，如图 3-15 所示。

图 3-14

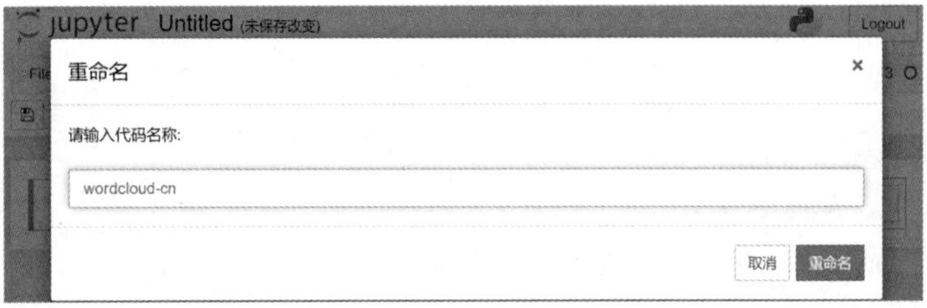

图 3-15

在网页里唯一的代码文本框中，输入以下 3 条语句。输入后，按【Shift+Enter】组合键执行。

```
filename="Friends-cn.txt"
with open(filename, encoding="utf-8")as f:
mytext=f.read()
```

然后我们尝试显示 mytext 的内容。输入以下语句之后，按【Shift+Enter】组合键执行。

```
print(mytext)
```

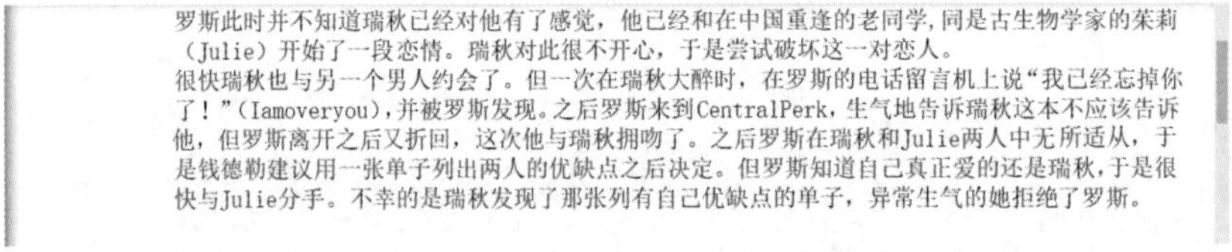

罗斯此时并不知道瑞秋已经对他有了感觉，他已经和在中国重逢的老同学，同是古生物学家的茱莉（Julie）开始了一段恋情。瑞秋对此很不开心，于是尝试破坏这一对恋人。
很快瑞秋也与另一个男人约会了。但一次在瑞秋大醉时，在罗斯的电话留言机上说"我已经忘掉你了！"（Iamoveryou），并被罗斯发现。之后罗斯来到CentralPerk，生气地告诉瑞秋这本不应该告诉他，但罗斯离开之后又折回，这次他与瑞秋拥吻了。之后罗斯在瑞秋和Julie两人中无所适从，于是钱德勒建议用一张单子列出两人的优缺点之后决定。但罗斯知道自己真正爱的还是瑞秋，于是很快与Julie分手。不幸的是瑞秋发现了那张列有自己优缺点的单子，异常生气的她拒绝了罗斯。

既然中文文本内容读取没有问题，我们就开始分词吧。输入以下两条语句：

```
import jieba
mytext=" ".join(jieba.cut(mytext))
```

系统会提示一些信息，那是结巴分词第一次启用的时候需要做的准备工作，忽略就可以了。
分词的结果如何？我们来看看。执行以下语句，就可以看到分词结果了。

```
print(mytext)
```

第二季

罗斯 此时 并不知道 瑞秋 已经 对 他 有 了 感觉 ， 他 已经 和 在 中国 重逢 的 老同学，同 是 古生物学家 的 茱莉 （ Julie ） 开始 了 一段 恋情 。 瑞秋 对此 很 不 开心 ， 于是 尝试 破坏 这 一对 恋人 。

很快 瑞秋 也 与 另 一个 男人 约会 了 。 但 一次 在 瑞秋 大醉时 ， 在 罗斯 的 电话 留言 机上 说 " 我 已经 忘掉 你 了 ！ " （ Iamoveryou ） ， 并 被 罗斯 发现 。 之后 罗斯 来到 CentralPerk ， 生气 地 告诉 瑞秋 这本 不 应该 告诉 他，但 罗斯 离开 之后 又 折回，这次 他 与 瑞秋 拥吻 了 。 之后 罗斯 在 瑞秋 和 Julie 两人 中 无所适从，

词之间已经不再紧紧相连，而是用空格做了分隔，如同英文单词间的自然划分。你是不是迫不及待要用分词后的中文文本制作词云了？执行以下语句：

```
from wordcloud import WordCloud
wordcloud = WordCloud().generate(mytext)
%pylab inline
import matplotlib.pyplot as plt
plt.imshow(wordcloud, interpolation='bilinear')
plt.axis("off")
```

你激动地期待着中文词云的出现？可惜，我们看到的词云是这个样子的。

你是不是非常愤怒，觉得这次又"掉坑里"了？别着急，出现这样的结果，并不是分词或者词云绘制工具有问题，更不是因为步骤有误，只是因为字体缺失。词云绘制工具 WordCloud 默认使用的字体是英文，不支持中文编码，所以才会出现图 3-18 所示的方框。解决的办法就是把之前下载的 simsun.ttf 文件对应的字体作为指定输出字体。

执行以下语句：

```
from wordcloud import WordCloud
wordcloud = WordCloud(font_path="simsun.ttf").generate(mytext)
%pylab inline
import matplotlib.pyplot as plt
plt.imshow(wordcloud, interpolation='bilinear')
plt.axis("off")
```

看看这次会输出什么结果吧。

```
In [8]: from wordcloud import WordCloud
        wordcloud = WordCloud(font_path="simsun.ttf").generate(mytext)
        %pylab inline
        import matplotlib.pyplot as plt
        plt.imshow(wordcloud, interpolation='bilinear')
        plt.axis("off")

        Populating the interactive namespace from numpy and matplotlib

Out[8]: (-0.5, 399.5, 199.5, -0.5)
```

这样一来，我们就通过中文词云的制作过程，体会到中文分词的必要性了。

3.2.5 小结与思考

这里留个思考题。对比此次生成的中文词云和上次制作的英文词云，这两个词云对应的文本一个来自维基百科，一个来自百度百科，描述的是同样一部剧，它们有什么异同？从这种对比中，你可以发现不同百科里中英文介绍内容之间有哪些有趣的规律吗？

3.3 用Pandas存取和交换数据

本节介绍用 Pandas 存取和交换数据的 3 种主要数据格式，以及使用中的注意事项。

3.3.1 数据格式的问题

在数据分析的过程中，Python 生态系统非常强大。从数据采集、整理、可视化、统计分析等，一直到深度学习，都有相应的 Python 软件包支持。这是一种非常好的设计思维——用优秀的工具，做专业的事；用许多优秀工具组成的系统，来有条不紊地处理复杂问题。

但是，没有哪个 Python 软件包是全能的。所以，在这个过程中，我们会经常遇到数据的交换问题。

有时候要把分析结果存储起来，下次读取时继续使用；有时候要把一个工具的分析结果导出，再将之导入另一个工具包。这种数据存取的功能，几乎存在于每一个 Python 数据科学软件包之内。

其中有一个最重要的枢纽——Pandas。很多情况下，看似复杂的数据整理与可视化，Pandas只需要一条语句就能完成。在大家接触的教程中，有些也曾使用各种不同的数据格式读取数据到Pandas 进行处理。

然而，当我们需要独立面对软件包的数据格式要求时，也许会仅仅因为不了解如何正确生成或读取某种数据格式的数据，导致结果出错，甚至会使我们丧失探索的信心与兴趣。

本节我们以情感分类数据作为例子，用最小化的数据集，详细介绍若干种常见的存取数据格式。有了这些知识与技能储备，我们将可以应对大多数同类数据分析问题的场景。

3.3.2 数据样例

为了尽量简化问题，我们手动输入两条评论，构建一个超小型的评论情感数据集。执行以下语句：

```
str1 = "这是个好电影，\n我喜欢!"
str2 = "这部剧的\t第八季\t糟透了!"
```

这里我们加了一些特殊符号。

- \n：换行符。有时候原始评论是分段的，所以出现它很正常。
- \t：制表符。可用键盘上的【Tab】键得到，一般在代码里用于缩进，用在评论句子中其实很奇怪。这里只是举个例子，下文将会看到它的特殊性。

输出这两个字符串，看输入是否正确（换行符和制表符是否正确显示）。

```
print(str1)
print(str2)
```

```
In [2]: print(str1)
        这是个好电影,
        我喜欢!
```

```
In [3]: print(str2)
        这部剧的      第八季  糟透了!
```

下面分别赋予两条评论情感标记，然后用 Pandas 构建数据框。

```
import pandas as pd
```

建立一个字典，分别将文本和情感标记列表放到 text 和 label 下。然后，用 Pandas 的默认构建方式，自动将其转化为数据框（DataFrame）。

```
df = pd.DataFrame({'text': [str1, str2], 'label': [1, 0]})
df
```

显示效果如下：

```
Out[5]:
```

	text	label
0	这是个好电影，\n我喜欢!	1
1	这部剧的\t第八季\t糟透了!	0

数据已经正确存储到 Pandas 里了。下面我们分别看看几种输出数据格式如何导出，以及它们的特点和常见问题。

3.3.3　CSV/TSV格式

我们来看最常见的两种数据格式，分别如下。

CSV：逗号分隔数据文本文件。

TSV：制表符分隔数据文本文件。

先尝试把 Pandas 数据框导出为 CSV 文件。

```
df.to_csv('data.csv', index=None)
```

这里使用了一个 index=None 参数。回顾刚才的输出。

Out[5]:

	text	label
0	这是个好电影，\n我喜欢！	1
1	这部剧的\t第八季\t糟透了！	0

结果中框选的地方就是索引（index）。如果不加入 index=None 参数说明，那么这些数值型索引也会一起写到 CSV 文件里。对我们来说，这没有必要，会白白占用存储空间。将生成的 CSV 文件拖入文本编辑器，效果如图 3-16 所示。

可以清楚地看到，逗号分隔了表头和数据。有意思的是，因为第一条评论里包含了换行符，所以就真的显示为两行。而评论文本的两端由引号标注。

图 3-16

第二条评论的制表符（缩进）也正确显示了。但是这条评论两端却没有引号。这么"乱七八糟"的结果，Pandas 还能够正确读回来吗？我们试试看。

```
pd.read_csv('data.csv')
```

Out[7]:

	text	label
0	这是个好电影，\r\n我喜欢！	1
1	这部剧的\t第八季\t糟透了！	0

一切正常。看来，在读取 CSV 文件的过程中，Pandas 还是很有适应能力的。

下面来看看颇为类似的 TSV 格式。Pandas 并不提供一个单独的 to_tsv 选项。我们依然需要利用 to_csv 方法。只不过，这次添加一个参数 sep='\t'。

```
df.to_csv('data.tsv', index=None, sep='\t')
```

生成的文件名为 data.tsv 。我们还是在编辑器里打开它，如图 3-17 所示。

对比前文的 CSV 格式，你发现了什么？二者大体上差不多，只是逗号都变成了制表符而已。第二条评论此时也由引号标注了。因为这条评论里含有制表符，如果不标注，读取的时候可就要出问题了。程序会"傻乎乎"地把"第八季"当成标记，省略后面的内容。

我们来看现在编辑器的着色，实际上已经错误判断分列了，如图 3-18 所示。

图 3-17

图 3-18

我们试着用 Pandas 把它读取回来。注意，这里我们依然指定了分隔符，sep='\t'。

```
pd.read_csv('data.tsv', sep='\t')
```

Out[9]:

	text	label
0	这是个好电影，\r\n我喜欢！	1
1	这部剧的\t第八季\t糟透了！	0

没有差别，效果依然很好。这两种数据导出格式非常直观简洁，用文本编辑器就可以打开查看，而且导出、读取都很方便。

这是不是意味着，我们只要会用这两种格式就可以了呢？别急，再来看一个使用案例。

在处理中文文本信息时，经常需要做的一件事情就是分词。这里，我们把之前两条评论进行分词后，再尝试保存和读取。为了分词，我们先安装一个结巴（jieba）分词包。

```
!pip install jieba
```

然后导入结巴分词包。

```
import jieba
```

前文中为了说明特殊符号的存储，我们加了换行符和制表符。现在问题来了，分词之后我们肯定不想要这些特殊符号。

怎么办呢？我们来编写一个定制化的分词函数就好了。

应用这个函数，可分别清除制表符和换行符，然后再用结巴分词分隔文本。分词中我们用的是默认参数，因为分词后的结果实际上是个生成器（Generator），而我们是需要真正的列表的，所以利用 list 函数强制转换分词结果为列表。

```
def cleancut(s):
  s = s.replace('\t', '')
  s = s.replace('\n', '')
  return list(jieba.cut(s))
```

我们生成一个新的数据框 df_list，复制原来的 df。

```
df_list = df.copy()
```

然后，我们把分词结果存储到新的数据框 df_list 的 text 列中。

```
df_list.text = df.text.apply(cleancut)
```

看看分词后的效果。

```
df_list
```

Out[19]:

	text	label
0	[这, 是, 个, 好, 电影, ，, ，, 我, 喜欢, ！]	1
1	[这部, 剧, 的, 第八, 季, 糟透了, ！]	0

怎么证明 text 列中存储的确实是列表呢？我们来读取一下其中的第一个元素。

```
df_list.text.iloc[0][0]
```

Out[20]: '这'

此时的数据框可以正确存储预处理（分词）的结果。下面我们还是仿照原来的方式，把这个处理结果导出，然后再导入。先尝试 CSV 格式。

```
df_list.to_csv('data_list.csv', index=None)
```

导出过程一切正常。生成的 CSV 文件内容如图 3-19 所示。

```
text,label
"['这', '是', '个', '好', '电影', '，', '，', '我', '喜欢', '！']",1
"['这部', '剧', '的', '第八', '季', '糟透了', '！']",0
```

图 3-19

在存储的过程中，列表内部的每个元素都用单引号标注，整体列表的外部被双引号标注；至于分隔符，依然是逗号。

我们尝试把它读取回来。当然我们希望读取回来的数据格式，和当时导出的一模一样。

```
pd.read_csv('data_list.csv')
```

Out[22]:

	text	label
0	['这', '是', '个', '好', '电影', ', ', '我', '喜欢', '! ']	1
1	['这部', '剧', '的', '第八', '季', '糟透了', '! ']	0

初看起来，很好啊！但是，我们把它和导出之前的数据框对比一下：

Out[19]:

	text	label
0	[这, 是, 个, 好, 电影, ，, 我, 喜欢, ！]	1
1	[这部, 剧, 的, 第八, 季, 糟透了, ！]	0

注意，导出之前，列表当中的每一个元素都没有用单引号标注，但是重新读取回来的内容，每一个元素都多了一对单引号。我们需要验证一下。

```
pd.read_csv('data_list.csv').text.iloc[0][0]
```

这次程序给我们返回的第一行文本分隔的第一个元素是这样的。

Out[23]: '['

不应该是"这"吗？我们来看看下一个元素是"这"吗？

```
pd.read_csv('data_list.csv').text.iloc[0][1]
```

Out[24]: " ' "

看到这里，你将会恍然大悟。原来导出 CSV 文件的时候，分词列表被当成了字符串；导入的时候，干脆就是字符串了。可是我们需要的是列表啊，这个字符串怎么用？

来看看 TSV 格式是不是对我们的问题有所帮助。

```
df_list.to_csv('data_list.tsv', index=None, sep='\t')
pd.read_csv('data_list.tsv', sep='\t')
```

Out[26]:

	text	label
0	['这', '是', '个', '好', '电影', ', ', '我', '喜欢', '! ']	1
1	['这部', '剧', '的', '第八', '季', '糟透了', '! ']	0

这结果，立刻让人心里"凉了一半"，列表里面每个元素两侧的单引号依旧在。我们尝试验证第一个元素。

```
pd.read_csv('data_list.tsv', sep='\t').text.iloc[0][0]
```

Out[27]: '['

果不其然，还是方括号，这意味着读取回来的还是一个字符串。看来，依靠 CSV/TSV 格式把列表导出、导入是不合适的。那我们该怎么办呢？

3.3.4　pickle格式

好消息是我们可以用 pickle 格式。

pickle 格式是一种二进制格式，在 Python 生态系统中，拥有广泛的支持。在 Pandas 里使用 pickle 格式非常简单，它和 CSV 格式一样有专门的命令，而且连参数都可以不用修改、添加，读取回来也很方便。

```
df_list.to_pickle("data.pickle")
df_list_loaded = pd.read_pickle("data.pickle")
```

我们来看看读取回来的数据是否正确。

```
df_list_loaded
```

Out[30]:

	text	label
0	[这, 是, 个, 好, 电影, , , 我, 喜欢, !]	1
1	[这部, 剧, 的, 第八, 季, 糟透了, !]	0

这次看着好多了，那些让我们烦恼的引号都不见了。验证一下第一行列表的第一个元素。

```
df_list_loaded.text.iloc[0][0]
```

Out[31]: '这'

这是让人很欣喜的结果，看来 pickle 格式果然有用。不过，当我们试图在文本编辑器里打开 pickle 格式的时候，会出现警告。如果我们忽略警告，那么确实还是可以打开。只不过，这样的结果只适合机器阅读，人读起来如同天书。但这其实还不是 pickle 格式最大的问题，pickle 格式最大的问题在于不同软件包之间的交互。

我们在做数据分析的时候，难免会调用 Pandas 以外的软件包继续分析我们用 Pandas 预处理后的文件。这个时候就要看另一个软件包支持的文件格式有哪些了。一个最常见的例子是 PyTorch 的文本工具包 torchtext，用它读取数据的时候，格式列表里不包含 pickle 格式，如图 3-20 所示。

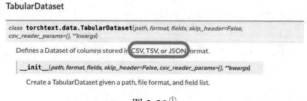

图 3-20[1]

---

[1]　图片来源：Pytorch网站。

　　这可糟糕了。我们既需要用 Pandas 来预处理分词，又需要使用 torchtext 来划分训练集（Training Set）和验证集（Validation Set），生成迭代数据流，以便输入模型进行训练。可在二者中间，我们却被交换格式问题卡住了。

　　不过不用担心，这里列出的格式列表，除了 CSV 和 TSV 格式（已被我们验证过不适合处理分词列表）之外，还有一个 JSON 格式。

3.3.5　JSON格式

　　JSON 格式绝对是数据交换界的高级成员。它不仅可以存储结构化数据（如例子里的数据框，或者更常见的 Excel 表格），也可以存储非结构化数据。

　　本例中我们使用的是一种特殊的 JSON 格式，叫作 JSON Lines。在 Pandas 的 to_json 函数里，我们还要专门加上两个参数。

- orient="records" 每一行数据单独以字典形式输出。
- lines=True：去掉首尾的外部括号，并且每一行数据之间不加逗号。

```
df_list.to_json("data.json", orient="records", lines=True)
```

输出结果为：

```
{"text":["\u8fd9","\u662f","\u4e2a","\u597d","\u7535\u5f71","\uff0c","\u6211","\u559c\u6b22","\uff01"],"label":1}
{"text":["\u8fd9\u90e8","\u5267","\u7684","\u7b2c\u516b","\u5b63","\u7cdf\u900f\u4e86","\uff01"],"label":0}
```

　　由于中文采用 Unicode 方式存储，因此此处我们无法直接识别每一个汉字。但是，存储的格式以及其他类型的数据记录还是一清二楚的。我们来尝试读取，方法与输出类似，也用同样的参数。

```
df_list_loaded_json = pd.read_json("data.json", orient="records", lines=True)
df_list_loaded_json
```

Out[34]:

	label	text
0	1	[这, 是, 个, 好, 电影, ，, 我, 喜欢, ！]
1	0	[这部, 剧, 的, 第八, 季, 糟透了, ！]

　　为了进一步验证，我们还是调取第一行列表的第一个元素。

```
df_list_loaded_json.text.iloc[0][0]
```

Out[35]: '这'

太棒了！这样一来，Pandas 就可以和 torchtext 等软件包，建立顺畅而牢固的数据交换通道了。

3.3.6 小结与思考

通过阅读本节内容，希望你已经掌握了以下知识点：

- Pandas 数据框常用的数据导出格式；
- CSV/TSV 格式文本列表在导出和读取中会遇到的问题；
- pickle 格式的导出与导入，以及二进制文件难以直接阅读的问题；
- JSON Lines 格式的输入、输出方法及其应用场景；
- 如何自定义函数，在分词的时候去掉特殊符号。

希望前文所述的知识和技能，可以帮助你解决研究和工作中遇到的与数据交换相关的实际问题。

3.4 可视化《三国演义》人名与兵器出现频率

如果你一直从事某一方面的工作或研究，那么即便是 Python 这么简单的语言，很多语法和技巧也不会经常用到。用进废退，如果不用，很多学过的东西也可能会被遗忘。系统地梳理知识体系，可以帮助自己填补漏洞，不至于经常"重新发明轮子"。

我们的每个案例几乎都要用到文件操作，以读取外部数据。我们知道可以用 Pandas 读取与分析 CSV 文件或者 Excel 文件。但是那些非结构化的文本文件，该如何读取与分析呢？如果遇到编码问题，该怎么办？

我们以《三国演义》人名和兵器谱为例，尝试读取不同结构的文本文件，并且对其中的信息进行统计分析和可视化。

3.4.1 读取人名数据

我们采用 Jupyter Notebook 编写了源代码，然后调用 mybinder，把教程的运行环境放在云上。使 用 链 接 https://mybinder.org/v2/gh/wshuyi/demo-python-handle-text-files/master?urlpath= lab/

tree/demo.ipynb，可以直接进入实验环境，如图 3-21 所示。

图 3-21

新建扩展名为 .ipynb 的文件，这样就可以一句一句手动输入代码。

如图 3-22 所示，单击选择左上角 Notebook 中新生成的扩展名为 .ipynb 的文件。输入代码进行程序编写。

图 3-22

我们先随手试一试，输入一行代码试验一下。

```
print('hello,world')
```

确认输出成功。

输入代码进行程序编写，本节主要对文本文件进行读取，并对字符串进行分析。name.txt 中存放着《三国演义》中的人物名称，先读入 name.txt 文件里的内容到 Python。

先定义一个文件的操作符，用来帮助指代一个文件。为了简化，用 f 代表文件。

```
f=open('name.txt')
```

因为可以直接打开 name.txt 文件，所以直接执行它。现在 f 这个文件的操作符就被定义好了。给信息存储变量取一个名字 data，然后使用 read 函数。

```
data=f.read()
```

我们试试看是不是正确读入，使用 print 函数检验是否正确读入。

```
print(data)
```

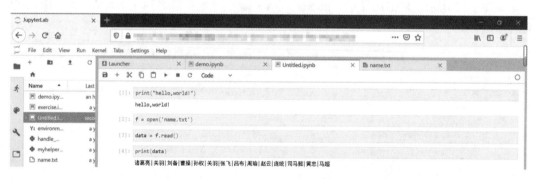

记得关闭文件，避免后期再次使用时产生麻烦。因为已经有文件操作符，所以运行以下命令关闭文件。

```
f.close()
```

读入的 data 文件里包含了很多用于数据分隔的线。这样的长字符串不利于操作，我们需要把里面单独的人名作为个体，做成一个列表，这样可以依次读取每一项，使操作变得更简易。

我们使用 Python 中一个很方便的函数 data.split，把原本由竖线分隔的长字符串变成一个列表。如下 data.split 函数用竖线把结果变成列表，我们希望把它存储起来，方便后面操作，将其命名为 names。

```
names=data.split('|')
```

通过运行 names=［0］输出列表第一项，同理也可以输出第二项，"关羽"。如果想从后往前输出可以使用负数，如输入 −1，输出后面的"马超"。

```
names [0]
```

除了可以输出人名之外，还可以使用一个循环来遍历人名，如可以用 for 循环来遍历，其中用 in 代表从哪个列表输出。

3.4.2　读取《三国演义》文本数据

双击 sanguo.txt 文件会出现编码错误提示，如图 3-23 所示。

我们尝试下载后打开，最好用浏览器打开，如图 3-24 所示。

因为我们要调用一个外部的文件，读取其中的一些内容，所以我们使用以下命令：

```
import myhelper
```

我们需要把全文读出来并存储到一个叫 text 的变量中，利用 myhelper 调用其中的 read_sanguo_file 函数。

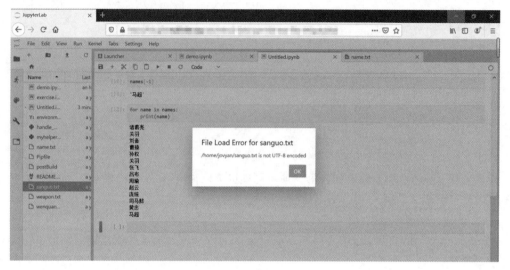

图 3-23

图 3-24

由于《三国演义》全篇很长，因此我们只输出前 100 个字符。

```
text = myhelper.read_sanguo_file()
print(text[:100])
```

下面我们需要做统计工作。

我们想知道，在这样一部长篇小说中，"诸葛亮"出现多少次。可以使用 count 函数，把"诸葛亮"的排名 0 输入。

```
text.count(name[0])
```

我们需要构建一个新的数据结构——字典结构，给每一个字一个定义，当我们输入字时可以获得它对应的定义，也就是说，一个人名需要给出一个对应的出现次数。

将字典命名为 name_dict，这是一个空字典。

```
name_dict = {}
```

使用 for 循环进行遍历，左侧为人名，右侧为文件里人名的出现次数。输出结果，检查这个字典构建得对不对，代码如下：

```
print(name_dict)
```

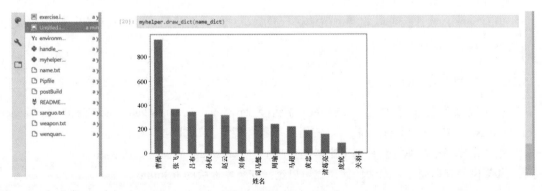

下面把这个字典中人名的出现次数绘制出来，不需要使用专门的绘图函数，只需要调用帮助函数。

```
%pylab inline
```

直接调用 myhelper 让它执行 draw_dict 函数命令。

```
myhelper.draw_dict(name_dict)
```

3.4.3 小结与思考

通过本节，希望你已经掌握了以下知识：

- 如何读取文本文件；
- 如何把字符串分隔成列表；
- 如何依据顺序找出列表中的某一项内容；
- 如何遍历列表；
- 如何统计字符串 a 中字符串 b 出现的次数；
- 如何新建字典并用遍历方法填充字典；
- 如何读入外部帮助函数模块，并调用其功能函数。

3.5　用R语言快速探索数据集

在数据科学的实践中，人们将大量数据分析的时间都花在数据清洗与探索性数据分析（Exploratory Data Analysis，EDA）上，即缺失数据统计处理和变量分布可视化。

数据采集过程中，数据可能有缺失。我们需要了解缺失数据的多少，以及它们可能对后续分析造成的影响。如果某个变量的缺失数据少，那么可以把含有缺失数据的行（观测）去掉以免影响分析的精确程度。如果缺失数据太多，都去掉就不可行了。我们需要考虑如何进行填补：是用0、用"unknown"，还是使用均值或中位数？

我们再来看看每个特征变量的分布情况。例如定量数据是正态分布的，还是幂律分布的？这对后面合理进行研究假设都是有影响的。即便对于分类数据，也要了解其独特取值（Unique Values）的个数，以便做到心中有数。

这些工作很有必要，但是实现起来很麻烦。

即便是 R 这样专门给统计工作者使用的软件，从前也需要调用若干条命令（一般与特征变量个数成正比）才能完成这些工作。

但有一款 R 软件包可以非常方便地进行数据集总结和概览，只要一条语句，就可以完成探索性数据分析中的许多步骤。

3.5.1　启动RStudio

你不需要安装任何软件，只需要打开链接 https://mybinder.org/v2/gh/wshuyi/demo-summarytools-binder/master?urlpath=rstudio，就可以使用 R 编程环境了，如图 3-25 所示。

准备工作完毕，你将会看到浏览器里开启了一个 RStudio 界面，如图 3-26 所示。

如果网络延迟而导致无法访问，也可以选择安装本地版的 RStudio。

进入界面后，单击左上角的" File"→"New File"，选择菜单里的第一项 R Script，如图 3-27 所示。

此时，我们会看到左侧分栏开启了一个空白编辑区域，可以输入语句了，如图 3-28 所示。

图 3-25

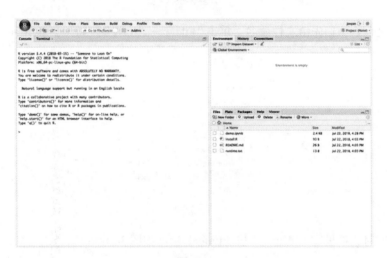

图 3-26

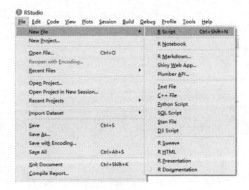

图 3-27

图 3-28

输入语句之前，我们先给文件命名。单击"File"→"Save"，如图 3-29 所示。

图 3-29

在新出现的对话框里输入 demo ，按【Enter】键，如图 3-30 所示。

图 3-30

在新建的代码脚本中，输入如下 6 行语句：

3.5.2　使用summarytools包

```
install.packages('tidyverse')
install.packages('summarytools')
library(tidyverse)
library(summarytools)
flights<-read_csv("https://gitlab.com/wshuyi/demo-data-flights/raw/master/flights.csv")
view((dfSummary(flights))
```

其实前 5 行语句都是准备工作，真正的总结、概览功能只需第 6 行。

第 1～4 行：安装两个代码库并将它们导入 R 的运行环境中。其中 tidyverse 是一个非常重要的库。可以说它改进了 R 语言处理数据的生态环境，而这个库中的大部分工具，都是由哈德利·威克姆（Hadley Wickham）推动和完成的。summarytools 是本节用来总结、概览数据的软件包名称。

第 5 行：使用 read_csv 进行数据读取。我们是从 read_csv 中的网址读取数据的，并且把数据存储到 flights 变量中。

请访问本书的资源链接地址 https://github.com/zhaihulu/DataScience/，下载本章节对应的原始数据 CSV 文件，查看其内容，如图 3-31 所示。

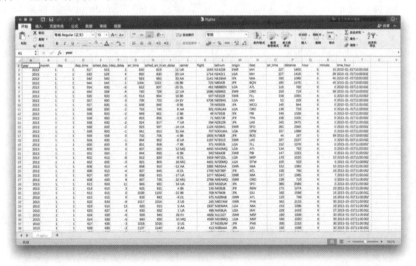

图 3-31

这个数据集来自哈德利·威克姆的 GitHub 项目，叫作 nycflights13，如图 3-32 所示。

它记录的是 2013 年在美国三大机场（分别为肯尼迪国际机场、拉瓜迪亚机场和纽瓦克自由国际机场）起飞的航班的信息。具体的记录信息（特征列）包括起飞时间、到达时间、延误时长、航空公司、始发机场、目的机场、飞行时长和飞行距离等。

图 3-31 中的表格看起来已经很清晰了，但是由于观测（行）数量众多，因此我们很难直观分析出缺失数据的情况，以及数据的分布等信息。

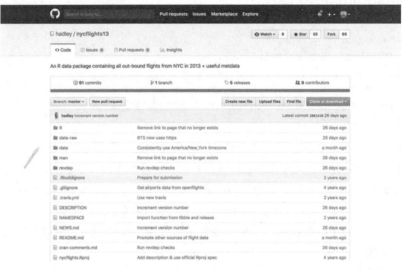

图 3-32

第 6 行语句负责帮助我们更好地检视和探索数据。它用 dfSummary 函数处理 flights 数据框的内容，然后用 view 函数将处理结果直观输出给用户。

单击"Code"→"Run Region"→"Run All"，运行代码，如图 3-33 所示。

图 3-33

运行时，可能会有一些警告信息，忽略就好，如图 3-34 所示。

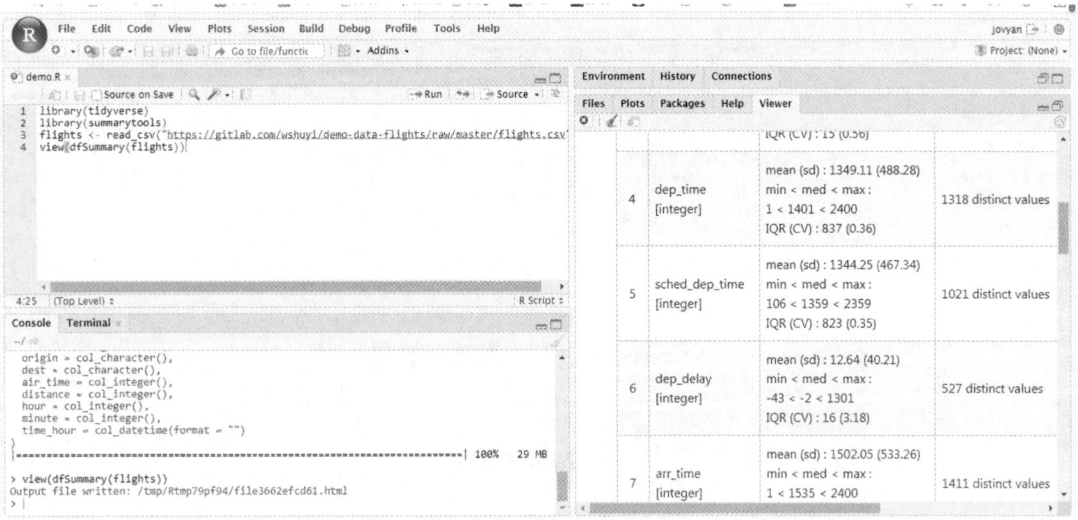

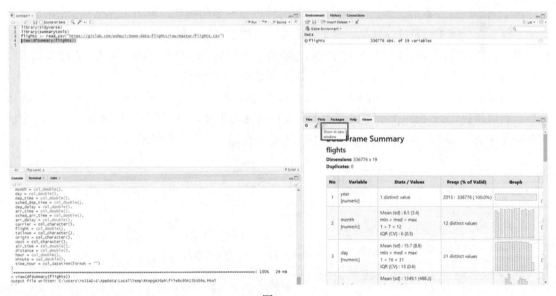

图 3-34

分析的结果位于右下方的显示区域。因为显示区域比较小，而内容却很多，所以看不全面，如图 3-35 所示。

图 3-35

单击这个区域左上方的第 3 个按钮 "Show in new window"，在浏览器的新窗口打开完整的显示结果，如图 3-36 所示。

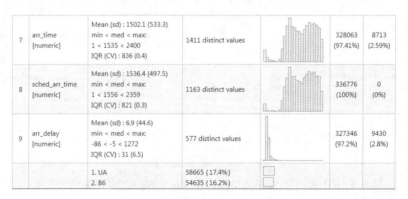

图 3-36

3.5.3　分析结果解读

因截图篇幅关系这里无法显示完整信息。根据图 3-36 所示的截屏的第 1 页，我们讲解一下都有哪些分析结果。

第 1 列是序号，不用关注。第 2 列是变量名称以及变量的类型，例如 numeric 指的是实数类型的定量数据。第 3 列是统计结果，对于定量数据直接汇报最大值、最小值、均值、中位数等信息。第 4 列是频数，显示每一个变量对应独特取值出现的情况。第 5 列最有意思，直接显示了绘制的分布统计图形。第 6 列是有效值个数。第 7 列是缺失数据个数。

我们翻到下一页看看，如图 3-37 所示。可以看出，起飞延误（dep_delay）是个典型的幂律分布。到达延误（arr_delay）和起飞延误的分布统计图形很像，想想似乎很有道理。但到达延误的分布类别是什么呢？为什么二者会有差异呢？这个问题，请大家自己思考。

7	arr_time [numeric]	Mean (sd) : 1502.1 (533.3) min < med < max: 1 < 1535 < 2400 IQR (CV) : 836 (0.4)	1411 distinct values		328063 (97.41%)	8713 (2.59%)
8	sched_arr_time [numeric]	Mean (sd) : 1536.4 (497.5) min < med < max: 1 < 1556 < 2359 IQR (CV) : 821 (0.3)	1163 distinct values		336776 (100%)	0 (0%)
9	arr_delay [numeric]	Mean (sd) : 6.9 (44.6) min < med < max: -86 < -5 < 1272 IQR (CV) : 31 (6.5)	577 distinct values		327346 (97.2%)	9430 (2.8%)
		1. UA 2. B6	58665 (17.4%) 54635 (16.2%)			

图 3-37

3.5.4 小结与思考

本小节介绍的是 summarytools 包的功能，它并不只是对数据集做总体，总结概览，它还可以进行变量之间的关系展示。例如我们想知道三大机场起飞的航班，所对应的航空公司的比例是否有差别。这时可以用一条语句得到以下分析表格，如图 3-38 所示。

Cross-Tabulation / Row Proportions
origin * carrier
Data Frame: flights

origin	carrier: 9E	AA	AS	B6	DL	EV	F9	FL	HA	MQ	OO	UA	US	VX	WN	YV	Total
EWR	1268 (1.05%)	3487 (2.89%)	714 (0.59%)	6557 (5.43%)	4342 (3.59%)	43939 (36.36%)	0 (0.00%)	0 (0.00%)	0 (0.00%)	2276 (1.88%)	6 (0.00%)	46087 (38.14%)	4405 (3.65%)	1566 (1.30%)	6188 (5.12%)	0 (0.00%)	120835 (100.00%)
JFK	14651 (13.17%)	13783 (12.39%)	0 (0.00%)	42076 (37.81%)	20701 (18.60%)	1408 (1.27%)	0 (0.00%)	0 (0.00%)	342 (0.31%)	7193 (6.46%)	0 (0.00%)	4534 (4.07%)	2995 (2.69%)	3596 (3.23%)	0 (0.00%)	0 (0.00%)	111279 (100.00%)
LGA	2541 (2.43%)	15459 (14.77%)	0 (0.00%)	6002 (5.73%)	23067 (22.04%)	8826 (8.43%)	685 (0.65%)	3260 (3.11%)	0 (0.00%)	16928 (16.17%)	26 (0.02%)	8044 (7.69%)	13136 (12.55%)	0 (0.00%)	6087 (5.82%)	601 (0.57%)	104662 (100.00%)
Total	18460 (5.48%)	32729 (9.72%)	714 (0.21%)	54635 (16.22%)	48110 (14.29%)	54173 (16.09%)	685 (0.20%)	3260 (0.97%)	342 (0.10%)	26397 (7.84%)	32 (0.01%)	58665 (17.42%)	20536 (6.10%)	5162 (1.53%)	12275 (3.64%)	601 (0.18%)	336776 (100.00%)

Generated by summarytools 0.8.6 (R version 3.5.1)
2018-07-22

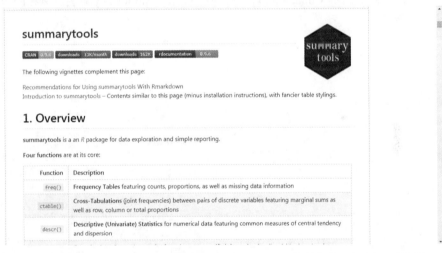

图 3-38

你想自己动手，做出这样一张分析表格？请搜索并阅读 summarytools 包的文档，了解 summarytools 包的更多功能，如图 3-39 所示。

图 3-39

3.6 快速了解科研领域

作为一个初学者，你可能很希望快速了解一个新的科研领域。诚然，通过影响因子和排名等指标，你可以得知这个领域里哪个期刊比较好。但是，作为研究者，如果只了解到这一层次还是过于粗浅。

我自己的好奇心，往往会指向某个研究领域的如下 3 个问题。

- 哪些作者比较厉害？

- 哪些文献比较重要？
- 哪些主题更值得研究？

这 3 个问题，可以采用不同的文献计量工具来解答。有的问题很容易解答，有的问题大概需要一些基础知识和技能。有一款工具，可以非常便捷地一站式解答上述 3 个问题。

3.6.1 Biblioshiny分析工具

Biblioshiny 是一款 R 环境下的软件包，它的底层就是"大名鼎鼎"的 Bibliometrix。Bibliometrix 的功能十分强大，不过用户界面还不够友好。Bibliometrix 的各项操作都需要程序指令完成。虽然对于初学者来说，它的门槛并不算太高，但是只看命令手册，可能还是会令不少人失去尝试的勇气。最近，Bibliometrix 的开发者们在其原来功能的基础上，添加了 Shiny 作为交互可视化用户界面，于是其软件易用性大幅提升。用户只需要动动鼠标，就可以轻松实现许多文献计量分析功能。

例如单击菜单里的"Collaboration Network"按钮，Biblioshiny 就会立刻绘制作者合作网络图，如图 3-40 所示。

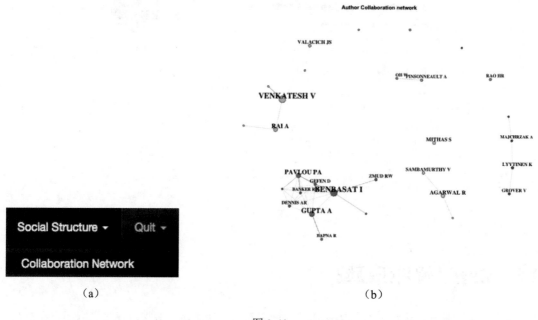

（a）   （b）

图 3-40

想查看文献年均被引趋势？也是单击一下按钮的事，如图 3-41 所示。

Biblioshiny 的安装方法很简单。首先下载最新版的 R 和 RStudio。用户需要在 R 的开发网站下载 R 基础安装包，可以看到 R 的下载位置有很多，建议选择中国的镜像，这样连接速度更快，清华大学的镜像就不错。请根据你的操作系统选择其中对应的版本下载。我们选择的是 macOS 版本，下载得到 PKG 文件，双击该文件就可以安装。

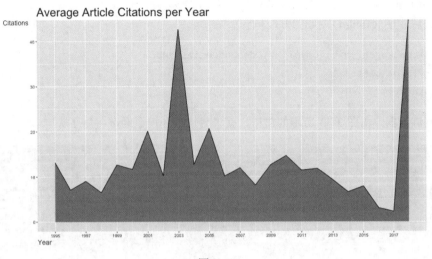

图 3-41

安装了基础安装包之后，我们继续安装集成开发环境 RStudio，可以通过搜索引擎搜索 RStudio 的网站，如图 3-42 所示。

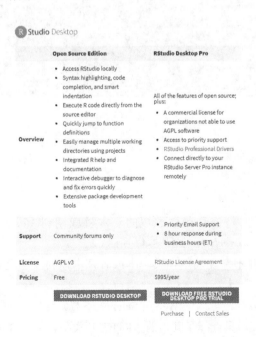

图 3-42

还是依据操作系统的情况，选择对应的安装包。macOS 安装包为 DMG 文件，双击打开该文件后，把其中的 RStudio.app 图标拖放到 Applications 文件夹中，安装就完成了。好了，现在就安装好 R 的运行环境了。

安装好后，在 RStudio 中执行以下 3 行命令：

```
install.packages("bibliometrix", dependencies=TRUE)
library(bibliometrix)
biblioshiny()
```

当看到浏览器弹出图 3-43 所示的窗口，就说明运行环境已经准备好了。

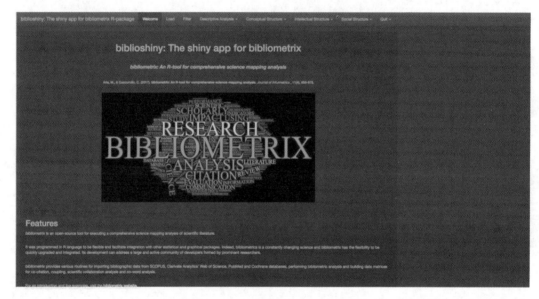

图 3-43

有了工具，下面我们就需要数据了。

3.6.2　期刊文献数据

本小节的样例分析对象是信息科学领域的一本权威期刊 *Management Information Systems Quarterly*（下文简称 *MIS Quarterly*），如图 3-44 所示。

注意在分析的时候，并不需要局限在某一本或者几本期刊，完全可以使用关键词搜索相关文献。

MIS Quarterly 的文献数据，可以从 Web of Science 下载，如图 3-45 所示。

我们对结果进行了精减，只选择了其中的 ARTICLE 类型，如图 3-46 所示。

一共 743 篇文献，选择导出的文件格式为 BibTeX，如图 3-47 所示。

图 3-44 [①]

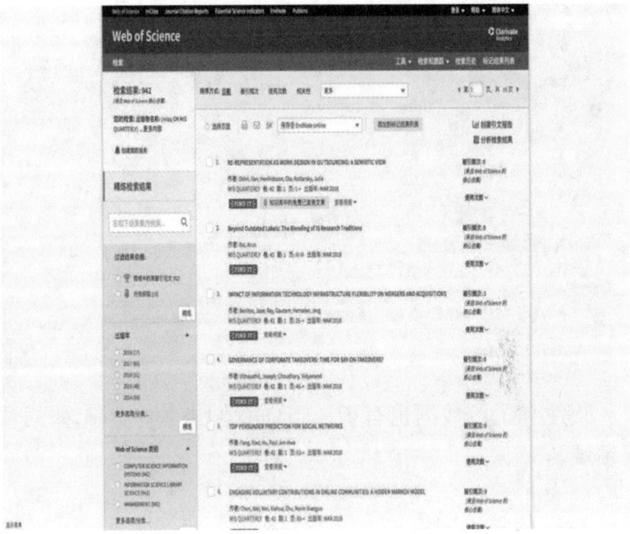

图 3-45

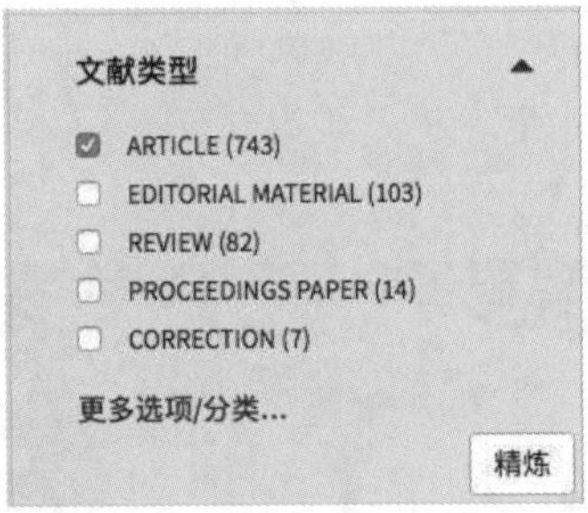

图 3-46

图 3-47

因为 Web of Science 每次导出记录数不能超过 500，所以下载了 2 个 BibTeX 格式文件。

我们把它们打包成一个 ZIP 文件（Archive.zip）。请访问本书的资源链接地址 https://github.com/zhaihulu/DataScience/，下载对应章的数据集。

在 Biblioshiny 中选择"Load"，把 File format 设定为"BibTeX"，选择压缩文件"Archive.zip"，开始上传，如图 3-48 所示。

上传完后，显示结果列表，如图 3-49 所示。

---

①　图片来源：*MIS Quarterly* 期刊主页。

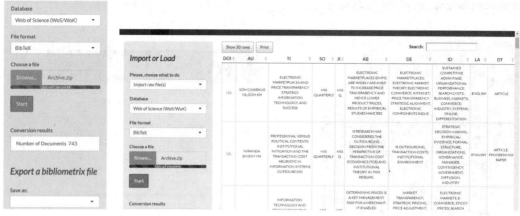

图 3-48 | 图 3-49

软件有了，数据也有了，下面我们讲解一下，如何解答前文提到的 3 个问题，以快速了解科研领域。

3.6.3 作者分析

第 1 个问题是，哪些作者比较厉害？

我们先来看看发文数量，*MIS Quarterly* 这样的期刊（而且还是季刊）门槛是相当高的，因此这里的发文数量能够反映作者的科研能力。

单击进入"Descriptive Analysis"标签页面，如图 3-50 所示。

选择"Tables"，如图 3-51 所示。

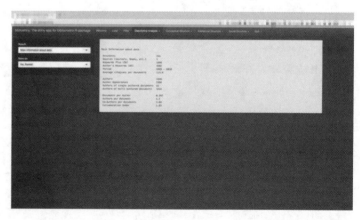

图 3-50 | 图 3-51

左侧为 Result 类型，可以在下拉列表中进行选择。我们选择"Most Productive Authors"（最高产作者），如图 3-52 所示。

分析结果如图 3-53 所示。

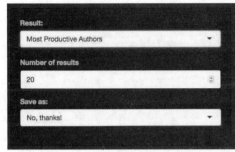

图 3-52

	Authors	Articles	Authors	Articles Fractionalized
1	VENKATESH V	23	VENKATESH V	9.33
2	BENBASAT I	21	BENBASAT I	8.40
3	AGARWAL R	12	IVES B	5.08
4	GUPTA A	12	AGARWAL R	4.45
5	RAI A	12	LYYTINEN K	3.92
6	PAVLOU PA	11	LEE AS	3.83
7	MITHAS S	10	GROVER V	3.75
8	GROVER V	9	LEONARDI PM	3.70
9	LYYTINEN K	9	RAI A	3.67
10	SAMBAMURTHY V	9	ZMUD RW	3.58
11	ZMUD RW	9	MITHAS S	3.50
12	PINSONNEAULT A	8	GUPTA A	3.40
13	IVES B	7	PAVLOU PA	3.40
14	KARAHANNA E	7	MYERS MD	3.33
15	LEE AS	7	KARAHANNA E	3.17
16	MARKUS ML	7	SAMBAMURTHY V	3.17
17	RAO HR	7	PINSONNEAULT A	3.08
18	VALACICH JS	7	MARKUS ML	3.00
19	BAPNA R	6	GHOSE A	2.67
20	BROWN SA	6	KEIL M	2.67

图 3-53

排名首位的 Viswanath Venkatesh，让我肃然起敬——他居然发表了 23 篇文章！我没看错吧？好像全部文献记录也只有 700 多篇。怀着好奇心，我搜索了一下。

Venkatesh 是美国阿肯色大学教授。我在他的主页查了一下发表记录，再次震惊了！*MIS Quarterly* 作为季刊，2013 年全部 4 期上面各有一篇他的文章！

科研文献的数量固然重要，但是质量也是要有保证的。这种发文频率，质量能保证吗？带着这个疑问，我们来看第 2 个问题。

3.6.4　文献被引用分析

我们的第 2 个问题就是，哪些文献比较重要？

这个问题其实不是那么容易解答的。下载次数多的文献是不是比较重要？在社交媒体上流传最广的文献是不是比较重要？目前，学界基本能够达成共识的判断标准还是文献被引用的情况。

Biblioshiny 可以帮助我们轻松分析文献的发展历程，以便让我们了解哪些文献在学科发展历史上具有重要的地位。具体方法是选择"Intellectual Structure"菜单下的"Historiograph"，如图 3-54 所示。

图 3-54

采用默认的参数，我们可以看到数据集中这 20 篇文献重要性较高，如图 3-55 所示。

单击"Table"标签页，我们看看列表展示的具体信息，如图 3-56 所示。

注意，这里展示了两项统计指标：一项是 GCS，也就是 Web of Science 中文献被引用统计总数；另一项是 LCS，即当前数据集里文献被引用次数。假设一篇文献 GCS 很高，但是 LCS 不高，很可能意味着它在其他领域影响力更大。不过因为我们只找了一种期刊，所以这个因素不宜过度解读。

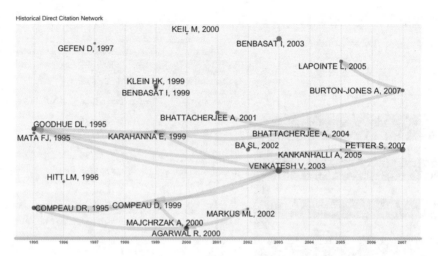

图 3-55

Show 50 rows　Copy　PDF　Print　　Search:

Paper	DOI	Year	LCS	GCS
MATA FJ, 1995, MIS Q	10.2307/249630	1995	16	823
COMPEAU DR, 1995, MIS Q	10.2307/249688	1995	22	1704
GOODHUE DL, 1995, MIS Q	10.2307/249689	1995	26	1326
HITT LM, 1996, MIS Q	10.2307/249475	1996	15	477
GEFEN D, 1997, MIS Q	10.2307/249720	1997	15	787
COMPEAU D, 1999, MIS Q	10.2307/249749	1999	14	775
KARAHANNA E, 1999, MIS Q	10.2307/249751	1999	15	1203
BENBASAT I, 1999, MIS Q	10.2307/249403	1999	19	386
KLEIN HK, 1999, MIS Q	10.2307/249410	1999	27	1382
MAJCHRZAK A, 2000, MIS Q	10.2307/3250948	2000	17	347
KEIL M, 2000, MIS Q	10.2307/3250950	2000	14	168
AGARWAL R, 2000, MIS Q	10.2307/3250951	2000	28	1237
BHATTACHERJEE A, 2001, MIS Q	10.2307/3250921	2001	20	1634
MARKUS ML, 2002, MIS Q	NA	2002	15	327
BA SL, 2002, MIS Q	10.2307/4132332	2002	20	793
VENKATESH V, 2003, MIS Q	NA	2003	44	6634
BENBASAT I, 2003, MIS Q	NA	2003	29	470
BHATTACHERJEE A, 2004, MIS Q	NA	2004	14	509
LAPOINTE L, 2005, MIS Q	NA	2005	18	390
KANKANHALLI A, 2005, MIS Q	NA	2005	14	933
PETTER S, 2007, MIS Q	NA	2007	32	947
BURTON-JONES A, 2007, MIS Q	NA	2007	18	153

Showing 1 to 22 of 22 entries　　Previous　1　Next

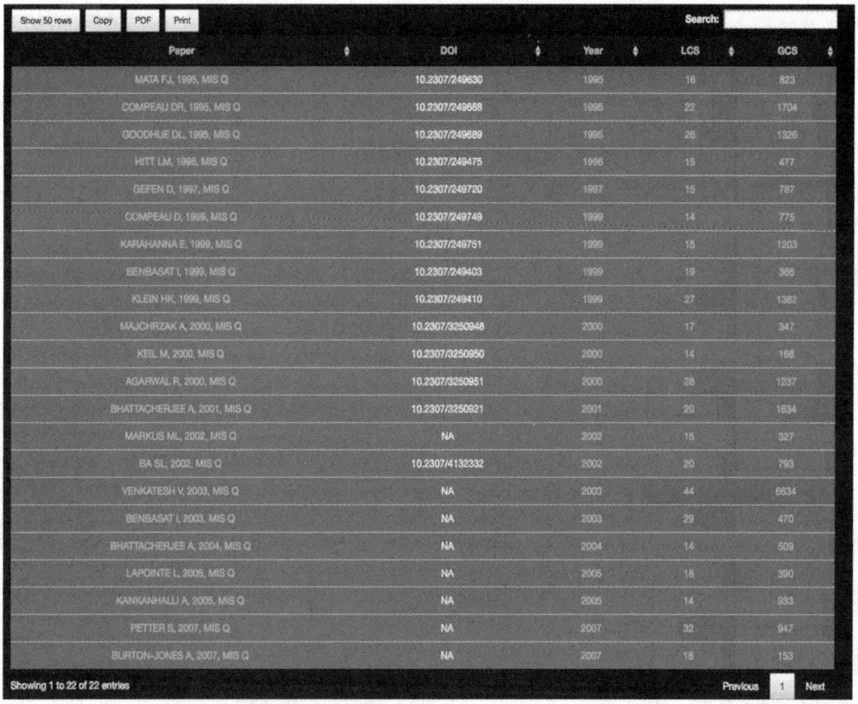

图 3-56

我们注意到，其中有一篇文献，两项指标都是惊人的，如图 3-57 所示。

这篇文献的 LCS 为 44（注意是被 *MIS Quarterly* 的其他文献引用），GCS 居然达到了 6634。这篇文献简直就是一览众山小啊！那么它是谁写的？如图 3-58 所示。

2001	20	1634
2002	15	327
2002	20	793
2003	44	6634
2003	29	470
2004	14	509
2005	18	390

图 3-57

BA SL, 2002, MIS Q	10.2307/4132332	2002	20	793
VENKATESH V, 2003, MIS Q	NA	2003	44	6634
BENBASAT I, 2003, MIS Q	NA	2003	29	470

图 3-58

往左侧的名称信息里一看，我们随即看到了非常熟悉的名字。没错，还是 Venkatesh！
看来，即使 Venkatesh 以这种频率发文，文献质量也依然是有保障的。

3.6.5　研究主题分析

锁定了领域的高水平作者和重要文献后，我们来尝试回答第 3 个问题：哪些主题更值得研究？首先我们要搞清楚主题都有哪些。

我们选择做一个词云，单击"Documents"下的"WordCloud"，如图 3-59 所示。

默认绘图结果如图 3-60 所示。

图 3-59

图 3-60

注意这里的词汇来自 Keywords Plus（即系统利用标题、摘要等分析结果）。

我们更换左侧的 Field 选项，变成 Author's keywords（即作者自己列出的关键词），如图 3-61 所示。

图 3-61

确实，分析结果有了差别。

我们还可以继续尝试，只以标题文字制作词云，如图 3-62 所示。

图 3-62

对比以上几张图，你有什么发现？看起来好像让人眼花缭乱。不过没关系，我们可以让 Biblioshiny 帮我们把主题归类。单击 "Conceptual Structure" 菜单，选择其中的 "Correspondence Analysis"，如图 3-63 所示。

我们关注其中的词汇地图（Word Map），如图 3-64 所示。

看到这里，我们可以把 *MIS Quarterly* 的研究主题聚焦在大致 3 个类别上，并且可以知道每个类别是如何被关键词描述的。

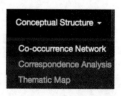

图 3-63

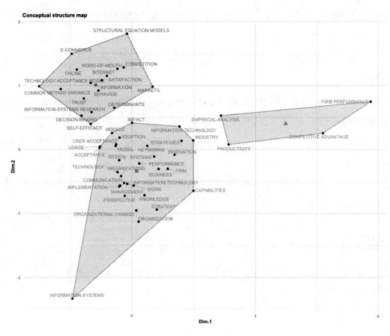

图 3-64

但是，即便我们知道了这些大致的研究主题分类，也依然难以抉择自己今后的研究方向应该向哪里聚焦。因为这只代表了历史和现状，我们不能看着后视镜开车。

这时候，我们可以使用 Biblioshiny 辅助决策，方法是单击"Thematic Map"（主题地图）选项，如图 3-65 所示。

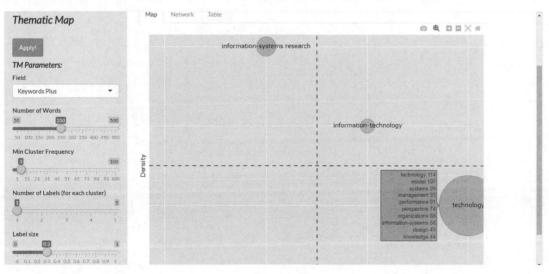

图 3-65

在主题地图中，横轴代表中心度，纵轴代表密度，据此绘制出 4 个象限。

第一象限（右上角）：重点主题（motor-themes），既重要，又已有良好发展。

第二象限（左上角）：非常专业 / 领域的主题（very specialized/niche themes），已有良好发展，但是对于当前领域不重要。

第三象限（左下角）：新兴或消失主题（emerging or disappearing themes），边缘主题，也没有好的发展，可能刚刚涌现，也许即将消失。

第四象限（右下角）：基本主题（basic themes），对领域很重要，但是未获得良好发展，一般是指基础概念。

有了这些背景知识，我们再回看这张图就很有意思了。请思考一下，哪些主题更值得我们投入资源和时间去深度研究呢？

3.6.6　小结与思考

本节我们利用 R 环境下的 Biblioshiny 软件包，探索了以下 3 个问题。

- 哪些作者比较厉害？
- 哪些文献比较重要？
- 哪些主题更值得研究？

当然，其实我们使用的只是默认参数。针对科研领域的特征以及文献数量的多少，参数的设置其实都是可以调整优化的，而且我们所展示的只是 Biblioshiny 众多实用分析功能里的一小部分。有了兴趣，该如何继续学习呢？

推荐参考 Bibliometrix 的官方图文教程。在此基础上，你可以继续学习和充分挖掘 Biblioshiny 与 Bibliometrix 的功能，以使自己更高效、便捷地熟悉某一新的科研领域。

第 **4** 章

数据获取

相信经过第 3 章的探索，你已经对数据科学分析的实践没有那么害怕了！是不是还想要尝试开始分析自己感兴趣的问题呢？在本章中，我们会依次介绍目前获取数据的主要方法和技巧，通过对开放数据的获取，网络数据的收集、分析和抓取数据的讲解帮助大家打好数据基础。

4.1 获取开放数据

当你开始接触丰富多彩的开放数据集时，CSV、JSON 和 XML 等格式的名词就会向你奔涌而来。如何用 Python 高效地获取开放数据，为后续的整理和分析做准备呢？在第 3 章中，我们已经为你介绍了如何使用 Pandas 存取和交换数据，本节将一步步深入地解读和展示数据获取的过程，帮助大家动手实践。

4.1.1 获取数据的需求

人工智能（Artificial Intelligence）的算法再精妙，离开数据也是"巧妇难为无米之炊"。数据是宝贵的，开放数据尤其珍贵。无论是公众号、微博还是朋友圈里，许多人一听见"开放数据""数据资源""数据链接"这些关键词就兴奋不已。

可好不容易拿到了梦寐以求的数据链接，我们会发现下载的这些数据有各种稀奇古怪的格式，最常见的是以下几种：CSV、XML、JSON。我们希望自己能调用 Python 来清理和分析它们，从而完成自己的"数据炼金术"。

第一步，就是学会如何用 Python 获取这些开放数据。我们就用实际的开放数据样例，分别为大家介绍如何把 CSV、XML 和 JSON 这 3 种常见的网络开放数据获取到 Python 中，形成结构化数据框，方便后续分析操作。

4.1.2 开放数据的获取

我们选择的开放数据平台是 Quandl，如图 4-1 所示。Quandl 是一个金融和经济数据平台，其中既包括价格不菲的收费数据，也包括不少免费开放数据。你需要在 Quandl 免费注册一个账户，这样才可以正常访问其免费开放数据。

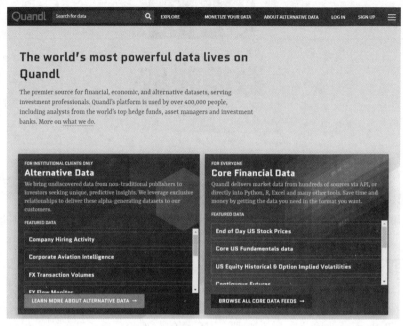

图 4-1 [①]

注册过程：需要填写图 4-2 所示的文本框。注册完后，用新账户和密码登录。

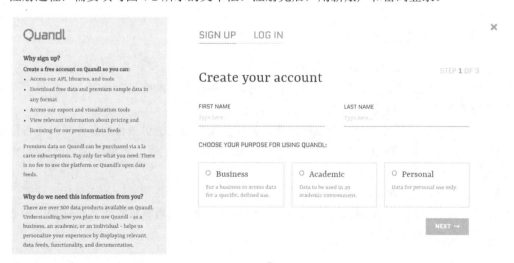

图 4-2 [①]

登录后，单击首页菜单栏中的"EXPLORE"，如图 4-3 所示。

图 4-3

马上就看到令人眼花缭乱的数据集了，如图 4-4 所示。

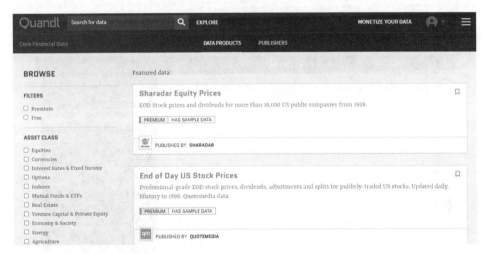

图 4-4

不过不要高兴得太早。仔细看图 4-4 中数据集右侧的标签，第一页里基本上都是"PREMIUM"（只限会员），这是只有付费用户才能使用的数据集。

用户不需要自己翻页去查找免费开放数据，单击页面左侧上方的过滤器 Filter 下的"免费"（Free）选项，显示的就全都是免费开放数据了，如图 4-5 所示。

这些开放数据都包含什么内容？如果感兴趣的话，你可以花点时间浏览一下。我们使用其中的"Zillow Real Estate Data"，这是一个非常庞大的房地产数据集，如图 4-6 所示。

Zillow 房地产数据都来自美国的城市。我们可以单击"EXPAND"（扩展）按钮打开其中的数据集"Zillow Data"。下面我们把数据下载到本地，如图 4-7 所示，单击右上方的"DOWNLOAD"按钮。

可以看到，Quandl 目前只提供给我们一种 CSV 数据格式文件的下载方式，其他格式如 JSON、XML、Python、R 以及 Excel 等的数据都需要通过 API 方式获取。接下来，我们在对应的数据类别上右击，在弹出的浏览器菜单中选择"链接另存为"，然后存储到本地。

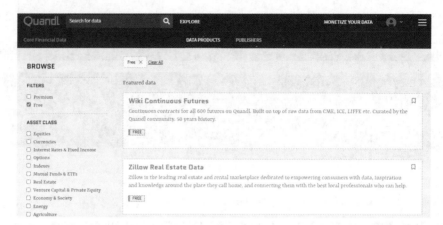

图 4-5

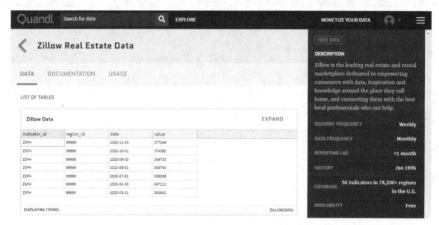

图 4-6

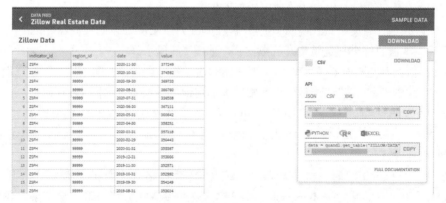

图 4-7

在本章中，我们已经为你准备好了 CSV、JSON 以及 XML3 种数据格式，并且将数据存储在一个 GitHub 项目中。请访问本书的资源链接地址 https://github.com/zhaihulu/DataScience/，下载对应章节的数据集，下载压缩包后，解压查看。

压缩包里包含了美国莱克星顿市房地产交易信息的 3 种不同格式的数据。同样的数据内容，CSV 文件占用空间最小，JSON 文件次之，占空间最大的格式是 XML。

4.2　利用API收集与分析网络数据

4.2.1　API的含义

俗话说"巧妇难为无米之炊"。即便你已经掌握了数据分析的"十八般武艺"，没有数据也是令人苦恼的事情。"拔剑四顾心茫然"说的大概就是这种情境吧。

数据的类型有很多。网络数据是其中数量庞大，且相对容易获得的类型。更妙的是，许多网络数据都是免费的。在这个大数据时代，你是如何获得网络数据的呢？

许多人会使用那些整理好并且发布的数据集。他们很幸运，自己的工作可以建立在别人工作的基础上，这样效率最高。但是不是每个人都有这样的幸运。如果你需要用到的数据碰巧没有人整理和发布过，该怎么办？

其实，这样的数据数量更为庞大。我们难道能对它们视而不见吗？

如果你想到了爬虫，那么你的思考方向是对的。爬虫几乎可以把一切看得见的（甚至是看不见的）网络数据都抓取下来。然而编写和使用爬虫是有很高的成本的，包括时间成本、技术能力等。如果面对任何网络数据获取问题，你都不假思索"上大锤"，有时候很可能是"杀鸡用了牛刀"。

在"别人准备好的数据"和"需要自己抓取的数据"之间，还有很宽广的一片天地，这就是 API 的天地。

API 是什么？它是 Application Programming Interface（应用程序接口）的缩写。一般而言，每个网站都有不断积累和变化的数据，这些数据如果整理出来，不仅耗时、占用空间，而且刚刚整理好就有面临过期的风险。大部分人需要的数据，其实只是其中的一小部分，但对时效性的要求可能很高。因此整理、储存网络数据，并且提供给大众下载是不经济的。

可是如果不能以某种方式开放数据，又会面临无数爬虫的"骚扰"，这会给网站的正常运行带来很多烦恼。折中的办法就是，网站主动提供一个通道。当你需要某一部分数据的时候，虽然没有现成的数据集，但只需要利用这个通道描述自己想要的数据，网站审核（一般是自动化的，瞬间完成）之后，认为可以给你，就会立刻把你明确要的数据发送过来。

以后你找数据的时候，也不妨先看看目标网站是否提供相关 API，以避免做无用功。本节以一款阿里云云市场历史天气查询 API 为例，逐步介绍如何用 Python 调用 API 收集、分析与可视化网络数据。希望读者可以举一反三，轻松应对以后的 API 网络数据收集与分析任务。

4.2.2 阿里云云市场

我们尝试的是阿里云云市场的一款提供天气数据的 API，它来自易源数据，如图 4-8 所示。

图 4-8 [①]

这是一款收费 API，但免费体验套餐提供了 100 次调用的体验。作为练习，100 次调用已经足够了。

单击"立即购买"按钮，会进入付费页面。如果你没有登录，可以根据提示用账号登录。支付以后，会看到图 4-9 所示的支付成功提示。

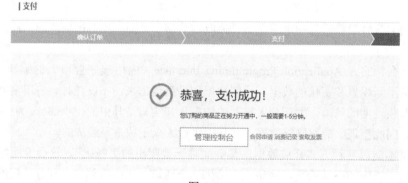

图 4-9

之后，系统会提示你一些非常重要的信息。注意图 4-10 中方框标出的字段，这是你的 AppCode，它是后面你调用 API 获取数据最为重要的身份认证手段，请单击"复制"按钮把它复

---

① 图片来源：阿里云市场（图4-10～图4-13也来源于此）。

制并存储下来。单击图 4-10 中的商品名称链接，回到 API 介绍的页面。这个 API 提供了多种数据获取功能。

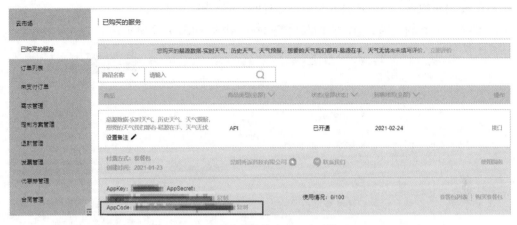

图 4-10

我们尝试利用其中的"id 或地名查询历史天气"一项，如图 4-11 所示。

API接口

历史天气查询	**历史天气查询**
经纬度查天气	调用地址：http(s)://weather01.market.alicloudapi.com/weatherhistory
景点查询天气	请求方式：GET
地名查询天气	返回类型：PASSTHROUGH
区号邮编查询天气	API 调用：API 简单身份认证调用方法（APPCODE）展开▼
IP查询天气预报	调试工具：去调试
查询地名对应id	▸ 请求参数（Headers）
查询24小时预报	▾ 请求参数（Query）

名称	类型	是否必须	描述
area	STRING	可选	地区名称、id、code和名称必须输入其中1个，如果都输入，以id为准
areaCode	STRING	可选	地区code

图 4-11

请注意图 4-11 里有几条重要信息。

- 调用地址：这是我们访问 API 需要知道的基本信息。就好像你要去见朋友，需要知道见面的地址在哪里。

- 请求方式：本例中的 GET 是利用 HTTP 请求传递数据的主要方式之一。
- 请求参数：这里你要提供两个信息给 API，一是"地区名称"或者"地区 id"（二选一），二是月份数据。需注意格式和可供选择的时间范围。

往下翻页，会看到请求示例，我们选择 Python 示例，如图 4-12 所示。

图 4-12

我们只需要把样例代码全部复制下来，用文本编辑器将其保存为以".py"为扩展名的 Python 脚本文件，例如 demo.py。

```python
import urllib, urllib2, sys
import ssl


host = 'https://weather01.market.alicloudapi.com'
path = '/weatherhistory'
method = 'GET'
appcode = '你自己的AppCode'
querys = 'area=%E4%B8%BD%E6%B1%9F&areaCode=areaCode&areaid=101291401&month=201601'
bodys = {}
url = host + path + '?' + querys

request = urllib2.Request(url)
request.add_header('Authorization', 'APPCODE ' + appcode)
ctx = ssl.create_default_context()
ctx.check_hostname = False
ctx.verify_mode = ssl.CERT_NONE
response = urllib2.urlopen(request, context=ctx)
content = response.read()
if (content):
    print(content)
```

再次提醒，把其中的"你自己的 AppCode"字符串替换为你真实的 AppCode，然后保存。在终端下执行：

```
Python demo.py
```

如果用的是 2.7 版本的 Python，你就可以获得正确结果了。为什么许多人得不到正确结果呢？有人粗心大意，忘了替换自己的 AppCode。但大部分人，由于安装了最新版本的 Anaconda（Python 3.7），都遇到了下面的问题，如图 4-13 所示

```
--------------------------------------------------------------------
ModuleNotFoundError                     Traceback (most recent call last)
<ipython-input-2-e5a18475632b> in <module>
----> 1 import urllib, urllib2, sys

ModuleNotFoundError: No module named 'urllib2'
```

图 4-13

你可能会认为这是因为没有正确安装 urllib2 模块，于是执行如下命令：

```
pip install urllib2
```

这时你可能会看到下面的报错提示：

```
Collecting urllib2
Note: you may need to restart the kernel to use updated packages.
  ERROR: Could not find a version that satisfies the requirement urllib2 (from versions: none)
ERROR: No matching distribution found for urllib2
```

你可以尝试去掉版本号，只安装 urllib 模块。

```
pip install urllib
```

但是结果依然不"美妙"。

```
Collecting urllib
Note: you may need to restart the kernel to use updated packages.
  ERROR: Could not find a version that satisfies the requirement urllib (from versions: none)
ERROR: No matching distribution found for urllib
```

有些 Python 开发者看到这里，可能会提醒我们：在 Python 3 里面，urllib 模块被拆分了！

然而一个普通用户，可能并不了解不同版本 Python 之间的语句差异，也不知道这种版本转换的解决方式。可能在普通用户看来，官方网站提供的样例就应该是可以运行的。系统报了错，又不能通过自己的软件包安装来解决时，这些人就会慌乱和焦虑。

更进一步，我们也不太了解 JSON 格式。虽然 JSON 格式已是一种非常清晰的、人机皆可通读的数据存储方式，但我们想了解的是，怎么把问题迁移到自己能够解决的范围内。

例如，能否把 JSON 格式的数据转换成 Excel 格式的数据？如果可以，我们就能调用熟悉的

Excel 命令，来进行数据筛选、分析与绘图了。我们还会想，假如 Python 本身能一站式完成数据获取、整理、分析和可视化全流程，那自然更好。但是，没有"葫芦"，我们又如何"照葫芦画瓢"呢？

既然这个例子中，官方文档没有提供详细的代码和讲解样例，那我们就一起来绘制个"葫芦"吧。下面，我们将逐步展示，如何在 Python 3 下调用该 API，获取、分析数据和绘制图形。

4.2.3 代码运行环境

首先我们来看看代码运行环境。前文提到过，如果样例代码的运行环境和本地的运行环境不一致，那么即使代码本身没问题也无法正常执行。所以，我们先搭建一个云端代码运行环境。请访问链接 https://mybinder.org/v2/gh/zhaihulu/demo-python-api-data-analysis/HEAD，直接进入云端代码运行环境。

打开链接之后，我们会看见图 4-14 所示的界面。这个界面来自 Jupyter Lab。图中左侧分栏是工作目录下的全部文件，右侧分栏是我们要使用的 .ipynb 文件。我们一起逐条执行语句，并仔细观察运行结果。

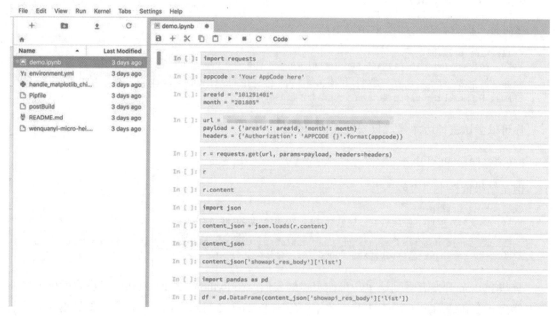

图 4-14

本例中，我们主要用到以下两个新的工具包。

首先是 HTTP 工具包 requests，如图 4-15 所示。这个工具包不仅符合人类的认知与使用习惯，而且对 Python 3 更加友好。作者肯尼思·赖茨（Kenneth Reitz）甚至建议所有的 Python 2 用户，赶紧升级到 Python 3。

其次将用到一款叫作 plotnine 的绘图工具包。它实际上不是 Python 平台上的绘图工具包，而是从 R 平台的 ggplot2 移植过来的。

要知道，此时 Python 平台上已经有了 Matplotlib、seaborn、bokeh、plotly 等一系列优秀的绘图工具包，那为什么还要费时费力地移植 ggplot2 呢？

因为 ggplot2 的作者是大名鼎鼎的 R 语言大师级人物哈德利·威克姆。他创造的 ggplot2 并非为 R 提供另一种绘图工具，而是提供另一种绘图方式。ggplot2 完全遵守并且实现了利兰·威尔金森（Leland Wilkinson）提出的"绘图语法"（Grammar of Graphics），图像的绘制从原本的部件拆分变成了层级拆分，如图 4-16 所示。

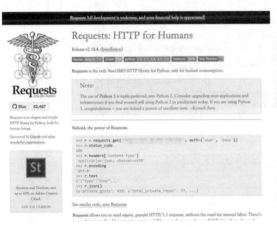

图 4-15 ① 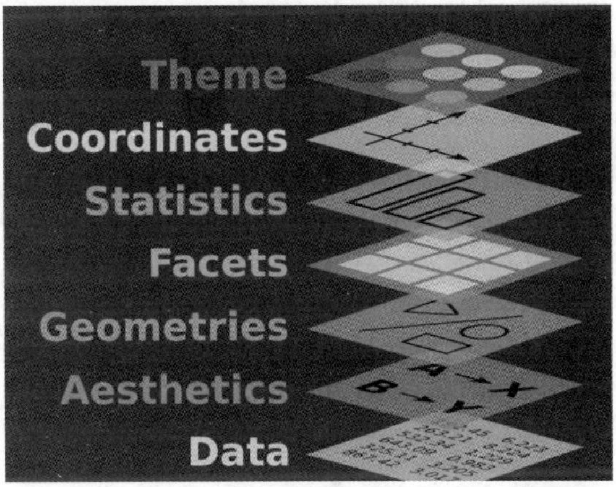   图 4-16 ②

这样一来，数据可视化变得前所未有的简单易学，且功能强大。

我们会在后文用详细的叙述，为读者展示如何使用这两个工具包。建议读者先完全按照 4.2.4 小节的步骤运行一遍，得出结果。如果一切正常，再将其中的数据替换为自己感兴趣的内容。之后，尝试打开一个空白 .ipynb 文件，自己编写代码并且尝试调整。这样有助于理解工作流程和工具包的使用方法。

4.2.4 获取天气数据

首先，导入 HTTP 工具包 requests。

```
import requests
```

图 4-14 中第二行代码里有"Your AppCode here"，请把它替换为你自己的 AppCode，否则运

---

① 图片来源：requests 包网站。
② 图片来源：WILKINSON L. The Grammar of Graphics[M]//Handbook of Computational Statistics. Springer, Berlin, Heidelberg, 2012: 375-414.。

行会报错。

```
appcode = 'Your AppCode here'
```

我们尝试获取丽江 2 月的天气数据。

在 API 信息页面上，有城市和代码对应的 Excel 表格，位置比较隐蔽，在产品详情页面上，如图 4-17 所示。

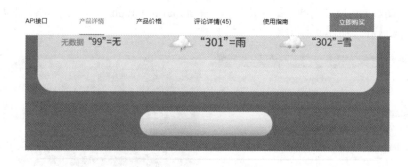

图 4-17[①]

下载该 Excel 文件后打开，根据表格查询，我们知道 "101291401" 是丽江的城市代码，如图 4-18 所示。

101291005	weixin	威信
101291011	shuifu	水富
101291401	lijiang	丽江
101291405	gucheng	古城
101291406	yulong	玉龙

图 4-18

我们将其写入 areaid 变量，日期选择 2020 年 2 月。

```
areaid = "101291401"
month = "202002"
```

下面设置 API 调用相关的信息，如图 4-19 所示。

根据 API 信息页面上的提示，我们要访问的网址为：http(s)://weather01.market.alicloudapi.com/weatherhistory，需要输入的两个参数就是刚才已经设置的 areaid 和 month。

---

① 图片来源：阿里云云市场（图4-18～图4-21也来源于此）

图 4-19

　　另外，我们需要验证身份，证明自己已经付费了。单击图 4-19 中的"API 简单身份认证调用方法（APPCODE）"，你会看到以下示例页面，如图 4-20 所示。

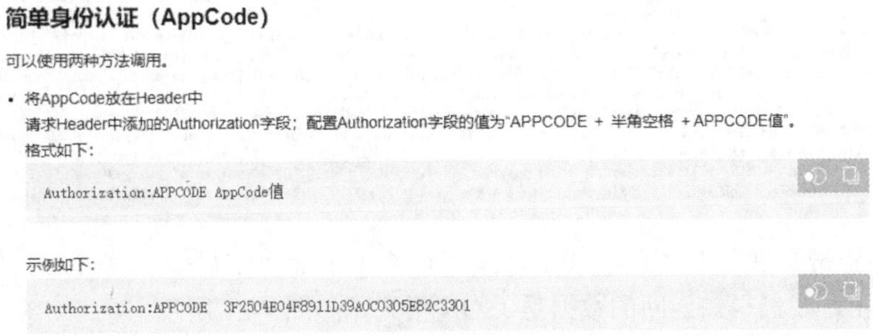

图 4-20

看来需要在 HTTP 数据头（Header）中加入 AppCode。我们依次把这些信息都写好。

```
url = 'https://ali-weather.showapi.com/weatherhistory'
payload = {'areaid': areaid, 'month': month}
headers = {'Authorization': 'APPCODE{}'.format(appcode)}
```

下面，我们就该用 requests 来工作了。requests 的语法非常简洁，只需要指定 4 项内容：

- 调用方法为"GET"；
- 访问地址 url；
- url 中需要附带的参数，即 payload（包含 areaid 和 month 的取值）；
- HTTP 数据头信息，即 AppCode。

```
r = requests.get(url, params=payload, headers=headers)
```

执行后，好像什么也没有发生啊！我们来查看一下。

```
r
```

```
Out[7]: <Response [200]>
```

Python 告诉我们：<Response［200］>。返回码"200"的含义为访问成功。

以 2 开头的返回码代表最好的结果，意味着一切顺利；如果返回码的开头是数字 4 或者 5，那就有问题了，需要排查错误。既然访问成功，我们看看 API 返回的具体数据内容。

调用返回值的 content 属性。

```
r.content
```

Out[8]: b'   {\n   "showapi_res_error": "", \n   "showapi_res_id": "9189320db28046c9ab9b12c260264c0e", \n   "showapi_res_code": 0, \n   "showapi_res_body": {"ret_code":0, "area": "\xe4\xb8\xbd\xe6\xb1\x9f", "areaCode": "53
0700", "showapi_fee_code":-1, "month":"202003", "areaid":"1012914 01", "list":[{"aqiLevel":"1", "min_temperature":"2", "time":"20200301", "wind_dire
ction":"\xe8\xa5\xbf\xe5\x8d\x97\xe9\xa3\x8e", "wind_power":"2\xe7\xba\xa7", "aqi":"29", "weather":"\xe6\x99\xb4", "max_temperature":"18", "aqiIn
fo":"\xe4\xbc\x98"}, {"aqiLevel":"1", "min_temperature":"1", "time":"20200302", "wind_direction":"\xe8\xa5\xbf\xe5\x8d\x97\xe9\xa3\x8e", "wind_po
wer":"2\xe7\xba\xa7", "aqi":"30", "weather":"\xe5\xa4\x9a\xe4\xba\x91", "max_temperature":"18", "aqiInfo":"\xe4\xbc\x98"}, {"aqiLevel":"1", "min_t
emperature":"3", "time":"20200303", "wind_direction":"\xe8\xa5\xbf\xe5\x8d\x97\xe9\xa3\x8e", "wind_power":"2\xe7\xba\xa7", "aqi":"29", "weathe
r":"\xe9\x98\xb4\xe9\x98\xb5\xe9\x9b\xa8", "max_temperature":"15", "aqiInfo":"\xe4\xbc\x98"}, {"aqiLevel":"1", "min_temperature":"4", "time":"20
200304", "wind_direction":"\xe8\xa5\xbf\xe5\x8d\x97\xe9\xa3\x8e", "wind_power":"2\xe7\xba\xa7", "aqi":"29", "weather":"\xe9\x98\xb4\xe6\x99\xb
4", "max_temperature":"14", "aqiInfo":"\xe4\xbc\x98"}, {"aqiLevel":"1", "min_temperature":"6", "time":"20200305", "wind_direction":"\xe8\xa5\xbf\x
e5\x8d\x97\xe9\xa3\x8e", "wind_power":"2\xe7\xba\xa7", "aqi":"30", "weather":"\xe5\xa4\x9a\xe4\xba\x91-\xe6\x99\xb4", "max_temperature":"17", "aq
iInfo":"\xe4\xbc\x98"}, {"aqiLevel":"1", "min_temperature":"7", "time":"20200306", "wind_direction":"\xe8\xa5\xbf\xe5\x8d\x97\xe9\xa3\x8e", "wind
_power":"2\xe7\xba\xa7", "aqi":"31", "weather":"\xe6\x99\xb4\xe4\xba\x91", "max_temperature":"16", "aqiInfo":"\xe4\xbc\x98"}, {"aqiL
evel":"1", "min_temperature":"8", "time":"20200307", "wind_direction":"\xe8\xa5\xbf\xe5\x8d\x97\xe9\xa3\x8e", "wind_power":"2\xe7\xba\xa7", "aq
i":"31", "weather":"\xe5\xa4\x9a\xe4\xba\x91", "max_temperature":"17", "aqiInfo":"\xe4\xbc\x98"}, {"aqiLevel":"1", "min_temperature":"6", "tim
e":"20200308", "wind_direction":"\xe8\xa5\xbf\xe5\x8d\x97\xe9\xa3\x8e", "wind_power":"3\xe7\xba\xa7", "aqi":"30", "weather":"\xe5\xa4\x9a\xe4\xb
a\x91-\xe6\x99\xb4", "max_temperature":"16", "aqiInfo":"\xe4\xbc\x98"}, {"aqiLevel":"1", "min_temperature":"6", "time":"20200309", "wind_directio
n":"\xe8\xa5\xbf\xe5\x8d\x97\xe9\xa3\x8e", "wind_power":"2\xe7\xba\xa7", "aqi":"33", "weather":"\xe6\x99\xb4", "max_temperature":"17", "aqiInf
o":"\xe4\xbc\x98"}, {"aqiLevel":"1", "min_temperature":"6", "time":"20200310", "wind_direction":"\xe8\xa5\xbf\xe5\x8d\x97\xe9\xa3\x8e", "wind_pow

这是一屏幕密密麻麻的字符，其中许多字符甚至不能正常显示。这可怎么好？没关系，从 API 信息页面上，我们得知返回的数据是 JSON 格式，如图 4-21 所示。

这就好办了，我们调用 Python 自带的 JSON 包。

```
import json
```

用 JSON 包的字符串处理功能（loads）解析返回数据，将结果存入 content_json。

```
content_json = json.loads(r.content)
```

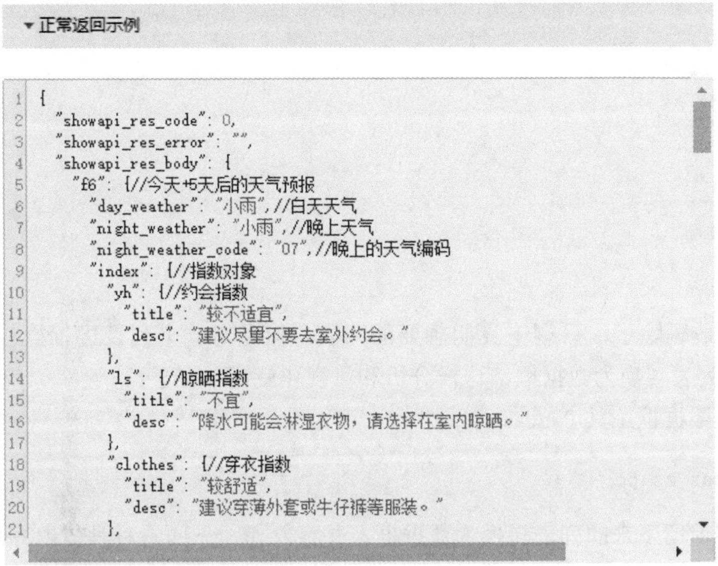
▾ 正常返回示例

```
{
  "showapi_res_code": 0,
  "showapi_res_error": "",
  "showapi_res_body": {
    "f6": {//今天+5天后的天气预报
      "day_weather": "小雨",//白天天气
      "night_weather": "小雨",//晚上天气
      "night_weather_code": "07",//晚上的天气编码
      "index": {//指数对象
        "yh": {//约会指数
          "title": "较不适宜",
          "desc": "建议尽量不要去室外约会。"
        },
        "ls": {//晾晒指数
          "title": "不宜",
          "desc": "降水可能会淋湿衣物，请选择在室内晾晒。"
        },
        "clothes": {//穿衣指数
          "title": "较舒适",
          "desc": "建议穿薄外套或牛仔裤等服装。"
        },
```

图 4-21

看看 content_json 中的结果。

```
content_json
```

```
Out[11]: {'showapi_res_error': '',
          'showapi_res_id': '9189320db28046c9ab9b12c260264c0e',
          'showapi_res_code': 0,
          'showapi_res_body': {'ret_code': 0,
           'area': '丽江',
           'areaCode': '530700',
           'showapi_fee_code': -1,
           'month': '202003',
           'areaid': '101291401',
           'list': [{'aqiLevel': '1',
             'min_temperature': '2',
             'time': '20200301',
             'wind_direction': '西南风',
             'wind_power': '2级',
             'aqi': '29',
             'weather': '晴',
```

可以看到，返回的信息很完整，而且刚刚无法正常显示的中文，此时也都显现了“庐山真面目”。

下一步很关键。我们把自己真正关心的数据提取出来。我们需要的不是返回结果中的错误码等内容，而是包含每一天天气信息的列表。

观察发现，这一部分的数据存储在“list”中，而“list”又存储在“showapi_res_body”中。所以，为选定列表，我们需要指定其中的路径。

```
content_json['showapi_res_body']['list']
```

```
    'aqiInfo': '优'},
   {'aqiLevel': '1',
    'min_temperature': '6',
    'time': '20200308',
    'wind_direction': '西南风',
    'wind_power': '3级',
    'aqi': '30',
    'weather': '多云-晴',
    'max_temperature': '16',
    'aqiInfo': '优'},
   {'aqiLevel': '1',
    'min_temperature': '6',
    'time': '20200309',
    'wind_direction': '西南风',
    'wind_power': '2级',
    'aqi': '33',
    'weather': '晴',
```

冗余信息都被删除了，只剩下我们想要的列表。但是对一个列表进行操作，不够方便与灵活。我们希望将列表转换为数据框，这样分析和可视化就简单多了。

导入 Python 数据框工具 Pandas。

```
import pandas as pd
```

让 Pandas 将保留下来的列表转换为数据框，并存入 df。下面看看具体内容。

```
df = pd.DataFrame(content_json['showapi_res_body']['list'])
df
```

Out[39]:

	aqiLevel	min_temperature	time	wind_direction	wind_power	aqi	weather	max_temperature	aqiInfo
0	1	0	20200201	西南风	2级	29	多云	12	优
1	1	0	20200202	西南风	2级	29	多云	13	优
2	1	-2	20200203	西南风	2级	27	多云	12	优
3	1	-1	20200204	西南风	2级	30	多云-晴	13	优
4	1	0	20200205	西南风	2级	28	多云-晴	14	优
5	1	0	20200206	西南风	2级	29	多云-晴	13	优
6	1	0	20200207	西南风	2级	31	多云-晴	15	优
7	1	0	20200208	西南风	2级	30	阴-阵雨	13	优
8	1	2	20200209	西南风	2级	28	小雨-阵雨	7	优
9	1	0	20200210	西南风	2级	27	小雨-多云	11	优
10	1	0	20200211	西南风	2级	32	晴	14	优
11	1	0	20200212	西南风	2级	29	多云-晴	15	优

此时，数据显示得非常工整，各项信息一目了然。

写到这里，我们基本上明白了如何读取某个城市、某个月份的数据，并且将其整理到 Pandas 数据框中。但是如果我们要做分析，显然不能局限于单一月与单一城市。

如果每次加入一组数据，都要从头这样做一遍，会很烦琐，而且语句多时，执行起来难免顾此失彼，会出现错误。所以，我们需要把前文的语句整合起来，将其模块化形成函数。这样，我们只需要在调用函数的时候传入不同的参数，例如不同的城市名、月份等参数，就能获得想要的结果了。

综合上述语句，我们定义一个传入城市和月份参数，获得数据框的完整函数。

```python
def get_df(areaid, areaname_dict, month, appcode):
    url = 'https://weather01.marketalicloudapi.com/weatherhistory'
    payload = {'areaid': areaid, 'month': month}
    headers = {'Authorization': 'APPCODE{}'.format(appcode)}
    r = requests.get(url, params=payload, headers=headers)
    content_json = json.loads(r.content)
    df = pd.DataFrame(content_json['showapi_res_body']['list'])
    df['areaname'] = areaname_dict[areaid]
    return df
```

注意，除了刚才用到的语句外，我们还为函数增加了一个输入参数，即 areaname_dict。它是一个字典，每一项分别包括城市代码和对应的城市名称。

根据输入的城市代码，函数就可以自动在结果数据框中添加一个列，注明对应的是哪个城市。当我们获取了多个城市的数据时，某一行的数据说的是哪个城市就可以一目了然。

反之，如果只给你看城市代码，你很快就会眼花缭乱、不知所云了。

但是，只有上面这一个函数还是不够高效。毕竟我们可能需要查询若干月、若干城市的信息。如果每次都调用上面的函数，会非常烦琐。所以，下面再编写一个函数，自动处理这些"累活"。

```python
def get_dfs(areaname_dict, months, appcode):
    dfs = []
    for areaid in areaname_dict:
        dfs_times = []
        for month in months:
            temp_df = get_df(areaid, areaname_dict, month, appcode)
            dfs_times.append(temp_df)
        area_df = pd.concat(dfs_times)
        dfs.append(area_df)
    return dfs
```

说明一下，这个函数接收的输入包括 areaname_dict、一系列的月份，以及 appcode。它的处理方式很简单，就是使用一个双重循环。外层循环负责遍历所有要求查询的城市，内层循环遍历全部指定的时间范围。

它返回的内容是一个列表。列表中的每一项分别是某个城市一段时间（可能包含若干月）的天气信息数据框。我们先用单一城市、单一月来试试看，还是 2020 年 2 月的丽江。

```python
areaname_dict = {"101291401":"丽江"}
months = ["202002"]
```

将上述信息传入 get_dfs 函数，看看结果。

```python
dfs = get_dfs(areaname_dict, months, appcode)
dfs
```

```
Out[19]: [    aqi aqiInfo aqiLevel max_temperature min_temperature      time weather  \
         0    43     优        1              24              14  20180517   多云-晴
         1    37     优        1              24              14  20180516   多云-晴
         2    36     优        1              25              14  20180515     多云
         3    32     优        1              23              12  20180514  小雨-多云
         4    38     优        1              21              10  20180513     小雨
         5    47     优        1              24              11  20180512     小雨
         6    41     优        1              23              12  20180511  晴-小雨
         7    40     优        1              23              12  20180510     多云
         8    34     优        1              25              13  20180509   多云-晴
         9    33     优        1              22              13  20180508     小雨
         10   33     优        1              23              12  20180507  晴-多云
         11   29     优        1              23              12  20180506     多云
         12   35     优        1              20              12  20180505   阴-晴
         13   41     优        1              21              13  20180504   阵雨-阴
         14   50     优        1              20              10  20180503  阵雨-小雨
         15   49     优        1              21              10  20180502     阵雨
         16   43     优        1              23              12  20180501  多云-阵雨

            wind_direction wind_power areaname
         0        无持续风向       微风      丽江
         1        无持续风向       微风      丽江
         2        无持续风向       微风      丽江
         3        无持续风向       微风      丽江
         4        无持续风向       微风      丽江
         5        无持续风向       微风      丽江
         6        无持续风向       微风      丽江
         7        无持续风向       微风      丽江
         8        无持续风向       微风      丽江
         9        无持续风向       微风      丽江
         10       无持续风向       微风      丽江
         11       无持续风向       微风      丽江
         12       无持续风向       微风      丽江
         13       无持续风向       微风      丽江
         14       无持续风向       微风      丽江
         15       无持续风向       微风      丽江
         16       无持续风向       微风      丽江 ]
```

返回的是一个列表。因为列表里面只有一个城市，所以只让它返回第一项即可。

```
dfs[0]
```

这次显示的就是数据框了。

Out[45]:

	aqiLevel	min_temperature	time	wind_direction	wind_power	aqi	weather	max_temperature	aqiInfo	ar
0	1	0	20200201	西南风	2级	29	多云	12	优	
1	1	0	20200202	西南风	2级	29	多云	13	优	
2	1	-2	20200203	西南风	2级	27	多云	12	优	
3	1	-1	20200204	西南风	2级	30	多云-晴	13	优	
4	1	0	20200205	西南风	2级	28	多云-晴	14	优	
5	1	0	20200206	西南风	2级	29	多云-晴	13	优	
6	1	0	20200207	西南风	2级	31	多云-晴	15	优	
7	1	0	20200208	西南风	2级	30	阴-阵雨	13	优	
8	1	2	20200209	西南风	2级	28	小雨-阵雨	7	优	

　　测试通过，下面我们趁热打铁，把天津、上海、丽江 2020 年 1 月 1 日至 3 月 21 日的所有数据都获取出来。先设定城市。

```
areaname_dict = {"101030100":"天津", "101020100":"上海", "101291401":"丽江"}
```

再设定时间范围。

```
months = ["202001", "202002", "202003"]
```

我们再次执行 get_dfs 函数，看看这次的结果。

```
dfs = get_dfs(areaname_dict, months, appcode)
dfs
```

结果还是一个列表。列表中的每一项对应某个城市 2020 年 1 月 1 日至 3 月 21 日的天气数据。

```
Out[51]: [    aqiLevel  min_temperature      time wind_direction wind_power  aqi weather  \
         0         2               -4  20200101           东北风        1级   83      晴
         1         3               -3  20200102           西北风        2级  107      多云
         2         4               -2  20200103           西北风        2级  177    多云-霾
         3         4               -2  20200104           东北风        2级  188    多云-晴
         4         2               -1  20200105           东北风        2级   79    阴-中雪
         ..      ...              ...       ...           ...       ...  ...    ...
         16        2                9  20200317           西北风        2级   70      晴
         17        2                8  20200318           西北风        4级   79      多云
         18        1                8  20200319           西北风        4级   47    晴-多云
         19        2               10  20200320           西南风        3级   83      阴
         20        2                5  20200321           东南风        4级   76    阴-多云

             max_temperature aqiInfo areaname
         0                 2      良       天津
         1                 4   轻度污染      天津
         2                 6   中度污染      天津
         3                 9   中度污染      天津
         4                 4      良       天津
         ..              ...     ...      ...
         16               22      良       天津
```

假设我们要综合分析几个城市的天气信息，可以把这几个数据框整合在一起。通过 Pandas 内置的 concat 函数接收一个数据框列表，把其中的每一个数据框沿着纵轴（默认）连接在一起。

```
df = pd.concat(dfs)
```

看看此时的总数据框效果。

```
df
```

这是开头部分。

Out[53]:

	aqiLevel	min_temperature	time	wind_direction	wind_power	aqi	weather	max_temperature	aqiInfo	areaname
0	2	-4	20200101	东北风	1级	83	晴	2	良	天津
1	3	-3	20200102	西北风	2级	107	多云	4	轻度污染	天津
2	4	-2	20200103	西北风	2级	177	多云-霾	6	中度污染	天津
3	4	-2	20200104	东北风	2级	188	多云-晴	9	中度污染	天津
4	2	-1	20200105	东北风	2级	79	阴-中雪	4	良	天津
...										

这是结尾部分。

...	...		...		...	...		...	...	...
16	1	6	20200317	西南风	2级	31	多云-晴	18	优	丽江
17	1	6	20200318	西南风	2级	25	多云-晴	16	优	丽江
18	1	5	20200319	西南风	2级	27	晴	18	优	丽江
19	1	6	20200320	西南风	3级	38	晴-多云	19	优	丽江
20	1	5	20200321	西南风	2级	42	阴-多云	17	优	丽江

243 rows × 10 columns

3 个城市近 3 个月的数据都正确获取和整合了。

4.2.5　分析各地气候

下面我们尝试进行分析。

首先,我们要清楚数据框中的每一项都是什么格式。

```
df.dtypes
```

```
Out[54]:   aqiLevel           object
           min_temperature    object
           time               object
           wind_direction     object
           wind_power         object
           aqi                object
           weather            object
           max_temperature    object
           aqiInfo            object
           areaname           object
           dtype: object
```

所有的列都为 object。

什么叫 object? 在这个语境里,你可以将它理解为字符串类型。但是,我们不能把它们都当成字符串。例如日期,应该按照日期类型来处理,否则怎么进行时间序列可视化呢?

如果把空气质量指数(Air Quality Index,AQI)的取值看作字符串,那怎么比较大小呢?因此需要转换数据类型。先转换日期列。

```
df.time = pd.to_datetime(df.time)
```

再转换 AQI 数值列。

```
df.aqi = pd.to_numeric(df.aqi)
```

看看此时 df 的数据类型。

```
df.dtypes
```

```
Out[56]:  aqiLevel                object
          min_temperature         object
          time             datetime64[ns]
          wind_direction          object
          wind_power              object
          aqi                      int64
          weather                 object
          max_temperature         object
          aqiInfo                 object
          areaname                object
          dtype: object
```

这次就对了，日期和 AQI 都分别变成了我们需要的数据类型，其他数据暂时保持原样。有的是因为本来就是字符串，例如城市名称，而有的是因为暂时不会用到。

下面我们绘制一个简单的时间序列对比图。

导入绘图工具包 plotnine。注意同时导入 date_breaks，用来指定图形绘制时时间标注的间隔。

```
import matplotlib.pyplot as plt
%matplotlib inline
from plotnine import *
from mizani.breaks import date_breaks
```

正式绘图。

```
(ggplot(df, aes(x='time', y='aqi', color='factor(areaname)')) +
geom_line() +
scale_x_datetime(breaks=date_breaks('1 weeks')) +
xlab('日期') +
theme_matplotlib() +
theme(axis_text_x=element_text(rotation=45, hjust=1)) +
theme(text=element_text(family='Microsoft YaHei'))
)
```

指定横轴为时间序列，纵轴为 AQI，用不同颜色的线来区分城市。绘制时间的时候，以"一周"作为间隔周期，标注时间上的数据统计量信息，修改横轴的标记为中文的"日期"。

因为时间数据显示起来比较长，如果按照默认样式会堆叠在一起，不好看，所以将它逆时针旋转 45°，这样可以避免堆叠，结果一目了然。

为了让图中的中文正常显示，我们需要指定中文字体，这里选择的是"微软雅黑"。数据可视化结果如图 4-22 所示。

怎么样，这个对比图绘制得还像模像样吧？从图中你可以分析出什么结果呢？

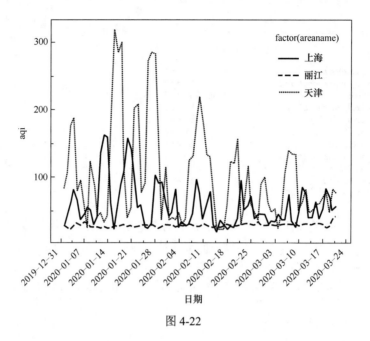

图 4-22

4.2.6　小结与思考

通过本节，希望你已经掌握了以下知识：

- 如何在 API 云市场上，根据提示选购自己感兴趣的产品；
- 如何获取身份验证信息 AppCode；
- 如何用最简单的命令行 curl 方式，直接调用 API，获得结果数据；
- 如何使用 Python 3 和更人性化的 HTTP 工具包 requests 调用 API，获得结果数据；
- 如何用 JSON 工具包解析、处理获得的字符串数据；
- 如何用 Pandas 将 JSON 列表转换为数据框；
- 如何将测试通过后的简单 Python 语句打包成函数，并进行反复调用，提高效率；
- 如何用 plotnine 绘制时间序列折线图，对比不同城市 AQI 历史走势；
- 如何在云环境中运行本节样例，并且照葫芦画瓢，按需修改样例代码。

希望这份样例代码可以帮你建立信心。你可以尝试收集 API 数据，为自己的科研工作添砖加瓦。

如果希望在本地而非云端运行本节样例，请使用链接 https://github.com/zhaihulu/DataScience/ 下载本节用到的全部源代码和运行环境配置文件（pipenv）压缩包。

4.3　Python抓取数据

本节为大家演示如何从网页里找到自己感兴趣的链接和说明文字，将其抓取并存储到 Excel

文件中。

前文提到过，目前主流且合法的网络数据收集方法主要分为 3 种：

- 开放数据集下载；
- API 读取；
- 爬虫抓取。

前两种方法我们都已经进行过一些介绍，下面来说说爬虫抓取。

4.3.1　爬虫的概念

许多人对爬虫的定义有些混淆，这里有必要辨析一下。维基百科是这样定义的：网络爬虫（Web Crawler），简称爬虫，也叫网络蜘蛛（Web Spider），是一种用来自动浏览万维网的网络机器人。

问题来了，我们又不打算做搜索引擎，为什么要对爬虫那么关心呢？其实，许多人把爬虫和"网页抓取"（Web Scraping）混淆了。维基百科上，对网页抓取是这样定义的：网页抓取、网页收集或网页数据提取是用于从网站提取数据的数据抓取。网页抓取软件可以直接使用超文本传输协议或通过浏览器访问万维网。

即便用浏览器手动复制数据下来，也叫作网页抓取。是不是立刻觉得自己强大了很多？但是，到此定义还没展示完——尽管网页抓取可以由软件用户手动完成，但该术语通常是指使用机器人或网络搜索工具实现的自动化流程。

也就是说，用爬虫（或者机器人）自动完成网页抓取工作，才是我们真正想要的。数据抓取下来干什么呢？一般是先存储起来，放到数据库或者电子表格中，以备检索或者进一步分析使用。

所以我们真正想要的功能是这样的：找到链接，获取网页，抓取指定数据并存储。这个过程有可能会循环往复，甚至是"滚雪球"。同时我们希望用自动化的方式来完成它。

了解了这一点，大家就不要一直盯着爬虫不放了。爬虫的研制，其实是给搜索引擎编制索引数据库用的。我们为了抓取数据而使用爬虫，已经是"大炮轰蚊子"了。

要真正掌握爬虫，我们需要具备不少基础知识，例如 HTML、CSS、JavaScript、数据结构……

既然我们的目标很明确，就是要从网页抓取数据。那么需要掌握的最重要的技能是，获取一个网页链接后，从中快捷有效地抓取自己想要的数据。掌握了这个技能，还不能说自己已经学会了爬虫；但有了这个基础，我们就能比之前更轻松地获取数据了。特别是对非计算机专业的读者可能会面临的很多应用场景来说，这非常有用。这就是赋能。在此基础上再进一步深入理解爬虫的工作原理，也将变得轻松许多。

Python 的重要特色之一就是可以利用强大的软件工具包（许多都是第三方提供的）。我们只需要编写简单的程序，就能自动解析网页，抓取数据。

本节将给大家演示这一过程。

4.3.2　抓取目标

要抓取网页数据，我们先确定一个小目标。这个目标不要太复杂，但是实现它，应该对理解网页抓取有所帮助。

此处选择笔者之前发布的一篇简书文章作为抓取对象，文章题目是《如何用＜玉树芝兰＞入门数据科学？》，你可以通过简书搜索题目访问这篇文章。这篇文章重新组织了笔者之前发布的数据科学系列文章，包含很多文章的标题和对应链接。

我们需要把非结构化的分散数据（自然语言文本中的链接）专门提取整理，并且存储下来。该怎么办呢？即便不会编程，我们也可以通读全文，逐个去找这些链接，手动把文章标题、链接都分别复制下来，然后存到 Excel 表里。

但是，这种手工整理的方法效率太低。

4.3.3　爬虫运行环境

安装好 Anaconda 之后，请访问本书的资源链接地址 https://github.com/zhaihulu/DataScience/，下载对应章的数据集和配套的压缩包。下载后解压，在生成的目录（以下称"演示目录"）里有以下 3 个文件，如图 4-23 所示。

图 4-23

打开终端，用 cd 命令进入该演示目录。我们需要安装一些环境依赖包。

首先执行如下命令，安装 Python 软件包管理工具 Pipenv。

```
pip install pipenv
```

安装后，请执行如下命令。

```
pipenv install
```

你看到演示目录下两个以 Pipfile 开头的文件了吗？它们就是 Pipenv 的设置文档。Pipenv 会依照它们，自动安装所需要的全部依赖软件包。安装好后，根据提示执行如下命令。

```
pipenv shell
```

此处请确认计算机上已经安装了 Google Chrome 浏览器。执行如下命令，打开默认浏览器（Google Chrome）并启动 Jupyter Notebook，如图 4-24 所示。

```
jupyter notebook
```

图 4-24

至此准备工作结束，下面开始正式介绍代码。

4.3.4　爬虫实现过程

读取网页内容并对其加以抓取和解析，需要用到的软件包是 requests_html。此处并不需要这个软件包的全部功能，只导入其中的 HTMLSession 就可以。

```
from requests_html import HTMLSession
```

然后，建立一个会话（session），即让 Python 作为一个客户端和远端服务器"交谈"。

```
session = HTMLSession()
```

我们打算使用的网页是《如何用＜玉树芝兰＞入门数据科学？》。找到它的链接，将其存储到 url 变量中。

```
url = 'https://www.jianshu.com/p/85f4624485b9'
```

下面的语句利用 session 的 get 函数把链接对应的网页全部取回来。

```
r = session.get(url)
```

网页里面都有什么内容呢？

我们告诉 Python，请把服务器传回的内容当作 HTML 文件类型处理。我们不想看 HTML 里那些杂乱的格式描述符，只想看文字部分，执行如下语句：

```
print(r.html.text)
```

获得的结果如图 4-25 所示。

取回来的网页信息是正确的，内容是完整的。好了，来看看怎么趋近自己的目标吧。我们先用简单粗暴的方法去尝试获得网页中包含的全部链接。把返回的内容作为 HTML 文件类型，查看 links 属性。

```
r.html.links
```

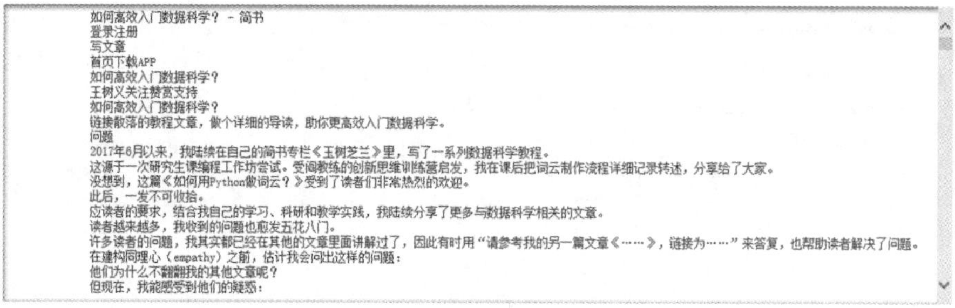

```
如何高效入门数据科学？ - 简书
登录注册
写文章
首页下载APP
如何高效入门数据科学？
王树义关注赞赏支持
如何高效入门数据科学？
链接散落的教程文章，做个详细的导读，助你更高效入门数据科学。
问题
2017年6月以来，我陆续在自己的简书专栏《玉树芝兰》里，写了一系列数据科学教程。
这源于一次研究生课编程工作坊尝试。受阎教练的创新思维训练营启发，我在课后把词云制作流程详细记录转述，分享给了大家。
没想到，这篇《如何用Python做词云？》受到了读者们非常热烈的欢迎。
此后，一发不可收拾。
应读者的要求，结合我自己的学习、科研和教学实践，我陆续分享了更多与数据科学相关的文章。
读者越来越多，我收到的问题也愈发五花八门。
许多读者的问题，我其实都已经在其他的文章里面讲解过了，因此有时用“请参考我的另一篇文章《……》，链接为……”来答复，也帮助读者解决了问题。
在建构同理心（empathy）之前，估计我会问出这样的问题：
他们为什么不翻翻我的其他文章呢？
但现在，我能感受到他们的疑惑：
```

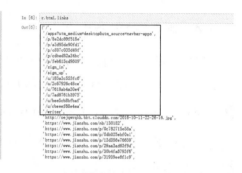

图 4-25

返回的结果如图 4-26 所示。

```
In [6]: r.html.links
Out[6]: {'/',
 '/apps?utm_medium=desktop&utm_source=navbar-apps',
 '/p/8e2dc69f518e',
 '/p/a3d95de90fd1',
 '/p/c887c035d49f',
 '/p/cdbed82a34bc',
 '/p/feb615cd9509',
 '/sign_in',
 '/sign_up',
 '/u/185a3c553fc6',
 '/u/2c67926c48ce',
 '/u/7618ab4a30e4',
 '/u/7ad6761b3975',
 '/u/bee5cb8bfbaf',
 '/u/cbeeef68e4ea',
 '/writer',
 'http://oejqwrqkh.bkt.clouddn.com/2016-10-11-22-26-16.jpg',
 'https://www.jianshu.com/nb/130182',
 'https://www.jianshu.com/p/0c782715e58a',
 'https://www.jianshu.com/p/0db025ebf0a1',
 'https://www.jianshu.com/p/13d356e76659',
 'https://www.jianshu.com/p/29aa3ad63f9d',
 'https://www.jianshu.com/p/30b4fa6793f6',
 'https://www.jianshu.com/p/31939ee6f1c9',
```

图 4-26

图 4-26 框中的这种看着不像链接的东西，叫作“相对”链接，它是某个链接相对于我们采集的网页所在域名（如 https://www.jianshu.com）的路径。这就好像我们在国内邮寄快递包裹，填快递单的时候一般会写“×× 省 ×× 市……”，前面不需要加上国家名称；只有国际快递，才需要写上国家名称。

但是如果我们希望获得全部可以直接访问的链接，该怎么办呢？很容易，只需要一条 Python 语句。

```
r.html.absolute_links
```

这里，我们要的是“绝对”链接，于是就会获得图 4-27 所示的结果。

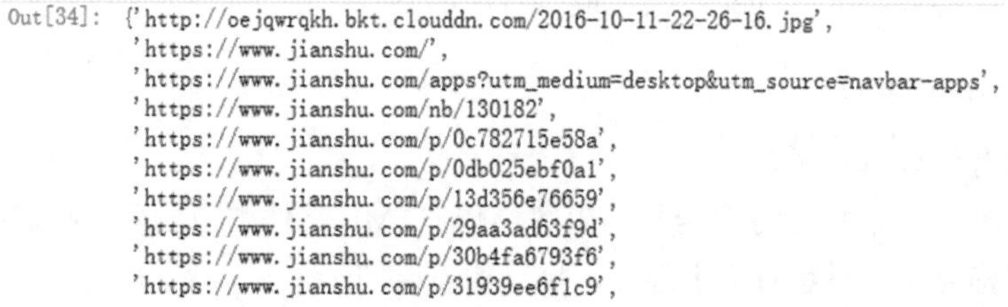

```
Out[34]: {'http://oejqwrqkh.bkt.clouddn.com/2016-10-11-22-26-16.jpg',
 'https://www.jianshu.com/',
 'https://www.jianshu.com/apps?utm_medium=desktop&utm_source=navbar-apps',
 'https://www.jianshu.com/nb/130182',
 'https://www.jianshu.com/p/0c782715e58a',
 'https://www.jianshu.com/p/0db025ebf0a1',
 'https://www.jianshu.com/p/13d356e76659',
 'https://www.jianshu.com/p/29aa3ad63f9d',
 'https://www.jianshu.com/p/30b4fa6793f6',
 'https://www.jianshu.com/p/31939ee6f1c9',
```

图 4-27

这次看着是不是就舒服多了？我们的目标已经实现了吧？链接不是都在这里了吗？链接确实都在这里了，可是和我们的目标是不是有区别呢？

检查一下，确实有。我们不只要找到链接，还要找到链接对应的描述文字。结果列表中包含吗？没有。结果列表中的链接都是我们需要的吗？不是。通过长度我们就能感觉到许多链接并不是文章中描述其他数据科学文章的链接。这种简单粗暴直接罗列 HTML 文件中所有链接的方法，对本目标“行不通”。那么该怎么办？我们要学会对 Python 说清楚要找的东西，这是网页抓取的关键。

想想看，如果你想让助手（人类）帮你做这件事，该怎么办？你会告诉他："寻找文章中全部可以单击的蓝色文字链接，复制文字到 Excel 表格，然后右击复制对应的链接，也将其复制到 Excel 表格。每个链接在 Excel 表格中占一行，文字和链接各占一个单元格。"

虽然这个操作执行起来有些麻烦，但是助手听懂后就能帮你执行。同样的描述，你试试说给计算机听……不好意思，它不理解。因为你和助手看到的网页是图 4-28 所示的形式。

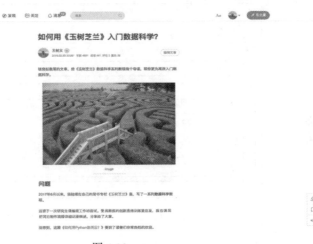

图 4-28

而计算机看到的网页是图 4-29 所示的形式。

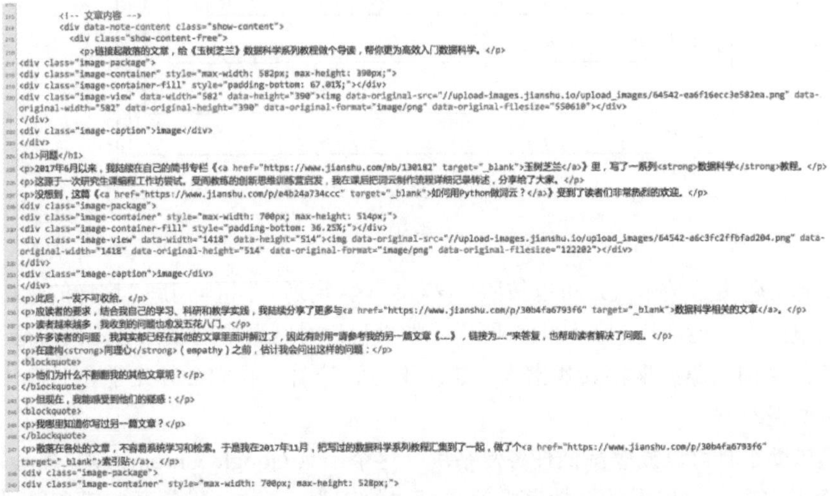

```
<!-- 文章内容 -->
<div data-note-content class="show-content">
  <div class="show-content-free">
    <p>链接起散落的文章，给《玉树芝兰》数据科学系列教程做个导读，帮你更为高效入门数据科学。</p>
<div class="image-package">
<div class="image-container" style="max-width: 582px; max-height: 390px;">
<div class="image-container-fill" style="padding-bottom: 67.01%;"></div>
<div class="image-view" data-width="582" data-height="390"><img data-original-src="//upload-images.jianshu.io/upload_images/64542-ea6f16ecc3e582ea.png" data-original-width="582" data-original-height="390" data-original-format="image/png" data-original-filesize="550610"></div>
</div>
<div class="image-caption">image</div>
</div>
<h1>问题</h1>
<p>2017年6月以来，我陆续在自己的简书专栏《<a href="https://www.jianshu.com/nb/130182" target="_blank">玉树芝兰</a>》里，写了一系列<strong>数据科学</strong>教程。</p>
<p>这源于一次研究生课编程工作坊尝试。受周教练的创新思维训练营启发，我在课后把词云制作流程详细记录转述，分享给了大家。</p>
<p>没想到，这篇《<a href="https://www.jianshu.com/p/e4b24a734ccc" target="_blank">如何用Python做词云？</a>》受到了读者们非常热烈的欢迎。</p>
<div class="image-package">
<div class="image-container" style="max-width: 700px; max-height: 514px;">
<div class="image-container-fill" style="padding-bottom: 36.25%;"></div>
<div class="image-view" data-width="1418" data-height="514"><img data-original-src="//upload-images.jianshu.io/upload_images/64542-a6c3fc2ffbfad204.png" data-original-width="1418" data-original-height="514" data-original-format="image/png" data-original-filesize="122202"></div>
</div>
<div class="image-caption">image</div>
</div>
<p>此后，一发不可收拾。</p>
<p>应读者的要求，结合我自己的学习、科研和教学实践，我陆续分享了更多与<a href="https://www.jianshu.com/p/30b4fa6793f6" target="_blank">数据科学相关的文章</a>。</p>
<p>读者越来越多，我收到的问题也愈发五花八门。</p>
<p>许多读者的问题，我其实都已经在其他的文章里面讲解过了，因此有时用"请参考我的另一篇文章《...》，链接为...."来答复，也帮助读者解决了问题。</p>
<p>在建构<strong>同理心</strong>（empathy）之前，估计我会问出这样的问题：</p>
<blockquote>
<p>他们为什么不翻翻我的其他文章呢？</p>
</blockquote>
<p>但现在，我能感受到他们的疑惑：</p>
<blockquote>
<p>我哪里知道你写过另一篇文章？</p>
</blockquote>
<p>散落在各处的文章，不容易系统学习和检索。于是我在2017年11月，把写过的数据科学系列教程汇集到了一起，做了个<a href="https://www.jianshu.com/p/30b4fa6793f6" target="_blank">索引贴</a>。</p>
<div class="image-package">
<div class="image-container" style="max-width: 700px; max-height: 528px;">
```

图 4-29

为了标示清楚源代码，浏览器还特意对不同类型的数据进行颜色区分，对行进行了编号。数据在计算机上显示时，上述辅助可视功能是没有的。你只能看见一串串字符。那怎么办？

仔细观察，你会发现在 HTML 源代码里，文字、图片链接内容前后都会有一些被尖括号括起来的部分，这叫作"标签"。

所谓 HTML，就是一种标记语言。标签的作用是什么？它可以把整个文件分解出层次，如图 4-30 所示。

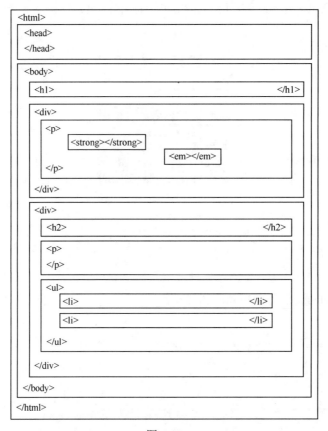

图 4-30

如同你要邮寄包裹给某个人，可以按照"省 - 市 - 区 - 街道 - 小区 - 门牌"这样的结构来写地址，快递员也可以根据这个地址找到收件人。同样，如果我们对网页中的某些特定内容感兴趣，可以依据这些标签的结构顺藤摸瓜将其找出来。这是不是意味着，我们必须先学会 HTML 和 CSS 才能进行网页抓取呢？

不是的，借助工具可以显著降低任务复杂度。这个工具 Google Chrome 浏览器是自带的。在样例文章页面上右击，在出现的快捷菜单里选择"检查"。这时，屏幕下方就会出现一个分栏，如图 4-31 所示。

单击分栏左上角（图 4-31 中已圈出）的按钮。然后把光标悬停在第一个文内链接（《玉树芝兰》）上，单击一下，如图 4-32 所示。

图 4-31

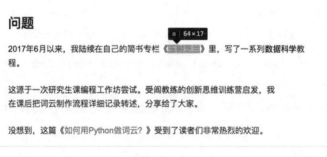

图 4-32

此时，你会发现下方分栏里的，内容也发生了变化。这个链接对应的源代码被放在分栏区域正中，高亮显示，如图 4-33 所示。

图 4-33

确认该区域就是我们要找的链接和文字描述后，右击选择高亮区域，并且在弹出的快捷菜单中选择"Copy" → "Copy selector"，如图 4-34 所示。

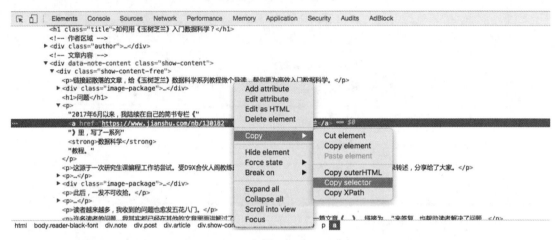

图 4-34

找一个文本编辑器进行粘贴，可以看看究竟复制下来了什么内容。这一长串的标签为计算机指出了：请你先找到 body 标签，进入它管辖的区域后去找 div.note 标签，然后找……最后找到 a 标签，这里就是要找的内容了。回到 Jupyter Notebook 中，用刚才获得的标签路径，定义变量 sel。

```
sel = 'body > div.note > div.post > div.article > div.show-content > div > p:nth-child(4) > a'
```

我们让 Python 从返回内容中查找 sel 对应的位置，把结果存到 results 变量中。我们看看 results 里都有什么。

```
results = r.html.find(sel)
results
```

这是结果。

Out[11]: [<Element 'a' href='https://www.jianshu.com/nb/130182' target='_blank'>]

results 是个列表，只包含一项。这一项包含一个网址，就是我们要找的第 1 个链接（玉树芝兰）对应的网址。

可是文字描述"玉树芝兰"哪里去了？别着急，我们让 Python 显示 results 对应的文本。

```
results[0].text
```

Out[12]: '玉树芝兰'

把链接也提取出来，显示的结果却是一个集合。

```
results[0].absolute_links
```

Out[13]:　{'https://www.jianshu.com/nb/130182'}

我们不想要集合，只想要其中的链接字符串。所以我们先把它转换成列表，然后从中提取第一项，即网址链接。

```
list(results[0].absolute_links)[0]
```

这次，终于获得我们想要的结果了。

Out[14]:　'https://www.jianshu.com/nb/130182'

有了处理第 1 个链接的经验，处理其他链接也无非是找到标签路径，然后"照猫画虎"而已。可是，如果每找一个链接，都需要手动输入上面的语句，那也太麻烦了。

这就需要编程的技巧了。对于这些重复的逐条运行的语句，我们可以尝试把它们归并起来，编写一个简单的函数。

对于这个函数，只需给定一个标签路径 sel，它就能把找到的所有文字描述和链接路径都返回。

```
def get_text_link_from_sel(sel):
    mylist = []
    try:
        results = r.html.find(sel)
        for result in results:
            mytext = result.text
            mylink = list(result.absolute_links)[0]
            mylist.append((mytext, mylink))
        return mylist
    except:
        return None
```

我们测试一下这个函数，还是用刚才的标签路径 sel 试试看。输出结果如下，如图 4-35 所示。

In [16]:　print(get_text_link_from_sel(sel))
[('玉树芝兰', 'https://www.jianshu.com/nb/130182')]

图 4-35

没问题，对吧？好，我们试试看第 2 个链接。还是用刚才的方法，使用下面分栏左上角的按钮并单击第 2 个链接，下方出现的高亮内容就发生了变化，右击高亮部分，复制出 selector，如图 4-36 所示。

然后直接把获得的标签路径写到 Jupyter Notebook 里。

```
sel = 'body > div.note > div.post > div.article > div.show-content > div > p:nth-child(6) > a'
```

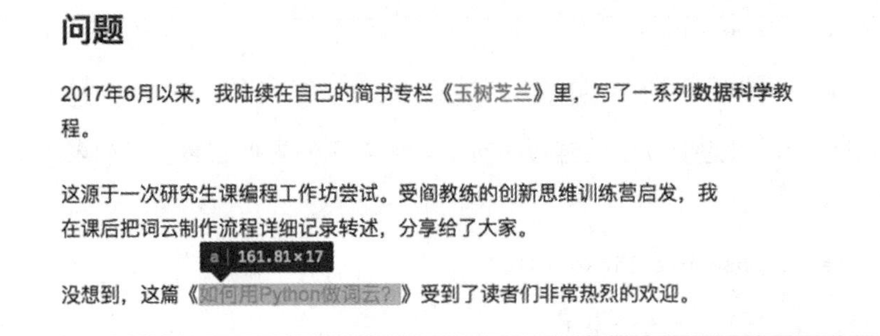

问题

2017年6月以来，我陆续在自己的简书专栏《玉树芝兰》里，写了一系列数据科学教程。

这源于一次研究生课编程工作坊尝试。受阎教练的创新思维训练营启发，我在课后把词云制作流程详细记录转述，分享给了大家。

`a | 161.81×17`

没想到，这篇《如何用Python做词云？》受到了读者们非常热烈的欢迎。

图 4-36

用刚才编写的函数，看看输出结果是什么。

```
In [17]: sel = '#__next > div._21bLU4._3kbg6I > div > div._gp-ck > section:nth-child(1) > article > p:nth-child(6) > a'

In [18]: print(get_text_link_from_sel(sel))
```

检验完毕，函数没有问题。下一步做什么呢？你还打算去找第 3 个链接，仿照刚才的方法操作？

那你还不如全文手动摘取信息更省事一些。我们要想办法把这个过程自动化。对比前两次我们找到的标签路径。

```
body > div.note > div.post > div.article > div.show-content > div > p:nth-child(4) > a
body > div.note > div.post > div.article > div.show-content > div > p:nth-child(6) > a
```

发现什么规律没有？对，路径上其他的标签全都是一样的，唯独倒数第 2 个标签（"p"）冒号后的内容有区别。

这就是我们自动化的关键了。上述两个标签路径里，因为指定了在第 n 个子文本段（nth-child Paragraph，也就是 p 代表的含义）去找 a 标签，所以只返回单一结果。

如果不限定 p 的具体位置信息呢？我们试试看，这次保留标签路径里的其他全部信息，只修改 p。

```
sel = 'body > div.note > div.post > div.article > div.show-content > div > p > a'
```

再次运行编写的函数，输出结果如图 4-37 所示。好了，我们要找的内容全都在这里了。

```
In [20]: print(get_text_link_from_sel(sel))
[('玉树芝兰', 'https://www.jianshu.com/nb/130182'), ('如何用Python做词云？', 'https://www.jianshu.com/p/e4b24a734ccc'), ('数据科学相关的文章', 'https://www.jianshu.com/p/30b4fa6793f6'), ('索引贴', 'https://www.jianshu.com/p/30b4fa6793f6'), ('教程', 'https://www.jianshu.com/p/e4
```

图 4-37

但是，我们的工作还没完成，还需要把采集到的信息输出到 Excel 中保存起来。还记得我们常用的数据框工具 Pandas 吗？又该让它大显神通了。

```
import pandas as pd
```

只需要这一行命令，我们就能把刚才的列表变成数据框。

```
df = pd.DataFrame(get_text_link_from_sel(sel))
```

让我们看看数据框的内容，如图 4-38 所示。

```
df
```

内容没问题，不过我们对列名称不大满意，想将其更换为更有意义的名称，再看看数据框的内容，如图 4-39 所示。

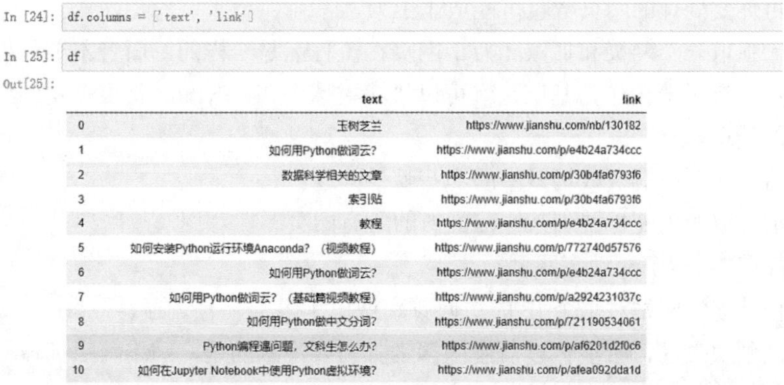

```
df.columns = ['text', 'link']
df
```

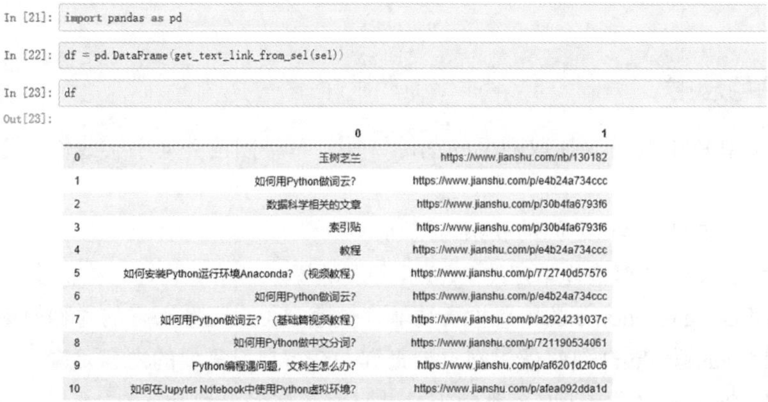

图 4-38

图 4-39

下面就可以把抓取的内容输出到 Excel 中了。Pandas 内置的命令可以把数据框变成 CSV 格式，这种格式可以用 Excel 直接打开查看。

```
df.to_csv('output.csv', encoding='gbk', index=False)
```

注意，这里需要指定编码为 GBK，否则默认的 UTF-8 编码在 Excel 中查看的时候，有可能是乱码。我们看看最终生成的 CSV 文件吧，如图 4-40 所示。很有成就感，对不对？

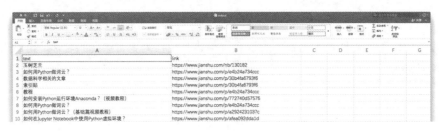

图 4-40

4.3.5 小结与思考

本节展示了用 Python 自动抓取网页的基础方法。希望阅读并动手实践后，你能掌握以下知识点：

- 网页抓取与网络爬虫之间的联系与区别；
- 如何用 Pipenv 快速构建指定的 Python 开发环境，自动安装好依赖软件包；
- 如何用 Google Chrome 的内置检查功能，快速定位自己感兴趣的内容的标签路径；
- 如何用 requests-html 包来解析网页，查询并获得自己需要的内容元素；
- 如何用 Pandas 数据框工具整理数据，并且将数据输出到 Excel 中。

或许，你会觉得本节内容过于简单，不能满足实际工作的要求。本节只展示了如何从一个网页抓取数据，可你要处理的网页数量可能成千上万。

本质上说，抓取一个网页和抓取一万个网页在流程上是一样的，而且本节的样例中我们已经尝试了抓取链接。有了链接作为基础，就可以"滚雪球"，让 Python 爬虫"爬"到解析出的链接上，做进一步的处理。

将来，你可能还要应对实践场景中的一些棘手问题。

- 如何把抓取的功能扩展到某一范围内的所有网页？
- 如何抓取 JavaScript 动态网页？
- 假设你抓取的网站对每个 IP 的访问频率做出了限定，怎么办？

这些问题的解决办法，希望你以后慢慢探索。需要注意的是，网络爬虫抓取数据的功能虽然强大，但学习与实践起来有一定门槛。

当我们面临数据获取任务时，应该先思考一下这些问题。

- 有没有别人已经整理好的数据集可以直接下载？
- 网站有没有对你需要的数据提供 API 访问与获取方式？

- 有没有人针对你的需求编好了定制爬虫，供你直接调用？

如果答案是都没有，那么才需要我们自己编写脚本，调动爬虫来抓取数据。

为了巩固所学的知识，请大家换一个网页，以本节的代码为基础，修改后抓取新网页中自己感兴趣的内容。也希望大家把自己抓取的过程记录下来，与其他人分享。因为刻意练习是掌握实践技能的好方式，而教学也是好的学习方式。

第 **5** 章

数据预处理

数据科学工作者，80% 甚至 90% 的时间都在做数据预处理工作。在第 4 章中，我们介绍了如何使用 API 收集网络数据，用 Python 进行网页抓取，也介绍了开放数据的获取，相信大家可以自己尝试着抓取丰富多彩的数据了。其中的大量数据都是文本数据和非结构化数据，如何将其转化为结构化数据？在本章中，我们将详细介绍如何对文本数据进行结构化处理，也会以大家接触最多的 PDF 和图像数据的处理为例，带领大家领略数据预处理工作的复杂和精彩。

5.1 使用正则表达式抽取文本结构化数据

很多人的日常工作，都要和大量的文本打交道。例如学者需要阅读大量的文献材料，从中找到灵感、数据与论据；学生需要阅读很多教科书和论文，然后写报告或者制作幻灯片；财经分析师需要从大量的新闻报道中，找到行业的发展趋势和目标企业动态的蛛丝马迹。

不是所有的文本处理，都那么新鲜而有趣。大部分人是不愿意从事这种简单、重复的枯燥工作的。一遍遍机械地重复用鼠标划定文本范围，按【Ctrl+C】组合键，切换到表格文档，找准输入位置，再按【Ctrl+V】组合键……这种工作做得太多，对我们的肩、肘关节，甚至是身心健康，都有可能造成不利影响。

本节提供了一种更简单的自动化方式，替我们快速完成这些烦琐的操作步骤。

5.1.1 自动抽取的样例

这里，我们举一个极度简化的中文文本抽取数据的例子。这样做是为了避免大家在解读数据上花费太多时间。我们更希望大家能够聚焦于方法，从而掌握新知识。

假设高考后，一个高中班主任让班长统计学生们的毕业去向。班长很认真地进行了调查，然后做了如下汇报：

- 张华考上了北京大学；

- 李萍进了中等技术学校；
- 韩梅梅进了百货公司。

现实生活中，一个班大概不会只有 3 个人，因此你可以想象这将是一个很长的句子列表。但其实班主任有一个隐含的意思没有表达出来——我想要一张表格！

这时候应该怎么办呢？数据都在文本里。但如果需要将文本转换成表格，就要一个个信息点去寻找和处理。其实，对于四五十人的班级来说，手动操作获取文本数据也不是什么太难的事情。但是设想一下，如果我们需要处理的数据量是这个例子中数据量的十倍、百倍甚至千万倍呢？

继续坚持手动处理？这不仅麻烦，而且不现实。我们需要找到一种简单的方法，帮助我们自动抽取相应数据。

此处我们使用的方法是正则表达式。

5.1.2　正则表达式

正则表达式这个名字，初听起来好像很玄妙。实际上，它是从英文"Regular Expression"翻译过来的。如果译成通俗的话，那就是"有规律的表述形式"。

从诞生之日起，正则表达式就给文本处理带来了高效率。但是，它的主要使用人群并不是时常跟文字打交道的作家、编辑、学者、文员，而是程序员！

程序员写的代码，是文本；程序员处理的数据，很多也是文本格式；其中便有很多显著的规律可循。正是靠着正则表达式这种"独门秘籍"，许多别人做起来需要"昏天黑地"做一整周的任务，程序员可以半小时搞定。

即便到了"泛人工智能"的今天，正则表达式依然有许多令人意想不到的应用，例如人机对话系统。

大家可能看了新闻报道，以为人机对话都是靠着知识图谱或者深度学习实现的。不能说这里面没有上述"炫酷"技术的参与，但它们充其量只占其中的一部分，或许还只是一小部分。

生产实践里，大量的对话规则后面并不是让我们倍感神奇和深奥的神经网络，而是一堆正则表达式。

正则表达式并不难学。尤其是当我们把它和 Python 结合到一起，那简直就是效率"神器"了。

我们这就来看看，正则表达式怎么帮我们识别出样例文本里的"人名"和"去向"数据。

5.1.3　寻找规则

开启一个浏览器，输入网址 https://regex101.com/ 并按【Enter】键，你会看见如图 5-1 所示的界面。

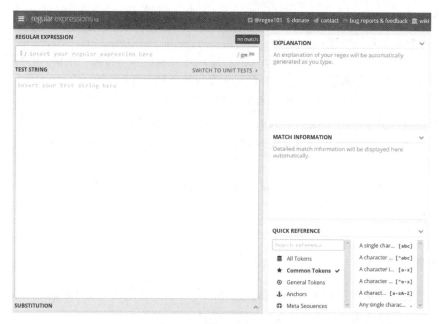

图 5-1

首先把编程语言从默认的 PHP 调整为 Python，如图 5-2 所示。

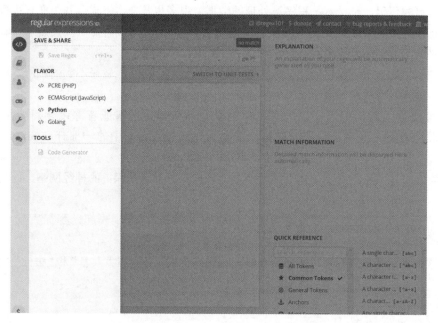

图 5-2

之后，把需要进行处理的文本复制到空白的"TEST SIRING"文本框里，如图 5-3 所示。

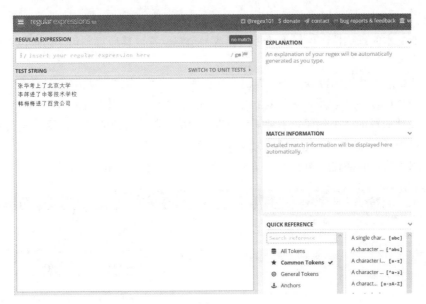

图 5-3

　　下面我们来尝试进行"匹配"。匹配即输入一个表达式，计算机便在每一行文本上，找有没有符合该表达式的内容。如有，则会高亮显示出来。我们观察一下，发现每个句子里，人员去向前面，都有一个"了"字。

　　好，我们就在"REGULAR EXPRESSION"文本框里，把"了"字输入进去，如图 5-4 所示。

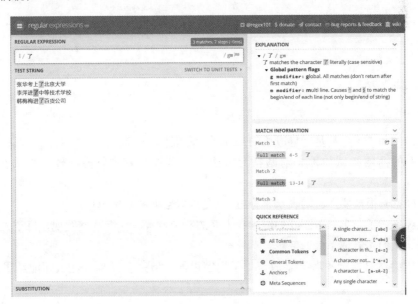

图 5-4

可以看到，3 句话里的"了"全都高亮显示。

因为样例文本的规律性，所以把"了"当成一个定位符，其后直到句子结束位置的内容便是人员去向信息。

我们需要找的半结构化数据，不就是这个去向吗？下面开始尝试匹配去向。

我们用一个点号"."表示任意字符：字母、数字、标点……甚至是中文。

例子里面这简单的 3 个句子，有"4 个字"和"6 个字"两种情况。但这也没关系，我们只需要用一个星号（*）就可以代表出现次数，从 0 到无穷大都可以。

我们在刚才输入的基础上加上".*"，结果就成了以下形式，如图 5-5 所示。

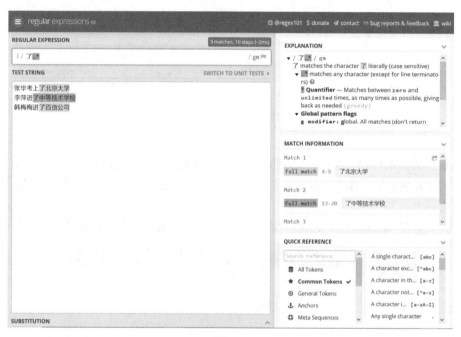

图 5-5

但"去向"和"了"都是一样颜色的高亮显示，混到了一起。

在".*"的两侧尝试加入一对圆括号（注意，不要用中文全角符号）试试看，如图 5-6 所示。

这一对圆括号很重要，它们表示"分组"，是提取数据的基本单位。

任务已经完成了一半，下面我们继续找人名的锚定位置。仔细观察发现，每个人名的后面都有一个动词。我们先尝试"考"字。

这里我们尝试直接把"考"字放在"了"字以前。但是会发现，什么匹配结果也没有，如图 5-7 所示。

图 5-6

图 5-7

为什么？回看数据，你会发现，原句用的原词是"考上了"。

更好的方式是，继续使用我们刚才学会的"大招"，在"考"和"了"之间插入一个".*"。这时候，正则表达式的形式是"考 .* 了 (.*)"，如图 5-8 所示。

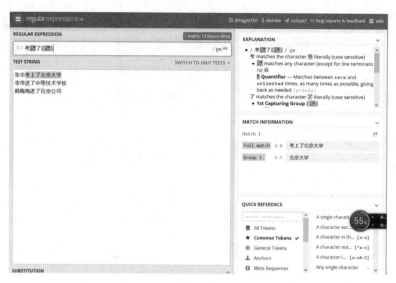

图 5-8

第一行的信息成功匹配了吧？但是，后面还有两行没有匹配，怎么办？

我们依葫芦画瓢，会发现使用"进.*了(.*)"就能正确匹配后两行，如图 5-9 所示。

图 5-9

问题来了：能匹配第一行的，匹配不了后两行。反之也有问题。我们希望写的正则表达式能够通用。

我们看看正则表达式当中"或"关系的表示。这里，我们可以把两个字符用竖线隔开，两侧用方括号标注，代表两者任一出现，都算匹配成功。

也就是把正则表达式写成这样：[考 | 进].* 了 (.*)，如图 5-10 所示。

图 5-10

太棒了，3 行的内容都已经匹配成功。这里，动词词组和代表时态的"了"作为中间锚定信息，我们可以放心地把之前的人名信息提取出来了。

也就是这样写：(.*)[考 | 进].* 了 (.*)，如图 5-11 所示。

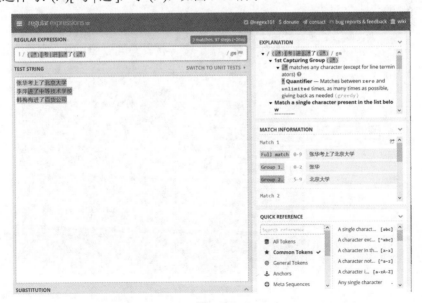

图 5-11

5.1.4 实际匹配操作

下面我们尝试用 Python 把数据正式提取出来。

选择在本地运行。首先，导入 Python 正则表达式包，代码如下。

```
import re
```

将数据准备好。注意，为了演示代码的通用性，我们在最后加了一行文字，区别于之前的文字规律，看看我们的代码能否正确处理它。

```
data = """张华考上了北京大学
李萍进了中等技术学校
韩梅梅进了百货公司
他们都有光明的前途"""
```

然后，输入正则表达式。当然，不必自己手动输入，regex101 网站已经帮我们准备好了，如图 5-12 所示。

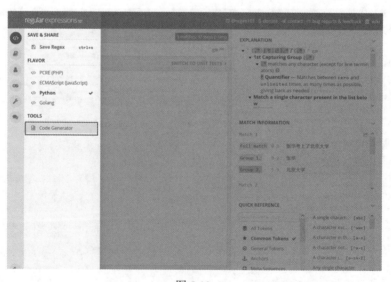

图 5-12

不需要完全照搬代码，只需复制其中重要的一句，如图 5-13 所示。

```
regex = r"(.*)[考|进].*了(.*)"
```

以上就是正则表达式在 Python 里应有的形式。准备一个空列表用来接收数据。

```
mylist = []
```

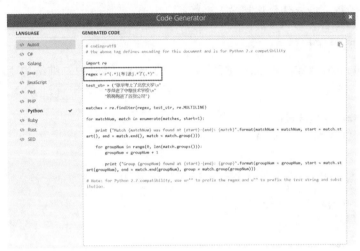

图 5-13

接着，写一个循环。

```
for line in data.split('\n'):
  mysearch = re.search(regex, line)
  if mysearch:
    name = mysearch.group(1)
    dest = mysearch.group(2)
    mylist.append((name, dest))
```

下面解释一下这个循环里面各条语句的含义。

- data.split（'\n'）：把文本数据按行来拆分。这样我们就可以针对每一行，来获取数据。
- mysearch = re.search（regex，line）：这一句命令是指程序尝试从该行字符串中寻找能够匹配定义模式的相关内容。
- if mysearch：判断语句，是让程序分辨该行是否有我们要找的模式。例如最后一行文字，里面并没有我们前面分析的文字模式。遇到这样的行，直接跳过即可。
- name = mysearch.group（1）：匹配的第一组内容，也就是将 regex101 网站里的人名分组存到 name 变量里。下一句以此类推。注意 group 对应正则表达式里面圆括号出现的顺序，从 1 开始计数。
- mylist.append（（name，dest））：把该行抽取到的数据，存入我们之前定义的空列表里。

此时，查看 mylist 列表里的内容。

```
mylist
```

结果为：

```
[('张华', '北京大学'), ('李萍', '中等技术学校'), ('韩梅梅', '百货公司')]
```

利用 Pandas 数据分析软件包将其导入表格。

```
import pandas as pd
```

使用 pd.DataFrame 函数，将以上列表和元组（Tuple）组成的二维结构变成数据框。注意，这里我们还修改了表头。

```
df = pd.DataFrame(mylist)
df.columns = ['姓名', '去向']
```

In [10]: df

Out[10]:

	姓名	去向
0	张华	北京大学
1	李萍	中等技术学校
2	韩梅梅	百货公司

有了数据框，使用以下代码将其转换为 Excel。

```
df.to_excel("dest.xlsx", index=False)
```

dest.xlsx 就是输出的结果。下载该文件之后用 Excel 打开查看，如图 5-14 所示。

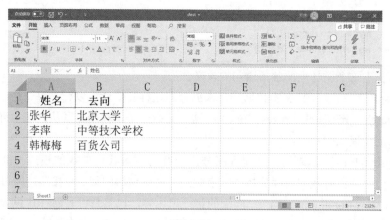

图 5-14

5.1.5　小结与思考

这一节里，我们介绍了如何利用文本规律，借助 Python 和正则表达式，来提取结构化。

希望大家已经掌握了以下知识点：
- 了解正则表达式的功能；
- 用 regex101 网站尝试正则表达式匹配，并且生成初步的代码；
- 用 Python 批量提取数据，并且根据需求导出结构化数据为指定格式。

再次强调一下，对于简单的样例，使用上述方法，绝对是"大炮轰蚊子"。

然而，如果我们需要处理的数据是海量的，这个方法给我们节省下来的时间，将会非常可观。希望大家能够举一反三，在自己的工作中灵活运用它。

5.2　批量抽取PDF文本内容

文本数据是可以直接读入数据框工具处理的。它们可能来自开放数据集、网站 API，或者爬虫。但是，有时会遇到需要处理指定格式数据的问题，例如 PDF。许多学术论文、研究报告，甚至是资料分享，都采用这种格式发布。

这时候，已经掌握了诸多自然语言分析工具的大家，可能会颇有"拔剑四顾心茫然"的感觉——明明知道如何处理其中的文本信息，但就是隔着一个格式转换的问题。

怎么办？办法自然是有的，例如使用专用工具、在线转换服务网站，甚至还可以手动复制、粘贴。但是，我们是看重效率的。上述办法，有的需要在网上传输大量内容，花费时间较多，而且可能会带来安全和隐私问题；有的需要专门花钱购买；有的并不现实。

好消息是，Python 可以帮助我们高效、快速地批量抽取 PDF 文本内容，而且和数据整理分析工具无缝衔接，为我们后续的分析处理做好基础服务工作。

本节将为大家展示，如何用 Python 将 PDF 文件的文本内容批量抽取，并且整理存储到数据框中，以便于后续的数据分析。

5.2.1　下载实验数据

为了更好地说明流程，请访问本书的资源链接地址 https://github.com/zhaihulu/DataScience/，下载对应章的数据集。我们在其中准备了一个压缩包，里面包括本教程的代码，以及我们要用到的数据。

下载压缩包后解压，在生成的目录（以下称"演示目录"）里可以看到以下内容，如图 5-15 所示。

演示目录里面包含如下内容。
- Pipfile：Pipenv 配置文件，用来准备我们需要用到的依赖包。后文会讲解其使用方法。
- pdf_extractor：利用 PDFminer.six 编写的辅助函数。有了它，你就可以直接调用 PDFMiner 提供的 PDF 文本

图 5-15

内容抽取功能，而不必考虑一大堆恼人的参数。

- demo.ipynb：已经写好的本教程 Python 源代码（Jupyter Notebook 格式）。

另外，演示目录中还包括 2 个文件夹，分别是 PDF 和 newpdf。这两个文件夹里，都是中文 PDF 文件，用来展示 pdf 文本内容抽取。分成 2 个文件夹是为了展示添加新的 PDF 文件时，抽取工具会如何处理。

实验数据准备好了，下面我们来部署代码运行环境。

5.2.2　设置运行环境

安装好 Anaconda 之后，打开终端，用 cd 命令进入演示目录，我们需要安装一些环境依赖包。首先执行：

```
pip install pipenv
```

这里安装的是一个好用的 Python 软件包管理工具 Pipenv。安装后，请执行：

```
pipenv install --skip-lock
```

Pipenv 会依照 Pipfile，自动为我们安装所需要的全部依赖软件包。终端里会显示进度条，提示所需安装软件数量和实际进度。安装好后，根据提示执行：

```
pipenv shell
```

进入本节专属的虚拟运行环境。

注意一定要执行下面这句：

```
Python -m ipykernel install --user --name=py36
```

只有这样，当前的 Python 环境才会作为 Kernel 在系统中注册，并且被命名为 py36。执行：

```
jupyter notebook
```

默认浏览器会开启，并启动 Jupyter Notebook，如图 5-16 所示。

图 5-16

我们可以直接单击文件列表中的第 3 项 .ipynb 文件，可以看到本节的全部示例代码。读者也可以一边看本节的讲解，一边依次执行这些代码，如图 5-17 所示。

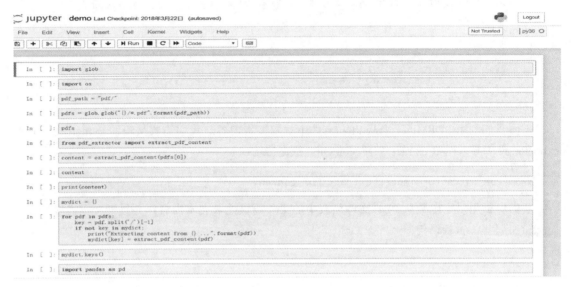

图 5-17

建议大家回到主界面，新建一个新的空白 Python 3 Notebook（显示名称为 py36），如图 5-18 所示。

请跟随本节，逐字符输入相应的内容。这可以帮助我们更深刻地理解代码的含义，更高效地把技能内化。当在编写代码中遇到困难的时候，可以返回参照 demo.ipynb 文件。

至此准备工作结束，下面开始正式介绍代码。

图 5-18

5.2.3　运用PDFMiner抽取数据

首先，我们导入一些模块，以进行文件操作。执行语句：

```
import glob
import os
```

前文提到过，演示目录中两个文件夹，分别是 PDF 和 newpdf。

我们指定 PDF 文件所在路径为其中的 PDF 文件夹。执行语句：

```
PDF_path = "PDF/"
```

我们希望获得所有 PDF 文件的路径。使用 glob 函数，执行语句：

```
PDFs = glob.glob("{}/*.PDF".format(PDF_path))
```

看看我们获得的 PDF 文件路径是否正确。执行语句：

```
PDFs
```

```
Out[5]:  ['pdf\\复杂系统仿真的微博客虚假信息扩散模型研究.pdf',
          'pdf\\面向人机协同的移动互联网政务门户探析.pdf',
          'pdf\\面向影子分析的社交媒体竞争情报搜集.pdf']
```

经验证。正确无误。

下面我们利用 PDFMiner 来从 PDF 文件中抽取文本内容。我们需要从辅助 Python 文件 pdf_extractor.py 中导入函数 extract_PDF_content。执行语句：

```
from PDF_extractor import extract_PDF_content
```

我们尝试用以上函数从 PDF 文件列表中的第一篇里抽取文本内容，并且把文本内容保存在 content 变量里。执行语句：

```
content = extract_PDF_content(PDFs[0])
```

看看 content 里都有什么。

```
content
```

```
Out[8]:  "博士论坛\n博士论坛\n博士论坛\n博士论坛\n博士论坛\n博士论坛\n博士论坛\n博士论坛\n博士论坛\n博士论坛\n博士论坛
\n博士论坛\n博士论坛\n博士论坛\n博士论坛\n博士论坛\n博士论坛\n博士论坛\n博士论坛\n博士论坛\n博士论坛\n博士论坛
\n博士论坛\n博士论坛\n博士论坛\n博士论坛\n博士论坛\n博士论坛\n博士论坛\n博士论坛\n博士论坛\n\n \n\n • \n\n第第
3232 卷卷 第第 1111 期期 2014\n\n情 报 科 学\n2014 年年 1111 月月\n\n基于复杂系统仿真的微博客虚假信息扩散模型
研究\n\n王树义，刁海伦\n\n（天津师范大学 管理学院，天津\n\n） \n\n300387\n\n摘 要：虚假信息在微博客平台的扩散会
比以往带来更多的严重的后果。微博客信息甄别的相关研\n究受限于道德风险等因素，研究者无法采用现实世界的实验方法来验
证其解决方案的有效性。本\n\n研究尝试引入基于多主体建模的计算机仿真方法建立模型，从而在规避道德风险的基础上，为
本领\n\n域的研究建立一个符合真实世界场景的研究基础。\n关键词：微博客；虚假信息；复杂系统仿真 ；信息扩散\n中图
分类号：G250.2\n\n文章编号：\nA\n\n（\n）\n1007-7634\n\n2014\n\n11-133-06\n\nResearch on C
omplex Adaptive System Modeling of Fake Information\n\nFiltering on Micro-blog Networks\n\nWANG Shu-yi, DIAO H
ai-lun\n\n（School of Management, Tianjin Normal University, Tianjin\n\n, China）\n\n300387\n\nAbstract:\n\nIn
this study, an attempt has been made to introduce complex adaptive system simulation meth-\n\nod to establish
micro-blog fake information spreading model.  The model needs to meet the real-world sce-\n\nnario, establish a
research base for follow-up studies and avoid moral hazard. An improvement of the BA\n\nscale-free network alg
orithm has been realized to characterize the fractal hierarchy of real micro-blog so-\n\nncial network. This mo
del includes a user model, which utilizes two probabilities of believing and transmit-\n\nting based on Gauss
distribution, to implement the simulation of fake-information spreading logic. With\n\nvisual presentations of
users' trust and cover rates of fake information by multiple simulations on NetLogo\n\nplatform, a surging eff
ect of fake information spreading has been discovered and the rate of trust and rate\n\nof coverage both obey
a non-linear curve as the believing chance increases, but further differ when trans-\n\nmitting chance grows."
```

显然，文本内容抽取并不完美，页眉、页脚等数据都混了进来。不过，对于文本分析用途来说，这无关紧要。

我们看到 content 的内容里有许多 "\n"，这是什么呢？用 print 函数，来显示 content 的内容。执行语句：

```
print(content)
```

情报科学

2014 年年 1111 月月

基于复杂系统仿真的微博客虚假信息扩散模型研究

王树义，刁海伦

（天津师范大学 管理学院，天津

）

300387

摘 要：虚假信息在微博客平台的扩散会比以往带来更为严重的后果。微博客信息甄别的相关研
究受限于道德风险等因素，研究者无法采用现实世界的实验方法来验证其解决方案的有效性。本
研究尝试引入基于多主体建模的计算机仿真方法建立模型，从而在规避道德风险的基础上，为本领
域的研究建立一个符合真实世界场景的研究基础。
关键词：微博客；虚假信息；复杂系统仿真 ；信息扩散
中图分类号：G250.2

可以清楚看到，那些"\n"是换行符。

通过一个 PDF 文件的抽取测试，我们建立了信心。下面，我们该建立字典，批量抽取和存储文本内容了。执行语句：

```
mydict = {}
```

我们遍历 PDFs 列表，把文件名称（不包含目录）作为键值。这样，可以很容易看到，哪些 PDF 文件已经被抽取过了，哪些还没有被抽取。

为了让这个过程更清晰，我们让 Python 输出正在抽取的 PDF 文件名。执行语句：

```
for PDF in PDFs:
  key = PDF.split('/')[-1]
  if not key in mydict:
    print("Extracting content from{} ...".format(PDF))
    mydict[key] = extract_PDF_content(PDF)
```

抽取过程中，可以看到这些输出信息：

```
Extracting content from pdf\复杂系统仿真的微博客虚假信息扩散模型研究.pdf ...
Extracting content from pdf\面向人机协同的移动互联网政务门户探析.pdf ...
Extracting content from pdf\面向影子分析的社交媒体竞争情报搜集.pdf ...
```

看看此时字典中的键值都有哪些。

```
mydict.keys()
```

```
Out[12]: dict_keys(['pdf\\复杂系统仿真的微博客虚假信息扩散模型研究.pdf', 'pdf\\面向人机协同的移动互联网政务门户探析.pdf',
      'pdf\\面向影子分析的社交媒体竞争情报搜集.pdf'])
```

下面调用 Pandas 把字典转换成数据框，以便于分析。执行语句：

```
import pandas as pd
```

　　下面这条语句可以把字典转换成数据框。注意，后面的 reset_index 函数把原来字典键值生成的索引也转换成普通的列。执行语句：

```
df = pd.DataFrame.from_dict(mydict,
orient='index').reset_index()
```

　　然后重新命名列，以便于后续使用。执行语句：

```
df.columns = ["path", "content"]
```

　　此时的数据框内容如下：

In [17]:	df		
Out[17]:			
		path	content
0	复杂系统仿真的微博客虚假信息扩散模型研究.pdf	\n-\n博士论坛\n博士论坛\n博士论坛\n博士论坛\n博士论坛\n博士论坛\n博士论坛...	
1	面向影子分析的社交媒体竞争情报搜集.pdf	摇\n摇\n摇\n\nISSN 1000 -0135\n\n情 报 学 报摇\nJOURNAL...	
2	面向人机协同的移动互联网政务门户探析.pdf	，情报资料工作2012年第6期\n专\n题\n研\n究\n\n面向人机协同的\n\n移动...	

　　可以看到，数据框拥有了 PDF 文件信息和全部文本内容。这样就可以使用关键词抽取、情感分析、近似度计算等诸多分析工具。

　　这里使用一个字符数量统计的例子展示基本分析功能。使用 Python 统计抽取文本内容的长度。执行语句：

```
df["length"] = df.content.apply(lambda x: len(x))
```

　　数据框内容发生以下变化：

In [19]:	df			
Out[19]:				
		path	content	length
0	复杂系统仿真的微博客虚假信息扩散模型研究.pdf	\n-\n博士论坛\n博士论坛\n博士论坛\n博士论坛\n博士论坛\n博士论坛\n博士论坛...	14613
1	面向影子分析的社交媒体竞争情报搜集.pdf	摇\n摇\n摇\n\nISSN 1000 -0135\n\n情 报 学 报摇\nJOURNAL...	20473
2	面向人机协同的移动互联网政务门户探析.pdf	，情报资料工作2012年第6期\n专\n题\n研\n究\n\n面向人机协同的\n\n移动...	10809

　　多出的一列就是 PDF 文本内容的字符数量。

　　为了在 Jupyter Notebook 里正确展示绘图结果，使用以下语句：

```
%matplotlib inline
```

　　下面，用 Pandas 把字符数量一列的信息用柱状图展示出来。同时设置图的长、宽比例，并且把对应的 PDF 文件名称倾斜 45° 来展示。执行语句：

```
import matplotlib.pyplot as plt
plt.figure(figsize=(14, 6))
df.set_index('path').length.plot(kind='bar')
plt.xticks(rotation=45)
```

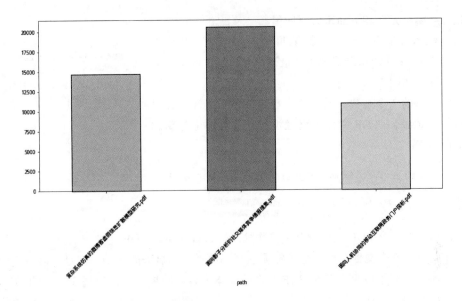

可视化分析完成。

下面把刚才的分析流程整理成函数。

先整合将 PDF 文本内容抽取到字典的模块。

```
def get_mydict_from_PDF_path (mydict, PDF_path):
  PDFs = glob.glob ("{}/*.PDF".format (PDF_path))
  for PDF in PDFs:
    key = PDF.split ('/') [-1]
    if not key in mydict:
      print ("Extracting content from {} ...".format (PDF))
      mydict [key] = extract_PDF_content (PDF)
  return mydict
```

这里，输入是已有字典和 PDF 文件夹路径，输出是新的字典。

下面这个函数非常直白——把字典转换成数据框。

```
def make_df_from_mydict (mydict):
  df = pd.DataFrame.from_dict (mydict, orient='index').reset_index ()
  df.columns = ["path", "content"]
  return df
```

最后一个函数用于绘制统计出的字符数量的图。

```
def draw_df (df):
  df ["length"] = df.content.apply (lambda x: len (x))
  plt.figure (figsize=(14, 6))
  df.set_index ('path').length.plot (kind='bar')
  plt.xticks (rotation=45)
```

函数已经编写完毕，下面来尝试应用。

还记得演示目录下有一个子目录叫作 newpdf 吧。我们把其中的 2 个 PDF 文件，移动到 pdf 目录下。这样 pdf 目录下就有了 5 个文件，如图 5-19 所示。

执行整理出的 3 个函数。首先输入已有的字典（注意此时里面已有 3 条记录），PDF 文件夹路径没有变化。输出是新的字典。执行语句：

名称

- 复杂系统仿真的微博客虚假信息扩散模型研究
- 面向人机协同的移动互联网政务门户探析
- 面向影子分析的社交媒体竞争情报搜集
- 微博客 Twitter 的企业竞争情报搜集
- 移动社交媒体用户隐私保护对策研究

图 5-19

```
mydict = get_mydict_from_PDF_path（mydict，PDF_path）
```

```
Extracting content from pdf\微博客 Twitter 的企业竞争情报搜集.pdf ...
Extracting content from pdf\移动社交媒体用户隐私保护对策研究.pdf ...
```

注意，原来的 3 个 PDF 文件没有被再次抽取，只有 2 个新 PDF 文件被抽取。

这里一共只有 5 个文件，所以你可能无法直观地感受到显著的区别。但是，假设我们原来已经用几个小时，抽取了成百上千个 PDF 文件的文本内容，结果又突然出现 3 个新的 PDF 文件需要处理。如果必须从头抽取的文本内容，恐怕你会很崩溃吧。这时候，使用我们的函数就可以在 1 分钟之内把新的文件内容追加进去。

下面用新的字典构建数据框。执行语句：

```
df = make_df_from_mydict（mydict）
```

绘制新的数据框里 PDF 抽取文本字符数量对应的图。结果如图 5-20 所示。

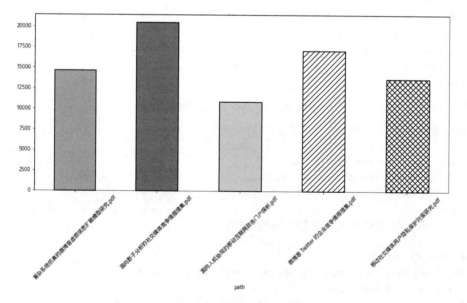

图 5-20

5.2.4 小结与思考

本节为大家介绍了以下知识点：
- 如何用 glob 批量读取目录下指定格式的文件路径；
- 如何用 PDFMiner 从 PDF 文件中抽取文本内容；
- 如何构建字典，存储与键值（本节中为文件名）对应的内容，并且避免重复；
- 处理数据；
- 如何将字典数据结构轻松转换为 Pandas 数据框，以便于后续数据分析；
- 如何用 Matplotlib 和 Pandas 自带的绘图函数轻松绘制柱状统计图。

5.3 智能批量压缩图片

本节将一步步为大家介绍，如何用 Python 自动判断多张图片中有哪些超出阈值需要压缩，且保持宽高比。

5.3.1 批量统一处理图片

很多在网络上写作的作者喜欢用 Markdown 写文稿，然后将其发布到不同写作平台。Markdown 为我们带来了极低的边际发布成本。试想如果每个写作平台，都需要我们手动插入 20 ～ 30 张图片，估计大家立刻会打消发布念头。

使用网络图片分享平台（例如七牛）作为图像的网络存储器，将图片上传并转换为链接后，选择一款富文本渲染工具，预览文稿格式，观察图片、表格、标题等特殊样式是否显示正确。富文本是指包含特殊标记语言表示的文本、图像、特殊符号、段落、列表等多种格式的文本。渲染工具可以选 Md2All，我们可以通过网络检索找到它的网址，这款工具最大的特点是能保证图片粘贴到各个写作平台时，代码不会乱，如图 5-21 所示。

图 5-21

单击"复制"按钮，就可以在任何一个写作平台上，开启富文本编辑器，然后粘贴图片。

工作进行到这一步，已接近大功告成。但是，如果这时遇到"图片上传失败"的报错，想必会很影响心情。图片上传失败的原因可能有很多。许多情况下，这只是单纯因为网络拥塞，多尝试几次就会上传成功。

但是微信公众号平台是个例外。我们时常会遇到这种情况——有两张图片，无论如何都无法正常上传。出现问题的原因其实很简单——微信公众号平台对图片大小有限制。一旦我们要上传的图片大小超过 2MB，就无法正常上传了。

难道我们写作时，还要一一检验每张插图的大小？将超过阈值的图片压缩，然后再上传？对喜欢配图的作者来说，这个工作太过琐碎和枯燥了。

其实有许多工具可以批量修改图片大小，例如 JPEGmini 和 TinyPNG 等，但是它们不完全符合我们的需求。首先，我们并不需要压缩全部图片。压缩后的图片，虽然在手机上看起来和原图毫无区别，但放大后还是会有些失真。因此，只要原图大小没超过 2MB，还是保持原貌比较稳妥。其次，每次写完文章，还需要手动运行一个应用，找出这篇文章对应的图片，拖动进去……

幸好，凡是简单、重复的枯燥事，都是计算机的"拿手好戏"。

下面，我们用 Python 编写一个程序找出全部大于 2MB 的图片进行压缩。压缩的时候，需要保持图片的宽高比。

5.3.2　原始数据

我们已经为你准备好了样例图片和执行代码，并且存储在一个 GitHub 项目中。请访问本书的资源链接地址 https://github.com/zhaihulu/DataScience/，下载对应章的数据集。下载压缩包后，解压查看，如图 5-22 所示。

cat.png　　squirrel.png

图 5-22

可以看到，在 image 目录下，有两个 PNG 格式的图像文件，一张是可爱的猫咪，另一张是小松鼠。

猜猜哪张图片更大？

小松鼠这张图片大小小于 2MB。猫咪那张图片却有 2.9MB，不符合微信公众号平台的要求。

下面用 Python 自行找出大小超过 2MB 的图片，并按照原来的宽高比压缩后，存储到一个指定的文件夹里。

5.3.3　压缩图片的具体过程

首先需要安装几个必要的软件包。

请到操作系统的"终端"（Linux、macOS）或者"命令提示符"（Windows）下，进入我们刚刚下载解压后的样例目录。

执行以下命令：

```
pip install -U PIL
pip install -U glob
```

安装完毕，执行：

```
jupyter notebook
```

这样就进入了 Jupyter Notebook 环境。我们新建一个 Python 3 Notebook。这样就出现了一个空白的 Notebook，如图 5-23 所示。

图 5-23

单击左上角的 Notebook 名称，将其修改为有意义的名称 "demo-python-resize-image"，如图 5-24 所示。

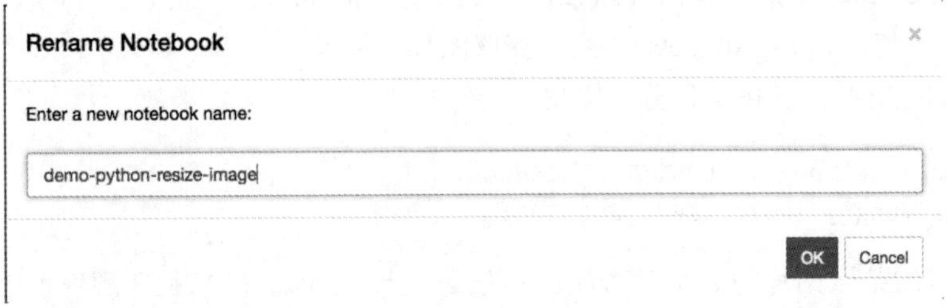

Rename Notebook ✕

Enter a new notebook name:

demo-python-resize-image

OK Cancel

图 5-24

准备工作完毕，下面我们就可以用 Python 读入并处理图片文件了。

首先导入几个后面将用到的软件包。

```
from glob import glob
from PIL import Image
import os
```

然后，指定图片来源目录。因为图片存储在样例目录的子目录 image 下面，所以只需要指定为"image"。

```
source_dir = 'image'
```

下面设置压缩后图片的输出目录。这里为了对比清晰，我们将其设定为 output，它也是样例目录的子目录。注意，此时这个目录还不存在。我们后面会做处理。

```
target_dir = 'output'
```

下面是关键环节之一。我们需要遍历 image 子目录，找出全部的图片名称。

使用 glob 软件包。其中的 glob 函数可以在我们指定的目录里，寻找所有符合要求的文件。

```
filenames = glob('{}/*'.format(source_dir))
```

我们使用星号（*）作为通配符，意味着要查找 image 子目录下所有文件的名称。

输出 filenames 试试看。

```
print(filenames)
```

filenames 是个列表，里面包含了需要处理的全部图片文件。

下面，尝试检测每张图片的大小。

```
for filename in filenames:
    with Image.open(filename)as im:
        width, height = im.size
        print(filename, width, height, os.path.getsize(filename))
```

我们遍历 filenames 中的所有图片路径，用 PIL 对象的 size 属性获取图片的宽度（Width）和高度（Height）数值。用 os.path.getsize 函数获取图片文件大小。

然后，我们把这些内容按文件分别输出。

```
('image/squirrel.png', 1024, 768, 1466487)
('image/cat.png', 2067, 1163, 2851538)
```

我们需要判断某张图片的大小是否超出微信公众号平台设置的 2MB 阈值，因此需要计算一下，2MB 换算成比特，到底是个多大的数字，以便后面的比对。

```
2*1024*1024
```

2097152

显然，刚才的输出结果里，cat.png 图片超出了这个阈值。

下面就把阈值设置为这个数值。

```
threshold = 2*1024*1024
```

来看看自己的直觉和程序判断的实际情况是否一致。

```python
for filename in filenames:
    filesize = os.path.getsize(filename)
    if filesize >= threshold:
        print(filename)
```

此处要求 Python 输出全部超出阈值的文件路径。结果如下：

```
image/cat.png
```

测试结果正确。程序只需要调整 cat.png 照片的大小。

正式进行压缩和输出之前，我们需要建立输出目录。虽然前文设定了这个子目录叫作 output，但是实际的演示目录里，它还尚未创建。

我们先用 os.path.exists 函数判断这个目录是否存在。当判断为不存在时，采用 os.makedirs 函数来创建它。

```python
if not os.path.exists(target_dir):
    os.makedirs(target_dir)
```

下面我们计算一下，需要压缩的图片的新宽度和高度应该是多少。

```python
for filename in filenames:
    filesize = os.path.getsize(filename)
    if filesize >= threshold:
        print(filename)
        with Image.open(filename)as im:
            width, height = im.size
            new_width = 1024
            new_height = int(new_width * height * 1.0 / width)
            print('adjusted size:', new_width, new_height)
```

我们把新的宽度设置为了 1024，然后按照同等宽高比算出新的高度取值。

注意，这里宽度和高度必须设置为整数类型（int），否则会报错。

输出结果如下：

```
image/cat.png
('adjusted size:', 1024, 576)
```

为了把 cat.png 图片压缩为宽度为 1024 的图片，我们需要设定高度为 576，以保证压缩后的图片与原始图片的宽高比一致。

下面我们续写函数，正式调用 PIL 的 resize 函数将新的图片设定为新的宽度和高度数值。然后，使用 PIL 的 save 函数把生成的图片存储到指定的路径。

```
for filename in filenames:
    filesize = os.path.getsize(filename)
    if filesize >= threshold:
        print(filename)
        with Image.open(filename)as im:
            width, height = im.size
            new_width = 1024
            new_height = int(new_width * height * 1.0 / width)
            resized_im = im.resize((new_width, new_height))
            output_filename = filename.replace(source_dir, target_dir)
            resized_im.save(output_filename)
```

输出结果还是需要压缩的图片路径。

image/cat.png

压缩成功了吗？

我们打开样例目录看看，如图 5-25 所示。

可以看到，output 子目录已经自动生成，里面有一张图片，名称依然是 cat.png，它的大小已经变成了 836KB。打开看看显示是否正确，如图 5-26 所示。

依然是这张可爱的猫咪图片，看不出与原图有什么显著的区别，而且宽高比也正常。测试成功。

图 5-25   图 5-26

5.3.4 将代码整合为函数

但是这里，还需要完成一个重要步骤——把之前的代码进行整合。

许多初学者写代码，总会忽略这一步。

虽然我们的代码已经成功完成了预期的任务，但如不及时进行整理，过一段时间再来看，我们可能会抓不住头绪。

想想看，等过一段时间再回来的时候，我们的 Jupyter Notebook 是这个样子的，如图 5-27 所示。

我们不仅会忘了不同函数之间的调用关系，而且对于哪些参数需要设定，也一头雾水。没错，这就是人脑的工作特点——我们会遗忘。

所以，趁热打铁，把实现的代码进行模块化整合很有必要。

整合后，我们实现的代码就成了一个有机的整体，只通过参数和外部交互。只需要用注释告诉自己参数设置的含义，后面再需要调用相关代码的时候，就可以直接通过参数变化使用了。

趁着记忆犹新，我们把刚才全部的代码整合到一个函数里。

```python
def resize_images(source_dir, target_dir, threshold):
    filenames = glob('{}/*'.format(source_dir))
    if not os.path.exists(target_dir):
        os.makedirs(target_dir)
    for filename in filenames:
        filesize = os.path.getsize(filename)
        if filesize >= threshold:
            print(filename)
            with Image.open(filename)as im:
                width, height = im.size
                new_width = 1024
                new_height = int(new_width * height * 1.0 / width)
                resized_im = im.resize((new_width, new_height))
                output_filename = filename.replace(source_dir, target_dir)
                resized_im.save(output_filename)
```

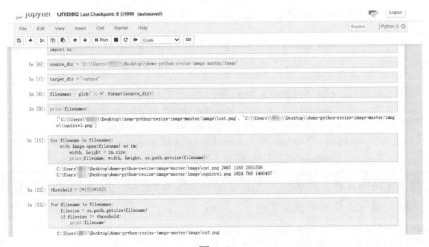

图 5-27

这个函数暴露给外部的接口是以下 3 个参数。

- source_dir：图片源目录。
- target_dir：压缩图片输出目录。
- threshold：阈值。

检查一下，我们发现虽然阈值是将来可以调整的参数，但是压缩的时候，图片的宽度却是手动设定的数值（1024）。这样将来面对一个阈值高出其 3 倍的写作平台，依然把图片压缩到这么小，似乎有些矫枉过正。

另外，如果这张图片是极长的图，那么即便宽度不是很大，也可能会因为高度超出阈值。单纯调整宽度到 1024，也许会失效。

解决办法也很简单，我们设置高度，然后对应调整宽度。

可以看到，我们把代码集成整理在一处，许多原来可能考虑不周的问题，此时就纷纷显现了出来。了解了问题所在，就可以调整代码。

因为我们要通过阈值计算宽度或者高度，所以需要导入数学计算模块。

```
import math
```

调整后的函数如下：

```
def resize_images(source_dir, target_dir, threshold):
    filenames = glob('{}/*'.format(source_dir))
    if not os.path.exists(target_dir):
        os.makedirs(target_dir)
    for filename in filenames:
        filesize = os.path.getsize(filename)
        if filesize >= threshold:
            print(filename)
            with Image.open(filename)as im:
                width, height = im.size
                if width >= height:
                    new_width = int(math.sqrt(threshold/2))
                    new_height = int(new_width * height * 1.0 / width)
                else:
                    new_height = int(math.sqrt(threshold/2))
                    new_width = int(new_height * width * 1.0 / height)
                resized_im = im.resize((new_width, new_height))
                output_filename = filename.replace(source_dir, target_dir)
                resized_im.save(output_filename)
```

这样，将来无论图片目录在哪里，要满足哪个写作平台的图片大小要求，都可以通过简单设置这样几个数值，调用函数来满足新需求。

我们尝试用原来的参数取值执行一次。

执行之前，我们删除 output 子目录，以测试功能。

然后执行模块化之后的函数。

```
resize_images(source_dir, target_dir, threshold)
```

执行时，依然只输出需要压缩的文件路径。

```
image/cat.png
```

检查重新生成的 output 子目录的猫咪图片，如图 5-28 所示。

图 5-28

没问题。不仅显示正常，而且大小也已经正常压缩。

5.3.5　小结与思考

总结一下，通过本节我们接触到了以下知识点：

- 如何利用 glob 软件包遍历指定目录，获取符合条件的全部文件路径列表；
- 如何用 PIL 图片处理工具读取图片文件，检查宽度、高度，重新设定图片大小，并且存储新生成的图片；
- 如何用 os 函数库检查文件或目录是否存在、创建目录，以及获取文件大小。

更重要的是，我们尝试了如何用 Python 这种脚本语言智能地进行判断，并且在后台完成琐碎的重复操作。

另外，读者应该了解，完成功能并不意味着工作结束。为了让自己的代码可以充分重用、易于共享并提高效能，需要梳理与整合代码，将其充分模块化，只暴露输入、输出接口给用户（包括将来的自己），避免固定取值设置。

5.4　安装Python软件包遇错误，怎么办？

本节通过用一个命令行转 PDF 为词云的例子，来讲解 Python 软件包安装遇问题时，如何处理才更高效。

5.4.1 屡次安装失败的遭遇

我们在成功制作出词云后，不满足于照猫画虎做出结果，找到了 WordCloud 的 GitHub 页面，查看附加功能。如图 5-29 所示，横线标出的是一个让人感兴趣的功能。

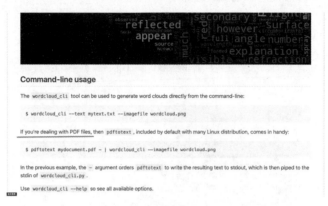

图 5-29 [①]

由此可见，WordCloud 不仅可以在 Python 代码中作为模块引入，帮助用户分析文本，制作词云；它还可以在命令行方式下，从 PDF 里直接提取词云，如图 5-30 所示。

图 5-30

这个操作只需要终端下的一行命令即可完成，连简单的 Python 编程都不需要。但是这行命令一执行就会报错，提示我们的系统里没有 PDFtotext。

既然 WordCloud 是需要使用 pip 命令安装的，那么 PDFtotext 看来也需要 pip 命令安装，对不对？于是我们尝试执行：

```
pip install PDFtotext
```

pip 命令确实找到了这个名称的软件包，并开始安装，你是不是瞬间成就感"爆棚"？但是，无论如何反复试验，用 pip 命令安装 PDFtotext 总是报错，如图 5-31 所示。

---

① 图片来源：WordCloud 的 GitHub 页面。

图 5-31

　　不能气馁，我们通过搜索引擎查阅了网上的资料，对于技术问答社区里类似问题下提及的每一种可能办法都做了尝试。结果，也无非是报错的提示稍微有些区别，但是问题依旧存在。

5.4.2　系统依赖条件

　　许多初学者在接触 Python 编程或者命令行操作时，往往在自学过程中，可能会直接"倒"在第 0 步，也就是在软件安装与环境设置时就直接放弃了。遇到图 5-31 所示的报错时，应该怎么样操作，才能成功呢？

　　从网上找来的一些方法不仅没能解决问题，而且许多方法可能会因为系统环境不同（例如需要不同版本的依赖包或编译工具等）而进行了不当操作，可能导致无法回到问题的初始状态。同一个报错的背后可能有若干原因。这就是为什么你的计算机坏了，往往无法通过电话或者网上的技术支持来解决，需要现场处理，才能让维修人员充分掌握具体情况，从而正确地处理。

　　当然，报错"搞不定"，并不意味着问题无法有效解决。建议尝试"将事情简化至其根本实质"。也就是说，我们不应该一直纠结于报错信息，而应该弄明白到底出了什么问题。

　　具体分析：出问题的软件包是 PDFtotext，可以尝试在 GitHub 上搜索它对应的 repo 页面，很容易就找到以下网页，如图 5-32 所示。

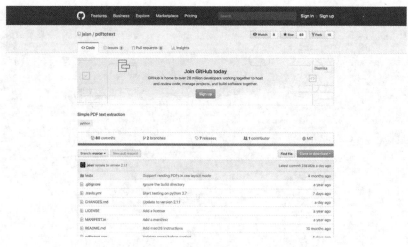

图 5-32

下拉页面，可以看与安装相关的部分，如图 5-33 所示。

OS Dependencies

Debian, Ubuntu, and friends:

```
sudo apt-get update
sudo apt-get install build-essential libpoppler-cpp-dev pkg-config python-dev
```

Fedora, Red Hat, and friends:

```
sudo yum install gcc-c++ pkgconfig poppler-cpp-devel python-devel redhat-rpm-config
```

macOS:

```
brew install pkg-config poppler
```

Install

```
pip install pdftotext
```

图 5-33

注意，安装（Install）操作非常简单，只需要一条 pip 命令即可。

```
pip install PDFtotext
```

明明和教程的操作一模一样，问题出在哪里呢？注意，这里有一个"系统依赖"（OS Dependencies）部分。它用了比安装命令多出数倍的篇幅，告诉我们在不同的操作系统上，需要安装的依赖包。

问题出现的原因就是，不少 Python 软件包实际上是包含了其他软件，甚至是系统级别的功能，以方便用户使用。要正常安装并使用这种 Python 软件包，首先需要操作确保操作系统拥有这些功能，或者已经安装了相应的软件，这些就叫作依赖。

好了，问题找到了，我们没有安装对应的依赖。所以，我们虽然下了很大功夫，搜索问题病症和解决方案，但是都是从具体的报错信息出发的。因此一直纠结于 GCC、头文件这些与编译相关的内容，并找到相应的解决方案，其实并不能解决当前问题。其实我们本不需要分析各种各样的报错信息，只需要把安装相应的依赖软件即可。

如果我们用的是 macOS，回顾一下官网给出的依赖要求。

那么，我们需要执行：

```
brew install pkg-config poppler
```

到这里仍然可能会遇到新的报错。

5.4.3　又遇到了新问题

这是因为前文使用的 brew 命令属于 Homebrew 套件，它不是 macOS 自带的工具。我们可以通过搜索引擎查找 brew 命令，继而到 Homebrew 的官网下载，然后学习如何安装它。最终，相信大家可以走到正确的路径上。但是这种解决方案其实只是个例，不具备可推广性。因为更多人用的操作系统是 Windows。回过头来看看，刚才的系统依赖清单里是否有 Windows。

但是我们在图 5-33 中并没有发现 Windows，这既不是因为作者忘了写，也不是因为 Windows 本身已经有了相关软件集成，无须安装。从 PDFtotext 官方 GitHub 页面的答疑记录来看，Windows 无法像 Linux 或者 macOS 一样，通过一行命令即可安装好依赖，如图 5-34 所示。

图 5-34

作者给出的方法是安装 Visual Studio 这样的编译器，然后自己编译，这对于非计算机专业的人士来说可能有些困难。

5.4.4　转换思路解决问题

遇到问题，不要第一时间就放弃。虽然学会止损很重要，但是因为困难便放弃解决问题，这就背离初衷了。面对新的问题，请再度拿出"第一性原理"的思考方式。

注意，问题已经从"如何应对报错"，转换为"如何正确安装 PDFtotext"软件包。但是如果你用的是 Windows 系统，似乎这个软件包跟你"缘分"不是很深。我们需要再思考一步，真的必须要安装 PDFtotext 这个软件包吗？

答案是不一定。许多功能可以通过不同的软件包实现。在前文中我们已经看到了许多例子。例如绘图，我们既可以用 Matplotlib，也可以用 Plotnine；中文分词，我们既可以用 Boson NLP，也可以用结巴分词；深度学习，我们既可以用 TFLearn，也可以用 Keras，还可以用 Turi Create。这里，带大家回顾一下 WordCloud 官方 GitHub 代码库中面的那行示例语句。

```
PDFtotext mydocument.PDF - | wordcloud_cli --imagefile wordcloud.png
```

思考一下，使用 PDFtotext 这个软件包的目的是什么？是用来把 PDF 文件变成文本。有了文本，利用 WordCloud 工具就能制作词云。我们需要的，并不是正确安装 PDFtotext，而是找到一个工具，把 PDF 文件转换成文本。

此时可以用到我们之前学过的提取 PDF 文本内容的方法了。之前我们介绍过一款可以完成上述功能的 Python 软件包，叫作 PDFminer.six；采用的方法是 Python 编程，调用 PDFminer.six 软件包作为模块载入。现在我们可以看看，它是否也支持命令行直接操作，以下是它的 GitHub 页面，如图 5-35 所示。

图 5-35

下拉页面，有一部分是介绍如何使用 PDFminer.six 命令行完成文本内容提取功能的，如图 5-36 所示。

图 5-36

我们的猜想被证实了，它完全可用。另外请注意，PDFminer.six 的安装说明里，根本就没有提到系统依赖。也就是说，不管使用的是 Windows、Linux，还是 macOS，都可以在不安装依赖软件的情况下，直接用 pip 命令安装 PDFminer.six。

5.4.5 生成 PDF 词云的过程

下面我们来看看，如何直接用命令行而非编程方式，利用 PDF 文件分析并生成词云。

先确保你的系统里已经安装了 Python 3。然后，用 pip 命令安装 WordCloud 软件包。

```
pip install wordcloud
```

之后，执行下述语句，安装 PDFminer.six。

```
pip install PDFminer.six
```

我们可以新建一个测试目录，复制进一个 PDF 文件；或者，也可以访问本书的资源链接地址 https://github.com/zhaihulu/DataScience/，下载对应章的压缩文件，解压后有一个现成的 PDF 文件。后文还有对应生成的词云结果，以供测试和对比。我们打开这个样例 PDF 文件（名称为 test.pdf），看看内容，如图 5-37 所示。

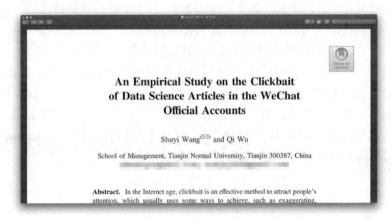

图 5-37

之后在终端下进入该测试目录，执行命令：

```
PDF2txt.py test.PDF | wordcloud_cli --imagefile wordcloud.png
```

对比一下，我们只是把原来 WordCloud 官方页面上的命令的前半部分进行了替换，使用了 PDFminer.six。

之后，wordcloud.png 这个文件就在当前目录下生成了。打开看看，如图 5-38 所示。

```
PDFtotext mydocument.PDF - | wordcloud_cli --imagefile wordcloud.png
```

图 5-38

5.4.6 小结与思考

实现从 PDF 生成词云这个功能，原本只需要前文的几行命令而已。即便我们从 Anaconda 开始全新安装，所需的时间也远远不到一小时。

但是，如果我们遇到了安装中的错误提示，然后和错误提示"展开各种斗争"，并且最终"无功而返"，那耽误的时间，可能远远不止一小时。

也许我们自己从这个过程中也学到了东西。没错，我们可能会学到如何采用 Homebrew 套件来安装 macOS 上的软件，了解 GCC 这款开源编译工具的使用方法，甚至是如何在 Windows 上编译源代码……但是获得这些经验，我们付出了过高的代价。

花费大量时间不断尝试解决问题，还远不是最糟糕的结果。对很多初学者来说，这种长时间、反复的挫折，会严重打击其尝试新软件、新功能的信心和兴趣，有些人甚至直接放弃了探索。

希望阅读过本节后，大家收获的远不仅仅是如何从 PDF 生成词云这种简单的技巧，而是在生活、学习和工作中，充分运用"第一性原理"，把自己从纷繁复杂的表象里抽离出来，扩大格局和视野，关注更本质的需求，做出明智而高效的选择。

第**6**章

自然语言处理

自然语言处理属于计算机科学领域与人工智能领域中的一个重要分支，它研究实现人与计算机之间用自然语言进行有效通信的各种理论和方法。我们在前文中也涉及了一些自然语言处理的简单应用，例如分词、正则表达式等。在本章中，我们将从中文关键词提取、情感分析等方面入手，逐步深入，介绍自然语言处理在实际分析中的具体案例。

6.1 提取中文关键词

当我们面对大量的长文本时，我们希望通过自动化方法从长文本中提取关键词，以观其大略。应该如何处理呢？在本节中，我们将演示如何用 Python 实现中文关键词提取这一功能。

6.1.1 文件编码问题

我们使用的中文关键词提取工具为结巴分词，在 3.2 节制作中文词云时也使用过该工具。

首先，请进入终端，使用 cd 命令进入工作文件夹，执行以下命令：

```
pip install jieba
```

好了，软件包工具也已经准备就绪，然后我们执行以下命令：

```
jupyter notebook
```

进入 Jupyter Notebook 环境。本节选取的是一篇网络文章。从网上摘取文本，存储到 sample. txt 中。读者可以访问本书的资源链接地址 https://github.com/zhaihulu/DataScience/，下载对应章的数据文件。

注意，网上摘取的中文文本是很容易在后续环节出现问题的。这是因为中文不同于英文，有编码问题，如图 6-1 所示。英文编码的解决方案是 ASCII，因为英文编码是由 26 个基本拉丁字母、阿拉伯数字和英式标点符号组成的，一字节就足够表示了。但 ASCII 难以应付其他一些复杂的语言，需要多字节的帮助。而简体中文的常见编码方式依据的是 GB 2312-1980，使用两个字节表示一个汉字。但是 GB 2312-1980 允许计算机处理双语环境，即拉丁字母和本地语言，而无法同时支持多语言环境，即多种语言混合的情况，这时 Unicode 就诞生了。Unicode 为每种语言中的每个字符设定了统一且唯一的二进制编码，它能够帮助我们保存全世界任意一个符号，其编码的方法则是由 Unicode 转换格式（Unicode Transformation Format，UTF）家族实现的。Python 内部使用的就是 Unicode，我们从网上下载的文本文件，可能与我们系统的编码不统一，在使用的过程中就需要对文本文件进行编码转换。

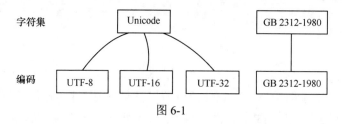

图 6-1

无论如何，这些因素都有可能导致打开后的文本里出现乱码。正确的使用中文文本数据的方式是，在 Jupyter Notebook 里，新建一个文本文件，如图 6-2 所示。

图 6-2

然后，会出现以下空白文件，如图 6-3 所示。

图 6-3

把我们从别处下载的文本文件，用任意一种能正常显示它的编辑器打开。然后复制其全部内容，粘贴到新建的空白文本文件中，就能避免编码错乱。

避开了这个"坑"，可以为我们减少很多不必要的尝试。

好了，知道了这个窍门，下面我们就能愉快地进行关键词提取了。

6.1.2　关键词提取操作

我们只需要短短的 4 个语句，就能完成两种不同方法（TF-IDF 与 TextRank）的关键词提取。本部分先讲解执行步骤。不同的关键词提取方法的原理，我们放在后文介绍。

首先从结巴分词的分析工具箱里导入所有的关键词提取功能。

```
from jieba.analyse import *
```

然后，让 Python 打开样例文本文件，并且读取其中的全部内容并存入 data 变量。

```
with open('sample.txt') as f:
    data = f.read()
```

使用 TF-IDF 方法提取关键词和权重，并且依次显示出来。如果不做特殊指定的话，默认显示数量为 20 个关键词。

```
for keyword, weight in extract_tags(data, withWeight=True):
    print('%s %s' % (keyword, weight))
```

输出结果如下：

```
Building prefix dict from the default dictionary ...
Loading model from cache C:\Users\雪\AppData\Local\Temp\jieba.cache
Loading model cost 0.960 seconds.
Prefix dict has been built successfully.
```

```
优步 0.28087559478179147
司机 0.11995194759665198
乘客 0.10548612948502202
师傅 0.09588881078154185
张师傅 0.08381623349632894
目的地 0.07536185128863436
网约车 0.07021889869544787
姐姐 0.06834121277656388
自己 0.06725331106610866
上车 0.06232769163083701
活儿 0.06001343542136564
天津 0.05691580567920705
10 0.0526641740215859
开优步 0.0526641740215859
事儿 0.04855445676703377
李师傅 0.04850355019427313
天津人 0.04826536860264317
绕路 0.047824472309691626
出租车 0.04484802607483113
时候 0.044084029859148305
```

关键词提取结果还是比较可靠的。当然，其中也混入了一个数字 10，但是对结果没有很大影响。如果需要修改关键词提取数量，就需要指定 topK 参数。例如输出 10 个关键词，可以执行如下语句：

```
for keyword, weight in extract_tags(data, topK=10, withWeight=True):
    print('%s %s' % (keyword, weight))
```

输出结果如下：

```
优步 0.28087559478179147
司机 0.11995194759665198
乘客 0.10548612948502202
师傅 0.09588881078154185
张师傅 0.08381623349632894
目的地 0.07536185128863436
网约车 0.07021889869544787
姐姐 0.06834121277656388
自己 0.06725331106610866
上车 0.06232769163083701
```

下面我们尝试另一种关键词提取方法——TextRank。

```
for keyword, weight in textrank(data, withWeight=True):
    print('%s %s' % (keyword, weight))
```

输出结果如下：

```
优步 1.0
司机 0.7494059966484155
乘客 0.5942845064572533
姐姐 0.485445874199064
天津 0.4511134903660482
目的地 0.4294100274662929
时候 0.41808386330346065
作者 0.41690383815327287
没有 0.3577645150520248
活儿 0.2913715664937725
上车 0.2770100138843037
绕路 0.27460859208431115
转载 0.2719329031862934
出来 0.24258074539320906
出租 0.2386398899911447
事儿 0.22870032271337745
单数 0.21345068036612438
出租车 0.2120496654807952
拉门 0.205816713636715
跟着 0.205134709860173
```

注意，这次提取的结果与 TF-IDF 的结果有区别，很突兀的数字 "10" 不见了。

这是不是意味着 TextRank 一定优于 TF-IDF 呢？

这个问题留作思考题，希望在你认真阅读了后文的原理部分之后，能够独立解答。

6.1.3 关键词提取原理

本小节简单介绍前文出现的两种不同关键词提取方法——TF-IDF 和 TextRank 的基本原理。

　　TF-IDF 的英文全称是 Term Frequency - Inverse Document Frequency，中文全称是词频–逆文档频率。这一名称中间有一个连字符，左右两侧各为一部分，二者结合起来，共同决定某个词的重要程度。

　　第一部分是词频（Term Frequency），即某个词出现的频率。

　　我们常说"重要的事说三遍"。同样的道理，某个词出现的次数多，也就说明这个词的重要性可能会很高。

　　但是，这只是可能，并不绝对。例如现代汉语中的许多虚词——"的、地、得"，古代汉语中的许多句尾词——"之、乎、者、也、兮"，这些词在文中可能出现许多次，但是它们显然不是关键词。

　　这就是为什么我们在判断关键词的时候，需要第二部分，即逆文本频率配合。

　　逆文本频率首先计算某个词在各文本中出现的频率。假设一共有 10 个文本，其中某个词 A 在 10 个文本中都出现过，另一个词 B 只在其中 3 个文本中出现过。请问哪一个词更关键？

　　答案是 B 更关键。A 可能就是虚词，或者全部文本共享的主题词。而 B 只在 3 个文本中出现，因此很有可能是关键词。逆文本频率就是把这种文本频率取倒数。这说明第一部分和第二部分越高越容易确定关键词，若二者都高，则该词就很有可能是关键词了。

　　到这里 TF-IDF 就讲完了，下面我们说说 TextRank。相对于 TF-IDF，TextRank 要显得更加复杂一些。它不是简单地做加减乘除计算，而是基于图的计算。

　　TextRank 是 2004 年提出的，它的原始文献中的示例如图 6-4 所示。

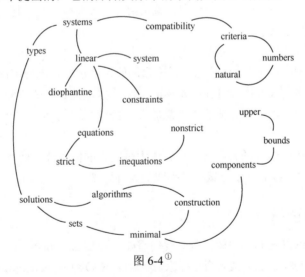

图 6-4 [①]

　　TextRank 首先会提取词汇，形成节点。然后依据词汇的关联，建立连接。再依照连接词汇的多少，给每个词赋予一个初始的权重数值。接着开始迭代。

　　根据某个词连接所有词汇的权重，重新计算该词的权重，然后把重新计算的权重传递下去，

---

① Mihalcea R, Tarau P. Textrank: Bringing order into text[C]//Proceedings of the 2004 conference on empirical methods in natural language processing. 2004: 404-411

直到这种变化达到均衡状态，权重不再发生改变。这与谷歌公司的网页排名算法 PageRank 在思想上是一致的。根据最后的权重，取其中排列靠前的词，作为关键词提取结果。

6.1.4　小结与思考

本节探讨了如何用 Python 对中文文本进行关键词提取。具体而言，我们分别使用了 TF-IDF 和 TextRank 方法，二者提取关键词的结果可能会有区别。

还有哪些中文关键词提取的工具呢？它们的效果如何？有没有比本节更高效的方法？这些问题等待我们进一步探究。

6.2　情感分析

情感分析大有用武之地，如商品评论挖掘、电影推荐、股市预测……如果我们平时关注数据科学研究或是商业实践，对情感分析这个词应该不陌生。

维基百科上，情感分析的定义是，文本情感分析（也称为意见挖掘）是指用自然语言处理、文本挖掘以及计算机语言学等方法来识别和提取原素材中的主观信息。

听着很高深对吧？如果说得具体一点呢？就是给定一段文本，用情感分析的自动化方法获取这一段文本里包含的情感色彩。

情感分析不是"炫技"工具，它是一种非常实用的方法。早在 2010 年，就有学者指出，可以依靠对推特（Twitter）公开信息的情感分析来预测股市的涨落，准确率高达 86.6%！在这些学者看来，一旦我们能够获取大量实时社交媒体的文本数据，且利用情感分析的"黑魔法"，我们就能获得一颗预测近期投资市场趋势的"水晶球"。这种用数据科学"碾压"竞争者的感受，是不是妙不可言？

现在我们也可以用 Python 的几行代码，完成大量文本的情感分析处理。

你是不是摩拳擦掌，打算动手尝试了？那我们就开始吧。

6.2.1　安装情感分析依赖包

为了更好地使用 Python 和相关软件包，我们需要先安装 Anaconda。

在系统终端（macOS/Linux）或者命令提示符（Windows）下输入 demo，进入工作目录 demo。

执行以下命令，安装 SnowNLP 和 TextBlob 两个工具包。

```
pip install snownlp
pip install -U textblob
Python -m textblob.download_corpora
```

至此，情感分析运行环境已经配置完毕。

在终端或者命令提示符下输入 jupyter notebook，进入 Jupyter Notebook，如图 6-5 所示。在目录里可以看到之前的一些文件，忽略它们就好。

图 6-5

下面就可以利用 Python 来编写程序、进行文本情感分析了。

6.2.2　英文文本情感分析

我们先来看英文文本情感分析。这里需要用到的是 TextBlob。TextBlob 可以实现以下功能。

> **功能**
> - 名词短语提取
> - 词性标记
> - 情感分析
> - 分类（朴素贝叶斯，决策树）
> - 由 Google 翻译支持的语言翻译和检测
> - 断词（将文本分为单词和句子）
> - 计算单词和短语的出现频率
> - 语法分析
> - N-Gram 语言模型
> - 单词变形（复数和单数）和词形还原
> - 拼写校正
> - 通过扩展添加新的模型或语言
> - 集成 WordNet

TextBlob 可以做许许多多和文本处理相关的事情，本小节只专注于情感分析这一项。

我们新建一个 Python 3 Notebook，并且将其命名为 "sentiment-analysis"，如图 6-6 所示。

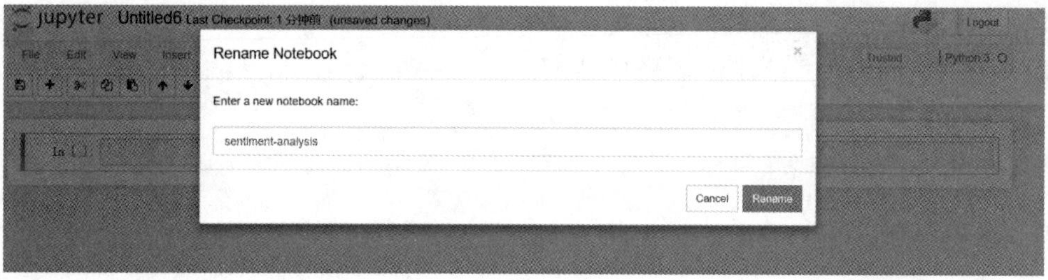

图 6-6

先准备英文文本数据。执行语句：

```
text = "I am happy today. I feel sad today."
```

上述语句表示把引号中的两句话存入 text 变量中。学过英语的我们，应该能立即分辨出这两句话的情感极性。第一句是"我今天很高兴"，正面（Positive）；第二句是"我今天很沮丧"，负面（Negtive）。

下面我们看看情感分析工具 TextBlob 能否正确识别这两句话的情感极性。

首先执行以下语句，将 TextBlob 调出来。

```
from textblob import TextBlob
blob = TextBlob(text)
Blob
```

按【Shift+Enter】组合键执行上述语句，结果好像只是把这两句话原封不动输出而已，具体如下：

```
Out[2]:  TextBlob("I am happy today. I feel sad today.")
```

别着急，TextBlob 已经帮我们把一段文本分成了不同的句子。我们不妨看看它的划分对不对。执行语句如下：

```
blob.sentences
```

输出结果如下：

```
Out[3]:  [Sentence("I am happy today."), Sentence("I feel sad today.")]
```

下面输出第一句的情感分析结果，语句如下：

```
blob.sentences [0] .sentiment
```

执行后，我们看到有意思的结果出现了，输出如下：

```
Out[4]:  Sentiment(polarity=0.8, subjectivity=1.0)
```

情感极性 0.8，主观性 1.0。说明一下，情感极性的变化范围是［-1，1］，-1 代表完全负面，

1 代表完全正面。

既然"我说自己高兴",那情感分析结果是正面就对了啊。

趁热打铁,我们看一下第二句的情感分析结果。执行语句如下:

```
blob.sentences[1].sentiment
```

输出结果如下:

```
Out[5]: Sentiment(polarity=-0.5, subjectivity=1.0)
```

"沮丧"对应的情感极性是 -0.5,没问题!

更有趣的是,我们还可以让 TextBlob 综合分析出整段文本的情感极性,执行以下语句:

```
blob.sentiment
```

输出结果如下:

```
Out[6]: Sentiment(polarity=0.15000000000000002, subjectivity=1.0)
```

我们可能会觉得没有道理。怎么一句"高兴"和一句"沮丧"合并起来最后会得到正面结果呢?首先不同极性的词,在数值上是有区别的。我们应该可以找到比"沮丧"更为负面的词,而且这也符合逻辑,谁会这么"天上一脚,地下一脚",矛盾地描述自己此时的心情呢?

6.2.3　中文文本情感分析

试验了英文文本情感分析,该回归中文了。毕竟,我们平时接触最多的文本还是中文文本。

中文文本情感分析使用 SnowNLP。SnowNLP 和 TextBlob 一样,可实现以下功能。

功能
- 中文分词
- 词性标注
- 情感分析
- 文本分类
- 转换成拼音
- 繁体转简体
- 提取文本关键词
- 提取文本摘要
- TF-IDF
- 断词(将文本分为单词和句子)
- 文本相似性判断

我们还是先准备文本。这次我们换两个形容词试试看。

执行语句：

```
text = u"我今天很快乐。我今天很愤怒。"
```

注意，在引号前面我们加了一个字母 u，它很重要。因为它提示 Python："这一段我们输入的文本编码格式是 Unicode，别搞错了"。

好了，文本有了，下面使用 SnowNLP 开始工作吧。

执行以下语句：

```
from snownlp import SnowNLP
s = SnowNLP(text)
```

我们想看看 SnowNLP 能不能像 TextBlob 一样正确划分我们输入的句子，所以执行以下语句：

```
for sentence in s.sentences:
    print(sentence)
```

输出结果如下：

```
我今天很快乐
我今天很愤怒
```

好的，看来 SnowNLP 对句子的划分是正确的。

首先来看第一句的情感分析结果，执行以下语句：

```
s1 = SnowNLP(s.sentences[0])
s1.sentiments
```

输出结果如下：

```
Out[10]: 0.971889316039116
```

看来"快乐"这个形容词真的很能说明问题。

我们来看第二句的情感分析结果，执行以下语句：

```
s2 = SnowNLP(s.sentences[1])
s2.sentiments
```

输出结果如下：

```
Out[11]: 0.07763913772213482
```

这里我们发现可能有些问题——"愤怒"这个词表达了如此强烈的负面情感，为何得分依然是正的？这是因为 SnowNLP 和 TextBlob 的计分方法不同。SnowNLP 的情感分析取值，表达的是"这句话代表正面情感的概率"。也就是说，对"我今天很愤怒"这一句，SnowNLP 认为，它表达正面情感的概率很低很低。

6.2.4　小结与思考

学会了基本"招式"，我们可以自己找一些中英文文本来实践情感分析了。但是我们可能会遇到一些问题。例如我们输入一些明确的具有负面情感的语句，得到的结果却很正面。不要以为自己又被"忽悠"了，这里面主要有以下几方面的问题。

首先，许多语句的情感判别需要结合上下文和背景知识，如果这类信息缺乏，判别准确率就会受到影响。这就是人比机器（至少在目前）更强大的地方。

其次，任何一个情感分析工具实际上都是被训练出来的。训练时用的文本，会直接影响到工具的适应性。例如 SnowNLP，它的训练文本就是评论数据。因此，我们如果用它来分析中文评论数据，效果应该不错。但是，如果我们用它分析其他类型的文本，如小说、诗歌等，效果就会大打折扣。因为这样的文本数据组合方式，它之前没有见过。解决办法当然有，就是用其他类型的文本去训练它。见多识广，自然就"见惯不怪"了。至于该如何训练，请参阅相关软件包资料。

6.3　评论数据情感分析的时间序列可视化

如何批量进行评论数据情感分析，并将分析结果在时间轴上可视化呈现？评论数据情感分析并不难，让我们用 Python 来实现它吧。

6.3.1　餐厅评论数据

假设你是一家连锁火锅店的区域经理，很注重顾客对餐厅的评价。以前，你苦恼的是顾客不爱写评价。最近因为餐厅火了，分店越来越多，写评论的顾客也多了起来，于是你新的苦恼来了——评论太多了，读不过来。

你了解到了情感分析这个好用的自动化工具，一下子觉得见到了曙光。

你从某知名点评网站上找到了一家分店的页面，并让助手获取页面的评论和发布时间数据。因为助手不会用网络爬虫，所以只能把评论从页面上一条条复制、粘贴到 Excel 里。下班的时候，他才获取了 26 条数据，如图 6-7 所示。

用 6.1 节介绍的中文文本情感分析工具，依次得出每一条评论的情感数值。刚得出结果的时候，你很兴奋，觉得自己找到了情感分析的"终极利器"。可是你很快就会发现，如果每一条评论都要运行一次程序，用机器来分析，还不如自己分析省事。

怎么办呢？

图 6-7

6.3.2 读取数据并安装依赖包

我们可以把情感分析的结果在时间序列上可视化呈现，这样一眼就可以看见趋势——近一段时间里，大家对餐厅究竟是更满意了，还是越来越不满意呢？

人类擅长处理图像。漫长的进化史促使我们不断提升对图像快速准确处理的能力，否则我们就会被环境淘汰，因此才会有"一幅图胜过千言万语"的说法。

可以访问本书的资源链接地址 https://github.com/zhaihulu/DataScience/，找到对应章的数据文件。本节整理好的 Excel 文件为 restaurant-comments.xlsx，若读者可用 Excel 正常打开，则将该文件移动到工作目录 demo 下。

本例中我们需要对中文评论进行分析，使用的软件包为 SnowNLP。在系统终端（macOS/Linux）或者命令提示符（Windows）中，进入工作目录 demo，执行以下命令：

```
pip install snownlp
pip install ggplot
```
至此运行环境配置完毕。在终端或者命令提示符下输入：

```
jupyter notebook
```

如果 Jupyter Notebook 正确运行，则下面开始编写代码。

6.3.3 评论的情感分析可视化

在 Jupyter Notebook 中新建一个 Python 3 Notebook，命名为"time-series"，如图 6-8 所示。

图 6-8

首先导入数据框分析工具 Pandas，可简写成 pd 以方便调用。

```
import pandas as pd
```

读取 Excel 文件。

```
df = pd.read_excel("restaurant-comments.xlsx")
```

我们看看读取内容是否完整。

```
df.head()
```

输出结果如下：

Out[4]:		comments	date
0		这整子最爱吃的火锅，一量想必吃一次啊！最近才知道他家还有免费鸡蛋羹……	2017-05-14 16:00:00
1		第N次来了，还是喜欢 ……\ \ 从还没上A餐厅的楼梯开始，服务员已经在那迎宾了，然…	2017-05-10 16:00:00
2		大姨过生日，姐姐订的这家A餐厅的包间，服务真的是没得说，A餐厅的服务也是让我由衷的欣赏，很久…	2017-04-20 16:00:00
3		A餐厅的服务哪家店都一样，体贴入微。这家店是我吃过的排队最短的一家，当然也因为是工作日且比较晚…	2017-04-25 16:00:00
4		因为下午要去天津站接人，我前几天就说想吃A餐厅，然后正好这有，就来这吃了。\ 来的…	2017-05-21 16:00:00

注意这里的 date 列。如果 Excel 文件里的时间格式和此处一致，包含了日期和时刻，那么 Pandas 会非常智能地帮你把它识别为时间格式，接着往下做就可以了。

反之，如果获取到的时间只精确到日期，例如"2017-04-20"，那么 Pandas 只会把它当作字符串，而后面的时间序列分析无法使用字符串。解决办法是加入以下两行代码：

```
from dateutil import parser
df["date"] = df.date.apply(parser.parse)
```

这样，你就获得正确的时间数据了。

确认数据完整无误后，进行情感分析。先用第一条评论内容做个小试验。

```
text = df.comments.iloc[0]
```

然后调用 SnowNLP 情感分析工具。

```
from snownlp import SnowNLP
s = SnowNLP(text)
s.sentiments
```

显示 SnowNLP 的分析结果为:

```
0.4244401030222834
```

情感分析数值可以正确计算。在此基础上需要定义函数,以便批量处理所有的评论数据。

```
def get_sentiment_cn(text):
    s = SnowNLP(text)
    return s.sentiments
```

然后,利用 Python 强大的 apply 语句,一次性处理所有评论数据,并且将生成的情感数值在数据框里单独存为一列,命名为 sentiment。

```
df["sentiment"] = df.comments.apply(get_sentiment_cn)
```

我们看看情感分析结果。

```
df.head()
```

输出结果如下:

Out[10]:

	comments	date	sentiment
0	这辈子最爱吃的火锅,一星期必吃一次啊! 最近才知道他家还有免费鸡蛋羹......	2017-05-14 16:00:00	0.424440
1	第N次来了,还是喜欢?......\<br\>\<br\>从还没上A餐厅的楼梯开始,服务员已经在那迎宾了,然...	2017-05-10 16:00:00	0.450691
2	大姨过生日,姐姐定的这家A餐厅的包间,服务真的是没得说,A餐厅的服务也是让我由衷的欣赏,很久...	2017-04-20 16:00:00	1.000000
3	A餐厅的服务哪家店都一样,体贴入微。这家店是我吃过的排队最短的一家,当然也介于工作日比较晚...	2017-04-25 16:00:00	0.118200
4	因为下午要去天津站接人,然后我俩前几天就说想吃A餐厅,然后正好这有,就来这吃了。\<br\>来的...	2017-05-21 16:00:00	0.871226

新的列 sentiment 已经生成。我们之前介绍过,SnowNLP 的结果取值范围为 0～1,代表了情感分析结果为正面的可能性。通过观察前几条评论,我们发现在点评网站上,顾客对这家分店的评价总体上是正面的,而且有的评论是非常积极的。

但是对少量数据的观察,可能会造成我们结论的偏颇。我们把所有的情感分析结果数值取平均值。使用 mean 函数即可。

```
df.sentiment.mean()
```

结果为:

```
0.6987503312852683
```

整体上顾客对这家分店的评价是正面的。

我们再来看看中位数值，使用的函数为 median。

```
df.sentiment.median()
```

结果为：

```
0.9270364310550024
```

我们发现中位数值不仅比平均值高，而且几乎接近 1（完全正面）。

这就意味着，大部分的评价显示顾客非常满意。但是存在少部分异常点（Anomalies），它们显著拉低了平均值。

下面用情感分析的时间序列可视化功能，直观查看这些异常点出现在什么时间，以及它们的数值究竟有多低。

我们需要使用 ggplot 绘图工具包。这个工具包原本只在 R 语言中提供。幸好，后来它很快被移植到了 Python 中。

我们从 ggplot 中引入绘图函数，并且让 Jupyter Notebook 可以直接显示图像。

```
%pylab inline
from ggplot import *
```

这里可能会报一些警告信息。没有关系，我们不理会就是了。下面我们绘制图形。你可以执行下面的语句。

```
ggplot(aes(x="date", y="sentiment"), data=df) + geom_point() + geom_
line(color = 'blue') + scale_x_date(labels = date_format("%Y-%m-%d"))
```

可以看到 ggplot 的绘图语法相当简洁和人性化。我们只需要告诉 Python 我们打算用哪个数据框，从中选择哪列作为 x 轴、哪列作为 y 轴，先画点，后连线，并且可以指定连线的颜色。然后，你需要指定 x 轴上的日期以何种格式显示出来。所有的参数设定和自然语言很相似，直观而且易于理解。执行后，就可以看到结果了，如图 6-9 所示。

在图 6-9 中，我们发现许多正面评价的情感分析数值极高。同时，那几个数值极低的点也相当显眼，其对应评论的情感分析数值接近于 0。这几条评论，被 Python 判定为基本上没有正面情感。

从时间上看，最近一段时间，几乎每隔几天就会出现一条比较严重的负面评价。

作为区域经理，你可能如坐针毡，希望尽快了解发生了什么事。你不需要在数据框或者 Excel 文件里一条条翻找情感分析数值最低的评论。Python 数据框 Pandas 为你提供了非常好的排序功能。假设你希望找到所有评论里情感分析数值最低的那条，可以这样执行：

```
df.sort(['sentiment'])[:1]
```

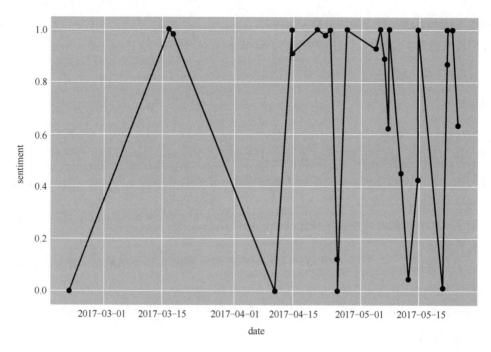

图 6-9

结果为:

```
Out[15]:
```

	comments	date	sentiment
24	这次是在情人节当天过去的，以前从来没在情人节正日子出来过，不是因为没有男朋友，而是感觉哪哪人…	2017-02-20 16:00:00	6.334066e-08

情感分析数值几乎就是 0。不过这里数据框显示的评论不完全，我们需要将评论整体输出。

```
print(df.sort(['sentiment']).iloc[0].comments)
```

完整评论如下:

这次是在情人节当天过去的，以前从来没在情人节的日子出来过，不是因为没有男朋友，而是感觉到处人都多，所以特意错开。这次实在是馋 A 餐厅了，所以赶在正日子也出来了。从下午四点多的时候我看排号就排到一百多了，我从家开车过去得堵一个小时，所以提前两个小时就在网上先排着号了。差不多我们是六点半到的，到那的时候我看号码前面还有才三十多号，我想着肯定没问题了，等一会就能吃上的。没想到悲剧了，就从我们到那坐到等位区开始，十分钟到二十分钟一叫号，中途多次我都想走了，哈哈，哎，等到最后晚上九点才吃上的。服务员感觉也没以前清闲时周到了，不过这肯定的，一人负责好几桌，今天节日这么多人，肯定是很累的，所以大多也都是我自己跑腿，没让服务员给弄太多，就虾滑让服务员下的。然后环境来说感觉卫生方面是不错，就是有些太吵了，味道还是一如既往的那个味道。不过 A 餐厅最人性化的就是看我们等了两个多小时，上来就送了我们一张打折卡，而且当次就可以使用，这点感觉还是挺好的，不愧是 A 餐厅，就是比一般的要人性化。不过这次就是选错日子了，以后还是得提前预约，要不就别赶节日去，太火爆了！

通过阅读，你可以发现这位顾客确实有一次比较糟糕的体验——等候的时间太长了，以至于使用了"悲剧"一词；另外还提及服务不够周到，以及环境吵闹等。正是这些词汇的出现，使得情感分析数值非常低。好在顾客通情达理，而且对该分店的人性化做法给予了正面的评价。

6.3.4　小结与思考

从本节的例子中可以看出，虽然情感分析可以帮你自动化处理很多内容，但你不能完全依赖它。自然语言的分析，不仅要看表达强烈情感的关键词，也需要考虑表述方式和上下文等诸多因素。这些内容是现在自然语言处理领域的研究前沿。我们期待着能早日应用科学家们的研究成果，提升情感分析的准确率。不过，即便目前的情感分析自动化处理工具不是非常准确，却依然可以帮助你快速定位那些可能有问题的异常点。从效率上看，自动化处理比人工处理要高许多。

6.4　对故事情节做情绪分析

你想知道一部没看过的影视剧是否符合自己的口味，却又怕被"剧透"？

Netflix、亚马逊和豆瓣等平台可以给你推荐影视剧。但是它们的推荐，只是把观众划分成许多个圈子。你的数据如果足够真实准确，且可能刚好和某一个圈子的数据特性比较接近，于是这些平台就会给你推荐这个圈子里更适应你口味的影视剧。

但是这不一定准确。有可能你的观影数据和评论数据分散在不同的平台上。不完整、不准确的观影数据和评价数据，可能会导致推荐的效果大打折扣。

即便有了推荐的影视剧，它是否符合你的口味呢？你可能想到去评论区看剧评。那可是个"危险区域"，因为随时都有被剧透的风险。你觉得还是利用社交媒体比较好，在朋友圈问问好友。有的好友确实很热心，但有的时候，也许会过于热心。

你可能"抓狂"了，觉得这是个不可能完成的任务，毕竟鱼与熊掌不可兼得。但真的是这样吗？

不一定。在这个数据泛滥、数据分析工具并不稀缺的时代，你完全可以利用技术帮自己选择优秀的影视剧。你只需要含有故事情节的文本，你可以到互联网上找剧本，或者是字幕。当然，不是让你把文本从头读到尾，那样还不如直接看影视剧呢。你需要用技术来对文本进行分析。我们可以用情绪分析（Emotional Analysis）来了解故事情节是否足够跌宕起伏。本节将一步步教你如何用 Python 和 R 轻松愉快地完成文本情绪分析。

6.4.1　情绪词典

我们提到的这个技术叫作情绪分析。它和情感分析有相似之处，都是通过对内容的自动化分析来获得结果。

情感分析的结果一般分为正面和负面，而情绪分析包含的种类就比较多了。

加拿大国家研究委员会（National Research Council of Canada）官方发布的情绪词典包含 8 种情绪属性，分别为：

1. 愤怒（Anger）；
2. 期待（Anticipation）；
3. 厌恶（Disgust）；
4. 恐惧（Fear）；
5. 喜悦（Joy）；
6. 悲伤（Sadness）；
7. 惊讶（Surprise）；
8. 信任（Trust）。

有了这些情绪属性，你可以轻松地对一段文本的情绪变化进行分析。这时，也许你可以回忆起一句话：文似看山不喜平。

故事情节中有各种情绪的波动。通过分析这些情绪的波动，我们可以看出故事是否符合自己的口味、情节是否紧凑等。这样，你可以根据自己的偏好，甚至是当前的心情，来选择合适的影视剧观看。

我们需要用到 Python 和 R。这两种语言在目前的数据科学领域很受欢迎。Python 的优势在于通用，而 R 的优势在于它有由统计学家组成的社区。这里用 Python 做文本数据清理，然后用 R 做情绪分析，并且把结果可视化输出。

6.4.2　数据准备

我们首先需要找到来源数据。作为例子，我们选择《权力的游戏》第 3 季的第 9 集，名字叫作 *"The Rains of Castamere"*。

你可以到 genius 这个网站搜索并下载这一集的剧本。你只需要全选页面内容并复制，然后打开一个文本编辑器，把内容粘贴进去；或者访问本书的资源链接地址 https://github.com/zhaihulu/DataScience/，下载这个文本文件。

请建立一个工作目录，后面的操作都在这个目录里进行。例如我的工作目录是～ /Downloads/Python-r-emotion。我们可以把刚刚获得的文本文件放到这个目录中。

6.4.3　安装R

Python 中使用的是 Jupyter Notebook。

需要到 R 的开发网站下载 R 基础安装包。你会看到 R 的下载位置有很多。我们建议选择国内的镜像，这样连接速度更快。清华大学的镜像就不错。

请根据你的操作系统选择其中对应的版本下载。我们选择的是 macOS 版本，下载得到 PKG 文件，双击该文件就可以安装 R。

安装了基础安装包之后，继续安装集成开发环境 RStudio，打开网站，如图 6-10 所示。

RStudio Desktop 1.2.5033 - Release Notes

1. Install R.　RStudio requires R 3.0.1+.

2. Download RStudio Desktop.　Recommended for your system:

    DOWNLOAD RSTUDIO FOR WINDOWS
    1.2.5033 | 149.83MB

Requires Windows 10/8/7 (64-bit)

All Installers

Linux users may need to import RStudio's public code-signing key prior to installation, depending on the operating system's security policy.

RStudio 1.2 requires a 64-bit operating system. If you are on a 32 bit system, you can use an older version of RStudio.

OS	Download	Size	SHA-256
Windows 10/8/7	↓ RStudio-1.2.5033.exe	149.83 MB	7fd3bc1b
macOS 10.13+	↓ RStudio-1.2.5033.dmg	126.89 MB	b67c987b
Ubuntu 14/Debian 8	↓ rstudio-1.2.5033-amd64.deb	96.18 MB	89de2a22

图 6-10

依据你的操作系统的情况选择对应的安装包。macOS 安装包为 DMG 文件。双击打开后，把其中的 RStudio.app 图标拖放到 Applications 文件夹中，安装就完成了。

好了，现在你就有 R 的运行环境了。

6.4.4　使用Python做文本数据清理

我们首先需要清理文本数据，完成以下两个任务。

• 把与剧本无关的内容移除。
• 将数据转换成 R 可以直接做情绪分析的结构化数据。

由你的系统终端（macOS/Linux）或者命令提示符（Windows）进入工作目录，执行以下命令：

```
jupyter notebook
```

这时候工作目录下只有一个文本文件，如图 6-11 所示。

图 6-11

我们打开看看内容，如图 6-12 所示。

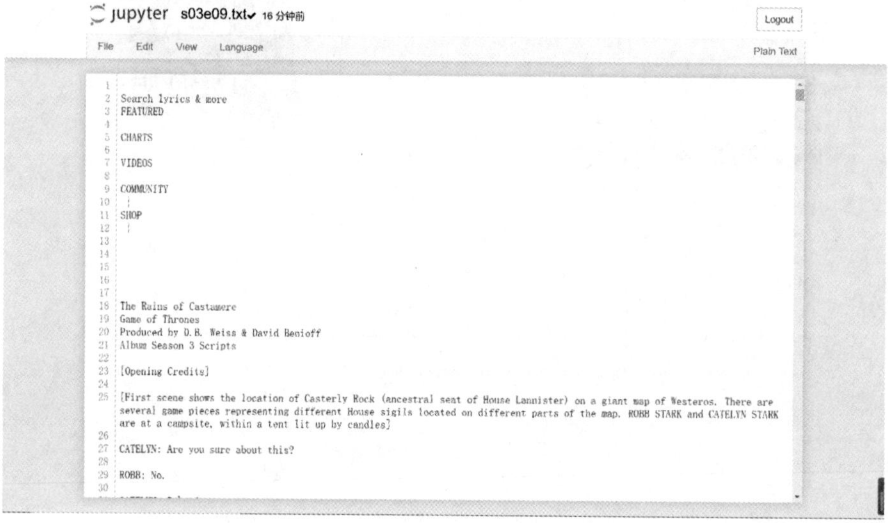

图 6-12

往下翻页，可找到剧本正文正式开始的标记"Opening Credits"，如图 6-13 所示。

翻到剧本的结尾，可以看到剧本结束的标记"End Credits"。

我们回到主页面，新建一个 Python 的 Notebook。单击右方的"New"按钮，选择 Python 3，如图 6-14 所示。

有了全新的 Notebook 后，首先导入需要用到的包。

```
import pandas as pd
import re
```

读取当前目录下的文本文件。执行语句：

```
with open('s03e09.txt', encoding='UTF-8') as f:
    data = f.read()
```

看看内容。

```
print(data)
```

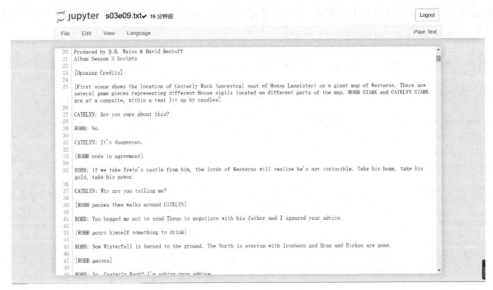

图 6-13

图 6-14

输出结果如下：

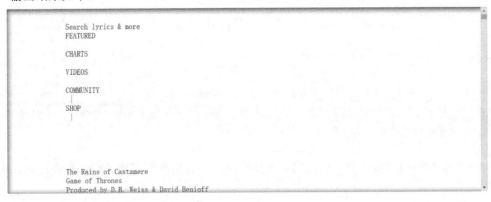

数据正确读取。下面按照刚才浏览中发现的标记将剧本正文以外的文本内容移除。先移除开头的非剧本正文内容。执行语句：

```
data = data.split('Opening Credits]')[1]
```

再次输出，现在是从剧本正文开始了。执行语句：

```
print(data)
```

输出结果如下：

```
[First scene shows the location of Casterly Rock (ancestral seat of House Lannister) on a giant map of Westeros. There are several game pieces representing different House sigils located on different parts of the map. ROBB STARK and CATELYN STARK are at a campsite, within a tent lit up by candles]

CATELYN: Are you sure about this?

ROBB: No.

CATELYN: It's dangerous.

[ROBB nods in agreement]

ROBB: If we take Tywin's castle from him, the lords of Westeros will realize he's not invincible. Take his home, take his gold, take his power.

CATELYN: Why are you telling me?

[ROBB pauses then walks around CATELYN]
```

下面同样处理结尾部分。执行语句：

```
data = data.split('[End Credits')[0]
```

输出试试看。执行语句：

```
print(data)
```

拖动到尾部，输出结果如下：

```
WALDER: I'll find another.

[ROBB turns to CATELYN]

ROBB: Mother.

[CATELYN turns to ROBB with tears in her eyes as ROOSE suddenly reappears in front of ROBB. He faces ROBB and grabs him by the shoulder]

ROOSE: The Lannisters send their regards.

[ROOSE thrusts a dagger into ROBB'S heart. While still staring at CATELYN, ROBB dies and collapses to the floor next to TALISA. CATELYN wails loudly while WALDER takes a sip from his cup. She slits JOYEUSE'S throat with the dagger, killing her. JOYEUSE falls to the ground with blood spraying from her neck and CATELYN drops the dagger. She looks on hopelessly, in a dreary daze. After a long pause, BLACK WALDER finally emerges behind CATELYN and slits her throat, killing her. She falls to the floor with blood spraying from her neck]

[Cut To Black]
```

移除了开头和结尾的多余内容后，我们来移除空行。这里我们需要用到正则表达式。执行语句：

```
regex = r"^$\n"
subst = ""
data = re.sub(regex, subst, data, 0, re.MULTILINE)
```

然后我们再次输出。执行语句：

```
print(data)
```

输出结果如下：

```
as the wall itself. No one's used it for centuries, most likely. It leads through the wall right down into the
Nightfort, if no one knows how to find it, which, it just so happens I do.
[GILLY stops and looks at SAMWELL in a confused manner]
GILLY: How do you know all that?
SAMWELL: I read about it in a very old book.
GILLY: You know all that from staring at marks on paper?
SAMWELL: Yes.
GILLY: You're like a wizard.
[SAMWELL smiles. Next shot, GILLY and SAMWELL gaze up at the Wall]
GILLY: Our father used to tell us that no wildling ever looked upon the Wall and lived. Here we are. Alive.

[Scene changes to SANDOR "THE HOUND" CLEGANE and ARYA STARK on horseback in the Riverlands, on their way to Th
e Twins, where THE HOUND plans on returning ARYA to her mother and brother in the hopes of receiving some rewa
rd. They see a PIG FARMER along the way who's having trouble with the wheel spokes on his cart]
THE HOUND: Remember what happens to children who run. I'm your father and I'll do the talking.
[THE HOUND hands the horse reins to ARYA and walks over to the PIG FARMER]
PIG FARMER: The roads have gone right to hell, haven't they? Cracked three spokes this morning.
THE HOUND: Need a hand?
PIG FARMER: Need about eight hands.
[THE HOUND lifts the cart up]
PIG FARMER: Got to get this salt pork to The Twins in time for the wedding.
```

空行已经成功移除。可是我们注意到还有一些由分割线组成的行，也需要移除。执行以下语句：

```
regex = r"^-+$\n"
subst = ""
data = re.sub(regex, subst, data, 0, re.MULTILINE)
```
然后我们再次输出。执行语句：

```
print(data)
```

输出结果如下：

```
[GILLY stops and looks at SAMWELL in a confused manner]
GILLY: How do you know all that?
SAMWELL: I read about it in a very old book.
GILLY: You know all that from staring at marks on paper?
SAMWELL: Yes.
GILLY: You're like a wizard.
[SAMWELL smiles. Next shot, GILLY and SAMWELL gaze up at the Wall]
GILLY: Our father used to tell us that no wildling ever looked upon the Wall and lived. Here we are. Alive.
[Scene changes to SANDOR "THE HOUND" CLEGANE and ARYA STARK on horseback in the Riverlands, on their way to Th
e Twins, where THE HOUND plans on returning ARYA to her mother and brother in the hopes of receiving some rewa
rd. They see a PIG FARMER along the way who's having trouble with the wheel spokes on his cart]
THE HOUND: Remember what happens to children who run. I'm your father and I'll do the talking.
[THE HOUND hands the horse reins to ARYA and walks over to the PIG FARMER]
PIG FARMER: The roads have gone right to hell, haven't they? Cracked three spokes this morning.
THE HOUND: Need a hand?
PIG FARMER: Need about eight hands.
[THE HOUND lifts the cart up]
PIG FARMER: Got to get this salt pork to The Twins in time for the wedding.
[PIG FARMER fixes the wheel, THE HOUND sets the cart down]
PIG FARMER: Many thanks.
[THE HOUND punches the PIG FARMER in the face, knocking him to the ground. THE HOUND then unsheathes his dagge
```

至此,清理工作已经完成。下面把文本整理成数据框,每一行分别加上行号。利用换行符把原本完整的文本分割成行。执行语句:

```
lines = data.split('\n')
```

然后给每一行加上行号。执行以下语句:

```
myrows = []
num = 1
for line in lines:
    myrows.append([num, line])
    num = num + 1
```

我们看看前 3 行的行号是否已经正常添加。执行语句:

```
myrows[:3]
```

输出结果如下:

```
Out[14]: [[1,
    '[First scene shows the location of Casterly Rock (ancestral seat of House Lannister) on a giant map of Wester
    os. There are several game pieces representing different House sigils located on different parts of the map. ROB
    B STARK and CATELYN STARK are at a campsite, within a tent lit up by candles]'],
  [2, 'CATELYN: Are you sure about this?'],
  [3, 'ROBB: No.']]
```

一切正常,下面我们把目前的数组转换成数据框。执行语句:

```
df = pd.DataFrame(myrows)
```

我们来看看执行结果。

```
df.head()
```

输出结果如下:

```
Out[16]:
```

	0	1
0	1	[First scene shows the location of Casterly Ro...
1	2	CATELYN: Are you sure about this?
2	3	ROBB: No.
3	4	CATELYN: It's dangerous.
4	5	[ROBB nods in agreement]

数据是正确的,不过表头不对。为表头重新命名。执行语句:

```
df.columns = ['line', 'text']
```

再来看看执行结果。

```
df.head()
```

输出结果如下：

Out[18]:

	line	text
0	1	[First scene shows the location of Casterly Ro...
1	2	CATELYN: Are you sure about this?
2	3	ROBB: No.
3	4	CATELYN: It's dangerous.
4	5	[ROBB nods in agreement]

好了，既然数据框已经做好了。下面我们把它转换成 CSV 格式，以便于 R 读取和处理。执行语句：

```
df.to_csv('data.csv', index=False)
```

我们打开 data.csv 文件，可以看到数据如图 6-15 所示。

数据清理和准备工作结束，下面使用 R 做情绪分析。

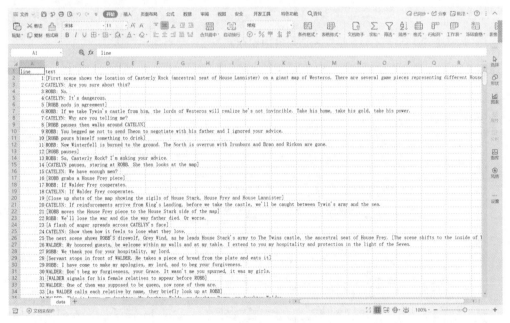

图 6-15

6.4.5　使用R做情绪分析

RStudio 可以提供一个交互环境，帮我们执行 R 命令并即时反馈结果。

打开 RStudio 之后，选择"File"→"New File"，然后从以下界面选择 R Notebook，如图 6-16 所示。

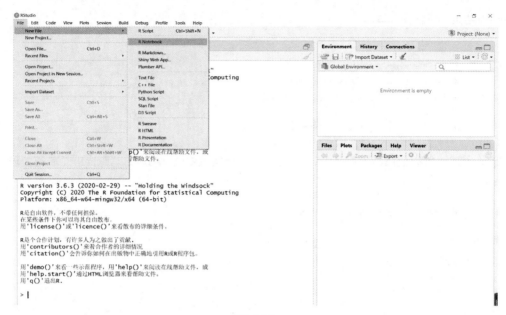

图 6-16

然后，我们就有了一个 R Notebook 模板。该模板附带一些基础使用说明，如图 6-17 所示。

图 6-17

我们尝试单击编辑区域（左侧）代码部分的运行按钮。可以看到绘图的结果，如图 6-18 所示。

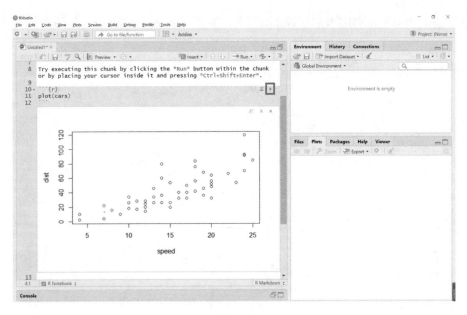

图 6-18

另外还可以单击 "Preview" 按钮，查看整个代码的运行结果，如图 6-19 所示。

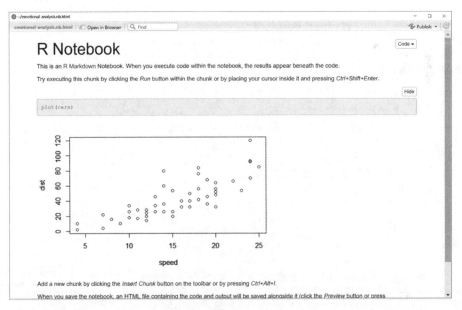

图 6-19

RStudio 为我们生成了 HTML 文件，将文字说明、代码和运行结果图文并茂地呈现出来。
熟悉环境后，我们可以实际操作运行自己的代码了。把左侧编辑区域的开头说明区保留，把全部正文删除，并且把文件名改成有意义的名字，例如 emotional-analysis，如图 6-20 所示。

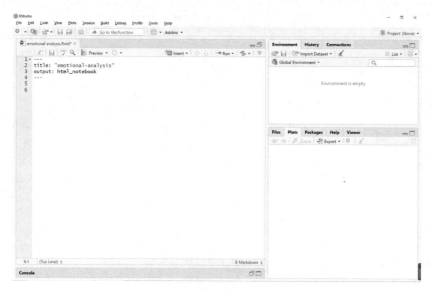

图 6-20

这样就清爽多了。下面我们读取数据。

```
setwd("~/Downloads/Python-r-emotion/")
script <- read.csv("data.csv", stringsAsFactors=FALSE)
```

输出结果如图 6-21 所示。

图 6-21

　　读取的时候一定要注意设置 stringsAsFactors=FALSE，不然 R 在读取字符串数据的时候，会默认转换为 level，后面的分析就不能继续了。读入之后，在右侧的数据区域可以看到 script 变量，双击它，可以看到内容，输出结果如图 6-22 所示。

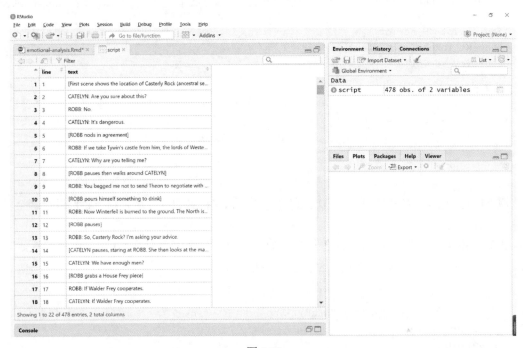

图 6-22

　　数据有了，下面我们需要安装分析用的包。这里我们需要用到 4 个包，请执行以下语句安装。

```
install.packages("dplyr")
install.packages("tidytext")
install.packages("tidyr")
install.packages("ggplot2")
```

　　注意 install.packages（"textdata"）安装新软件包这种操作只需要执行一次。可是每次预览结果的时候，文件里所有语句都会被执行一遍。为了避免安装语句被反复执行，当安装结束后，请你删除或者注释（快捷键【Ctrl+Shift+C】）上面几条语句。
　　安装完成软件包，并不意味着就可以直接用其中的函数了，使用之前需要执行 library 语句调用这些包。

```
library(dplyr)
library(tidytext)
library(tidyr)
library(ggplot2)
```

好了，万事俱备。我们需要把一句句的文本拆成单词，这样才能和情绪词典里的单词做匹配，从而分析单词的情绪属性。

在 R 里面，可以采用 tidytext 方式，把原来的句子拆分成单词。执行的语句是 unnest_token。

```
tidy_script <- script %>%
  unnest_tokens(word, text)
head(tidy_script)
```

输出结果如下：

```
    line    word
1      1   first
1.1    1   scene
1.2    1   shows
1.3    1     the
1.4    1 location
1.5    1      of
```

原来的行号依然被保留。我们可以看到每一个单词来自哪一行，这有利于我们以行甚至段落为单位进行分析。

我们调用加拿大国家研究委员会发布的情绪词典。这个词典已在 tidytext 包里内置，叫作 nrc，安装好 textdata 后，不需要调用这个包，直接使用即可。

```
tidy_script %>%
  inner_join(get_sentiments("nrc")) %>%
  arrange(line) %>%
  head(10)
```

我们只显示前 10 行的内容，输出结果如下：

```
Joining, by = "word"
    line         word    sentiment
1      1         rock     positive
2      1    ancestral        trust
3      1        giant         fear
4      1 representing anticipation
5      1        stark     negative
6      1        stark        trust
7      1        stark     negative
8      1        stark        trust
9      4    dangerous         fear
10     4    dangerous     negative
> |
```

可以看到，有的单词对应某一种情绪属性，有的单词同时对应多种情绪属性。注意 nrc 里不仅有情绪属性，而且还有情感极性（正面和负面）。

我们对单词的情绪属性已经清楚了。下面综合判断每一行的不同情绪分别含有几个单词。

```
tidy_script %>%
  inner_join(get_sentiments("nrc")) %>%
```

```
  count(line, sentiment) %>%
  arrange(line) %>%
  head(10)
```

只显示前 10 行的内容，输出结果如下：

```
Joining, by = "word"
   line     sentiment n
1     1  anticipation 1
2     1          fear 1
3     1      negative 2
4     1      positive 1
5     1         trust 3
6   100         trust 1
7   101       disgust 1
8   101      negative 1
9   101         trust 1
10  102         anger 2
```

以第 1 行为例，包含 "anticipation" 的单词有 1 个，包含 "fear" 的有 1 个，包含 "trust" 的有 3 个。

如果我们以 1 行为单位分析情绪变化，则粒度过细。鉴于整个剧本包含几百行文字，我们以 5 行作为一个基础单位来进行分析。

使用 index 把原来的行号处理一下，分成段落。%/% 代表整除符号，这样 0 ～ 4 行成为第一段，5 ～ 9 行成为第二段，以此类推。

```
tidy_script %>%
  inner_join(get_sentiments("nrc")) %>%
  count(line, sentiment) %>%
  mutate(index = line %/% 5) %>%
  arrange(index) %>%
  head(10)
```

输出结果如下：

```
Joining, by = "word"
   line sentiment     n index
1     1 anticipation  1     0
2     1 fear          1     0
3     1 negative      2     0
4     1 positive      1     0
5     1 trust         3     0
6     4 fear          1     0
7     4 negative      1     0
8     5 positive      1     1
9     5 trust         1     1
10    6 positive      1     1
>
```

可以看出，第一段包含的情感和情绪真的很丰富。

只是如果让我们把结果表格从头读到尾，那可真让人难受。我们还是用可视化的方法，把图绘制出来吧。

绘图采用 ggplot 包。使用 geom_col 指令，用 R 绘制柱状图，不同的情绪用不同颜色表示。

```
tidy_script %>%
  inner_join（get_sentiments（"nrc"））  %>%
  count（line，sentiment）  %>%
  mutate（index = line %/% 5）  %>%
  ggplot（aes（x=index，y=n，color=sentiment））  %>%
  + geom_col（）
```

输出结果如图 6-23 所示。

结果是丰富多彩的，但是不易观察。为了区别不同情绪和情感，调用 facet_wrap 函数，把不同情绪和情感拆开，分别绘制。

```
tidy_script %>%
  inner_join(get_sentiments("nrc")) %>%
  count(line, sentiment) %>%
  mutate(index = line %/% 5) %>%
  ggplot(aes(x=index, y=n, color=sentiment)) %>%
  + geom_col() %>%
  + facet_wrap(~sentiment, ncol=3)
```

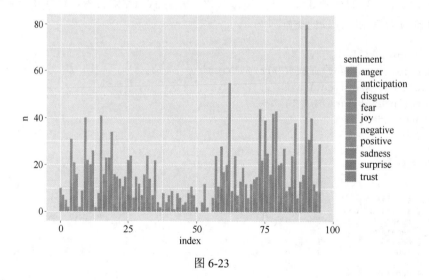

图 6-23

输出结果如图 6-24 所示。

图 6-24 看着就舒服多了。

不过这张图也会给我们造成一些疑惑。按道理来说，每一段的内容里，包含单词数量大致相当。结尾部分情感分析结果里，正面数量和负面数量几乎同时上升，这就让人很不解。是这几行太长了，还是出了什么其他的问题呢？

数据分析的关键就是在这种令人疑惑的地方"深挖"。

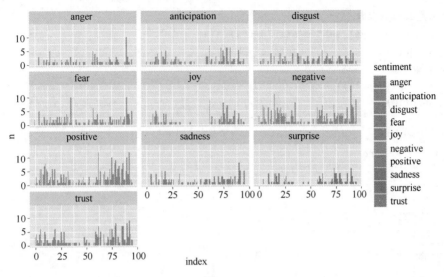

图 6-24

我们不妨来看看，出现次数最多的正面和负面情感词分别都有哪些。先来看看正面情感词。这次不是按照行号来排序的，而是按照词频来排序的。

```
tidy_script %>%
  inner_join(get_sentiments("nrc")) %>%
  filter(sentiment == "positive") %>%
  count(word) %>%
  arrange(desc(n)) %>%
  head(10)
```

输出结果如下：

```
Joining, by = "word"
   word        n
1  lord       13
2  good        9
3  guard       9
4  daughter    8
5  shoulder    7
6  love        6
7  main        6
8  quiet       6
9  bride       5
10 king        5
> |
```

看到这个词频，我们不禁有些失落——看来分析结果是有问题的。许多词都是名词，而且在《权力的游戏》中，这些词根本就没有明确的情感极性。例如 lord 这个词，剧中的 lord 有的正直善良，但也有很多 lord 虚伪狡诈。

我们再来看看负面情感词。

```
tidy_script %>%
  inner_join(get_sentiments("nrc")) %>%
  filter(sentiment == "negative") %>%
  count(word) %>%
  arrange(desc(n)) %>%
  head(10)
```

输出结果如下:

```
Joining, by = "word"
        word   n
1        pig  16
2      stark  16
3       lord  13
4       worm  12
5       kill  11
6      black  10
7     dagger   8
8       shot   8
9    killing   7
10    mother   5
```

看了这个结果，就更令人沮丧不已了——同样的一个 lord，竟然既被当成正面情感词，又被当成负面情感词。这是因为分析时少了一个重要步骤——处理停用词。对于每一个具体场景，我们都需要使用停用词表，把那些可能干扰分析结果的词去除。

tidytext 提供了默认的停用词表。我们先来试试看。这里使用的函数是 anti_join，其可以把停用词先去除，再进行情绪词表连接。

看看停用词去除后，正面情感的高频词有没有变化。

```
tidy_script %>%
  anti_join(stop_words) %>%
  inner_join(get_sentiments("nrc")) %>%
  filter(sentiment == "positive") %>%
  count(word) %>%
  arrange(desc(n)) %>%
  head(10)
```

输出结果如下:

```
Joining, by = "word"
         word   n
1         don  16
2        lord  13
3       guard   9
4    daughter   8
5    shoulder   7
6        love   6
7        main   6
8       quiet   6
9       bride   5
10       king   5
```

结果令人失望。看来停用词表里没有包含我们需要去除的那些名词。

没关系，我们自己来修订停用词表。使用 R 中的 bind_rows 函数，我们就能在基础的预置停用词表基础上，附加我们自己的停用词。

```
custom_stop_words <- bind_rows(stop_words,
                               data_frame(word = c("don", "stark", "mother",
"father", "daughter", "brother", "rock", "ground", "lord", "guard", "shoulder",
"king", "main", "grace", "gate", "horse", "eagle", "servent"),
                               lexicon = c("custom")))
```

上诉代码附加了一些名词和关系代词，因为它们和情绪与情感之间没有必然的关联。但是名词还是保留了一些。例如"birde"总该和好的情感和情绪相连吧。

用了定制的停用词表后，我们来看看词频的变化。

```
tidy_script %>%
  anti_join(custom_stop_words) %>%
  inner_join(get_sentiments("nrc")) %>%
  filter(sentiment == "positive") %>%
  count(word) %>%
  arrange(desc(n)) %>%
  head(10)
```

输出结果如下。

```
Joining, by = "word"
          word n
1         love 6
2        quiet 6
3        bride 5
4        music 5
5         rest 5
6      finally 4
7         food 3
8      forward 3
9         hope 3
10 hospitality 3
```

这次好多了，起码解释情绪可以说得通了。我们再看看那些负面情感词。

```
tidy_script %>%
  anti_join(custom_stop_words) %>%
  inner_join(get_sentiments("nrc")) %>%
  filter(sentiment == "negative") %>%
  count(word) %>%
  arrange(desc(n)) %>%
  head(10)
```

输出结果如下：

```
Joining, by = "word"
      word  n
1      pig 16
2     worm 12
3     kill 11
4    black 10
5   dagger  8
6     shot  8
7  killing  7
8   afraid  4
9     fear  4
10   leave  4
```

比起之前，也有很大进步。

做好了基础的停用词表修订工作，下面来重新绘图。我们把停用词表加进去，并且用 filter 函数把情感极性删除。因为我们分析的对象是情绪（emotion），而不是情感（sentiment）。

```
tidy_script %>%
  anti_join(custom_stop_words) %>%
  inner_join(get_sentiments("nrc")) %>%
  filter(sentiment != "negative" & sentiment != "positive") %>%
  count(line, sentiment) %>%
  mutate(index = line %/% 5) %>%
  ggplot(aes(x=index, y=n, color=sentiment)) %>%
  + geom_col() %>%
  + facet_wrap(~sentiment, ncol=3)
```

输出结果如图 6-25 所示。

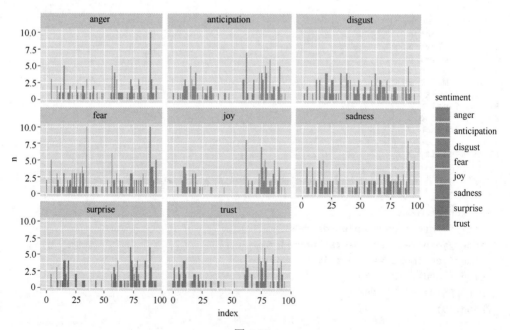

图 6-25

在这一集的结尾，多种情绪混杂交织——欢快的气氛陡然"下降"，期待与信任在波动，厌恶在不断上涨，恐惧与悲伤陡然上升，愤怒突破天际，交杂着数次的惊讶……这些情绪都与我们的观看体验相符合。

6.4.6　小结与思考

通过本节的学习，希望你已初步掌握了如下知识点：

- 如何用 Python 对网络摘取的文本做处理，从中找出正文，并且去掉空行等内容；
- 如何用数据框对数据进行存储、表示与格式转换，在 Python 和 R 中交换数据；
- 如何安装和使用 RStudio 环境，用 R Notebook 做交互式编程；
- 如何利用 tidytext 来处理情感分析与情绪分析；
- 如何设置自己的停用词表；
- 如何用 ggplot 绘制多维度切面图形。

掌握了这些知识点后，你是否觉得用这么强大的工具分析剧本找影视剧，有些"大炮轰蚊子"的感觉？在寻找新剧方面，你有什么独家心得体悟？有了情绪分析这个利器，你还可以处理哪些有趣的问题？希望你能有更多思考。

6.5　spaCy与词嵌入

有一句话是这样说的，"To the one with a hammer, everything looks like a nail."（手中有锤，看什么都像钉）。这告诉我们不能只掌握数量很少的方法、工具，否则认知会被自己的现有能力限制。不只是存在盲点，而是存在"盲维"。

我们可能会尝试用不合适的方法解决问题（还自诩"一招鲜，吃遍天"），却可能对原本合适的工具视而不见。结果可想而知。所以，我们需要在自己的"工具箱"里面，多放一些"兵刃"。

如果你认为自然语言处理只能应用于词云、情感分析、情绪分析，就走入误区了。科技的发展蓬勃迅速。除了我们之前已介绍过的结巴分词、SnowNLP 和 TextBlob，基于 Python 的自然语言处理工具还有很多，例如 NLTK 和 Gensim 等。由于篇幅限制，因此本书无法为大家一一介绍所有工具，只能介绍可能用到的自然语言处理工具。

本节将介绍如何用简单易学的工业级别 Python 自然语言处理软件包 spaCy，对自然语言文本做词性分析、命名实体（Entity）识别、依赖关系刻画，以及词嵌入向量的计算和可视化。

6.5.1　spaCy介绍

spaCy 的定位是工业级别的自然语言处理（Industrial-Strength Natural Language Processing）软件包。

之所以选用它，不仅仅是因为它的"工业级别"性能，更是因为它提供了便捷的用户调用接口，以及丰富、详细的文档。spaCy 的功能有很多，从最简单的词性分析，到高阶的神经网络模型，多种多样。

篇幅所限，本节我们只展示以下内容：

- 词性分析；
- 命名实体识别；
- 依赖关系刻画；
- 词嵌入向量的近似度计算；
- 词降维和可视化。

学完本节内容，相信你可以按图索骥，利用 spaCy 提供的详细文档，自学其他自然语言处理功能。我们开始吧！

6.5.2 文本语法结构分析

尝试新建一个空白 IPYNB 文件，根据本节内容和文档，自己编写代码，并且尝试调整。这样会有助于我们理解工作流程和工具使用方法。

还是使用维基百科上 *Friends* 这部美国喜剧的介绍内容，作为文本分析样例，如图 6-26 所示。

图 6-26

从维基百科页面的第一个自然段中，摘取部分语句，存储到 text 变量里。

```
text = "Friends is an American television sitcom, created by David Crane and Marta
Kauffman, which aired on NBC from September 22, 1994, to May 6, 2004, lasting ten
seasons.[1]With an ensemble cast starring Jennifer Aniston, Courteney Cox, Lisa Kudrow,
Matt LeBlanc, Matthew Perry and David Schwimmer, the show revolves around six friends in
their 20s and 30s who live in Manhattan, New York City. The series
was produced by Bright/Kauffman/Crane Productions, in association with Warner Bros.
Television. The original executive producers were Kevin S. Bright, Kauffman, and Crane."
```

显示一下，看是否正确存储。

```
text
'Friends is an American television sitcom, created by David Crane and Marta
Kauffman, which aired on NBC from September 22, 1994, to May 6, 2004, lasting ten
seasons.[1]With an ensemble cast starring Jennifer Aniston, Courteney Cox, Lisa
Kudrow, Matt LeBlanc, Matthew Perry and David Schwimmer, the show revolves around
six friends in their 20s and 30s who live in Manhattan, New York City. The series
was produced by Bright/Kauffman/Crane Productions, in association with Warner Bros.
Television. The original executive producers were Kevin S. Bright, Kauffman, and
Crane.'
```

没问题了。下面导入 spaCy 软件包。

```
import spacy
```

让 spaCy 使用英语模型，将模型存储到变量 nlp 中。

```
nlp = spacy.load('en')
```

下面，用 nlp 函数分析我们的文本段落，将结果命名为 doc。

```
doc = nlp(text)
```

看看 doc 的内容。

```
doc
' Friends is an American television sitcom, created by David Crane and Marta Kauffman,
which aired on NBC from September 22, 1994, to May 6, 2004, lasting ten seasons.[1]
With an ensemble cast starring Jennifer Aniston, Courteney Cox, Lisa Kudrow, Matt
LeBlanc, Matthew Perry and David Schwimmer, the show revolves around six friends in
their 20s and 30s who live in Manhattan, New York City. The series was produced by
Bright/Kauffman/Crane Productions, in association with Warner Bros. Television. The
original executive producers were Kevin S. Bright, Kauffman, and Crane.'
```

好像和刚才的 text 的内容没有区别呀？还是这段文本。

别着急，spaCy 只是为了让我们看着舒服，所以只输出文本内容。其实，它在后台已经对这段文本进行了许多层次的分析。我们来试试，让 spaCy 帮我们分析这段文本中出现的全部词例（Token）。

```
for token in doc:
    print('"' + token.text + '"')
```

我们会看到，spaCy 输出了一长串列表。

```
"Friends"
"is"
```

```
"an"
"American"
"television"
...,
"Kauffman"
", "
"and"
"Crane"
"."
```

你可能不以为意——英文本来就是以空格分隔的，我自己也能编一个小程序，以空格分隔，依次输出这些内容。

别着急，除了词例内容本身，spaCy 还把每个词例的一些属性信息进行了处理。下面，我们只对前 10 个词例输出以下内容：

- 文本；
- 索引值（即在原文中的定位）；
- 词元（Lemma）；
- 是否为标点符号；
- 是否为空格；
- 词性；
- 标记。

执行以下代码：

```
for token in doc[:10]:
print("{0}\t{1}\t{2}\t{3}\t{4}\t{5}\t{6}\t{7}".format(
    token.text,
    token.idx,
    token.lemma_,
    token.is_punct,
    token.is_space
    token.shape_,
    token.pos_,
    token.tag_ ))
```

输出结果如下：

```
Friends 0       friend  False   False   Xxxxx   NOUN    NNS
is      8       be      False   False   xx      AUX     VBZ
an      11      an      False   False   xx      DET     DT
American 14     american        False   False   Xxxxx   ADJ     JJ
television 23   television      False   False   xxxx    NOUN    NN
sitcom 34       sitcom  False   False   xxxx    NOUN    NN
,       40      ,       True    False   ,       PUNCT   ,
created 42      create  False   False   xxxx    VERB    VBN
by      50      by      False   False   xx      ADP     IN
David   53      David   False   False   Xxxxx   PROPN   NNP
```

看到 spaCy 在后台默默为我们做的大量工作了吧？

下面不再考虑全部词性，只关注文本中出现的实体词汇。

```
for ent in doc.ents:
    print(ent.text, ent.label_)
```

输出结果如下：

```
American NORP
David Crane PERSON
Marta Kauffman PERSON
NBC ORG
September 22, 1994 DATE
May 6, 2004 DATE
ten CARDINAL
Jennifer Aniston PERSON
Courteney Cox PERSON
Lisa Kudrow PERSON
Matt LeBlanc PERSON
Matthew Perry PERSON
David Schwimmer PERSON
six CARDINAL
20s ORDINAL
30s DATE
Manhattan GPE
New York City GPE
Bright/Kauffman/Crane Productions ORG
Warner Bros. Television ORG
Kevin S. Bright PERSON
Kauffman PERSON
Crane GPE
```

在这一段文字中，出现的实体包括日期、时间、基数（Cardinal）等。spaCy 不仅自动识别出了 David Crane 为人名，还正确判定 NBC 和 Warner Bros. Television 为机构名称。

如果在平时的工作中，你需要从海量评论里筛选潜在竞争产品或者竞争者，那看到这里，你有没有一点灵感呢？

执行下面这段代码，看看会发生什么。

```
from spacy import displacy
displacy.render(doc, style='ent', jupyter=True)
```

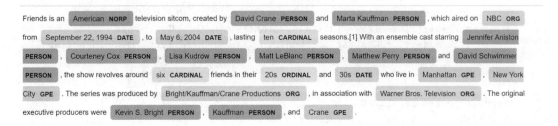

把一段文本拆解为语句，对 spaCy 而言，也是小菜一碟。

```
for sent in doc.sents:
    print(sent)
```

输出结果如下：

```
Friends is an American television sitcom, created by David Crane and Marta
Kauffman, which aired on NBC from September 22, 1994, to May 6, 2004, lasting ten
seasons.[1]With an ensemble cast starring Jennifer Aniston, Courteney Cox, Lisa
Kudrow, Matt LeBlanc, Matthew Perry and David Schwimmer, the show revolves around
six friends in their 20s and 30s who live in Manhattan, New York City.
The series was produced by Bright/Kauffman/Crane Productions, in association with
Warner Bros. Television.
The original executive producers were Kevin S. Bright, Kauffman, and Crane.
```

注意，doc.sents 并不是列表类型。

```
doc.sents
<generator at 0x16c03e98cc8>
```

所以，假设需要从中筛选出某一句话，则先将其转化为列表。

```
list(doc.sents)
```

输出结果如下：

```
[Friends is an American television sitcom, created by David Crane and Marta
Kauffman, which aired on NBC from September 22, 1994, to May 6, 2004, lasting ten
seasons.[1]With an ensemble cast starring Jennifer Aniston, Courteney Cox, Lisa
Kudrow, Matt LeBlanc, Matthew Perry and David Schwimmer, the show revolves around
six friends in their 20s and 30s who live in Manhattan, New York City.,
 The series was produced by Bright/Kauffman/Crane Productions, in association with
Warner Bros. Television.,
 The original executive producers were Kevin S. Bright, Kauffman, and Crane.]
```

下面要展示的功能，分析范围局限在第二句话。将其抽取出来，并且重新用 nlp 函数处理，将结果存入新的变量 newdoc 中。这句话中，我们想要明白其中每一个词例之间的依赖关系。

```
newdoc = nlp(list(doc.sents)[1].text)
for token in newdoc:
    print("{0}/{1} <--{2}-- {3}/{4}".format(
        token.text, token.tag_, token.dep_, token.head.text, token.head.tag_))
```

输出结果如下：

```
The/DT <--det-- series/NN
series/NN <--nsubjpass-- produced/VBN
```

```
was/VBD <--auxpass-- produced/VBN
produced/VBN <--ROOT-- produced/VBN
by/IN <--agent-- produced/VBN
Bright/NNP <--nmod-- Kauffman/NNP
//SYM <--punct-- Kauffman/NNP
Kauffman/NNP <--nmod-- Productions/NNPS
//SYM <--punct-- Productions/NNPS
Crane/NNP <--compound-- Productions/NNPS
Productions/NNPS <--pobj-- by/IN
, /, <--punct-- produced/VBN
in/IN <--prep-- produced/VBN
association/NN <--pobj-- in/IN
with/IN <--prep-- association/NN
Warner/NNP <--compound-- Bros./NNPS
Bros./NNPS <--compound-- Television/NNP
Television/NNP <--pobj-- with/IN
./. <--punct-- produced/VBN
```

很清晰，但是列表还不够直观。

使用 spaCy 进行可视化处理。

```
displacy.render(newdoc, style='dep', jupyter=True, options={'distance': 90})
```

输出结果如下：

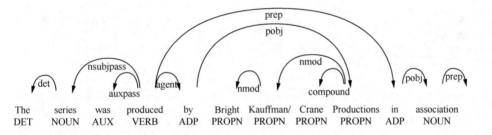

这些依赖关系链接上的词汇，都代表什么？如果你对语言学比较了解，应该能看懂。也可以和语法书对比一下，看看 spaCy 分析得是否准确。

6.5.3　文本语义分析

前文我们分析的结果，属于语法层级。下面我们看看语义层级。

文本中处理的每一个词，都仅仅对应着字典里的一个编号。我们可以把它看成去营业厅办理业务时领取的号码。它只提供了顺序信息，和我们的职业、学历、性别等都没有关系。

我们将这样过于简化的信息输入计算机，计算机对于语义的了解也必然少得可怜。例如给你下面这个式子。

```
?- woman = king - queen
```

如果你学过英语，就不难猜到这里大概率应该填写"man"。

但是，如果我们只是用随机的编号来代表词汇，又如何能够猜到正确的填词结果呢？在深度学习领域，你可以使用更为"顺手"的词向量化工具——词嵌入。

图 6-27 所示的简化示例，词嵌入把单词变成多维空间上的向量。这样，单词对应的就不再是冷冰冰的字典编号，而是具有有了意义。

使用词嵌入模型之前，需要先下载 en_core_web_lg.tar.gz 文件，可以通过在 GitHub 网站搜索下载最新的版本（当前为 2.3.0 版本，需要与 spaCy 的版本相对应，若版本不对应会出现安装或读取错误），然后在系统的命令行中运行以下命令，并将其中的 path 替换为下载目录：

```
pip install path/en_core_web_lg.tar.gz-user
```

然后需要 spaCy 读取一个新的文件。

```
nlp = spacy.load('en_core_web_lg')
```

为测试读取的结果，让 spaCy 输出 "September" 这个单词对应的向量取值，如图 6-28 所示。

```
print(nlp.vocab[' September'].vector)
```

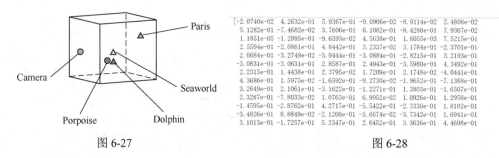

图 6-27　　　　　　　　　　　图 6-28

可以看到，每个单词，用总长度为 300 的浮点数组成向量来表示。

spaCy 读入的这个模型，是采用 Word2Vec 在海量语料上训练的结果。

我们来看看，此时 spaCy 的语义近似度判别能力。将 4 个变量，赋值为对应单词的向量表达结果。

```
dog = nlp.vocab["dog"]
cat = nlp.vocab["cat"]
apple = nlp.vocab["apple"]
orange = nlp.vocab["orange"]
```

我们看看"狗"（dog）和"猫"（cat）的近似度。

```
dog.similarity(cat)
```

```
0.80168545
```

上述代码表示它们都是宠物，所以近似度高，这个结果让人能够接受。

下面看看"狗"（dog）和"苹果"（apple）。

```
dog.similarity(apple)
0.26339027
```

一个是动物，一个是水果，因此近似度一下就降下来了。

"狗"（dog）和"橘子"（orange）呢？

```
dog.similarity(orange)
0.2742508
```

可见，其近似度也不高。

那么"苹果"（apple）和"橘子"（orange）之间呢？

```
apple.similarity(orange)
0.5618917
```

水果间的近似度，远远超过水果与动物的近似程度。

测试通过。

看来 spaCy 利用词嵌入模型，对语义有了一定的理解。下面为了增添趣味性，我们来"考考它"。

这里，我们需要计算词典中可能不存在的向量，因此 spaCy 自带的 similarity 函数可能就不够用了。我们从 SciPy 中，找到近似度计算需要用到的余弦函数。

```
from scipy.spatial.distance import cosine
```

对比一下，直接代入"狗"（dog）和"猫"（cat）的向量进行计算。

```
1 - cosine(dog.vector, cat.vector)
0.8016855120658875
```

除了保留数字外，计算结果与 spaCy 自带的 similarity 函数运行结果差别很小。我们把它做成一个小函数，专门处理向量输入。

```
def vector_similarity(x, y):
    return 1 - cosine(x, y)
```

用自编的小函数，测试一下"狗"（dog）和"苹果"（apple）。

```
vector_similarity(dog.vector, apple.vector)
0.2633902430534363
```

这与刚才的结果对比也是差别很小的。我们要表达的是这个式子：

```
?- woman = king - queen
```
我们把问号称为 guess_word，所以：

```
guess_word = king - queen + woman
```

我们把表达式右侧 3 个单词，一般化记为 words。编写下面的函数，计算 guess_word 取值。

```
def make_guess_word(words):
    [first, second, third] = words
     return nlp.vocab[first].vector - nlp.vocab[second].vector + nlp.vocab[third].vector
```

下面的对比函数就比较直接了，它其实是用我们计算的 guess_word 取值，和字典中全部词一一核对近似度，把最为近似的 10 个候选单词输出。

```
def get_similar_word(words, scope=nlp.vocab):
    guess_word = make_guess_word(words)
    similarities = []
    for word in scope
        if not word.has_vector:
            continue
        similarity = vector_similarity(guess_word, word.vector)
        similarities.append((word, similarity))

similarities = sorted(similarities, key=lambda item: -item[1])
print([word[0].text for word in similarities[:10]])
```

好了，游戏时间开始。我们先看看

```
?- woman = king - queen
```

即

```
guess_word = king - queen + woman
```

输入右侧词序列。

```
words = ["king", "queen", "woman"]
```

然后执行对比函数。

```
get_similar_word(words)
```

这个函数运行起来，需要一段时间。请保持耐心。运行结束之后，会看到如下结果：

```
['MAN', 'Man', 'mAn', 'MAn', 'MaN', 'man', 'mAN', 'WOMAN', 'womAn', 'WOman']
```

原来字典里面，"man"这个单词有这么多的变形啊。但是这个例子太经典了，我们尝试一下新鲜一些的。

```
?- England = Paris - London
```

即

```
guess_word = Paris - London + England
```

对我们来说，这绝对是简单的题目。表达式左侧为国别，右侧为首都。对应来看，自然是巴黎所在的法国（France）。

问题是，spaCy 能猜对吗？我们把这几个单词输入。

```
words = ["Paris", "London", "England"]
```

让 spaCy 来猜：

```
get_similar_word(words)
```

输出结果如下：

```
['france', 'FRANCE', 'France', 'Paris', 'paris', 'PARIS', 'EUROPE', 'EUrope',
'europe', 'Europe']
```

结果令人振奋，前 3 个都代表"法国"。

下面我们做一件更有趣的事，把词向量的 300 维的高空间维度，压缩到一张纸（二维）上，看看词之间的相对位置关系。

首先我们需要导入 NumPy 软件包。

```
import numpy as np
```

把词嵌入矩阵先设定为空，一会慢慢填入。需要演示的单词列表也先空着。

```
word_list = []
```

再次让 spaCy 遍历 *Friends* 维基百科页面中摘取的那段文字，将其加入单词列表中。注意这次我们要进行判断。

- 如果是标点，移除；
- 如果单词已经在单词列表中，移除。

```
for token in doc:
    if not(token.is_punct) and not(token.text in word_list):
        word_list.append(token.text)
```

输出结果如下：

```
['Friends',
 'is',
 'an',
 'American',
 'television',
 'sitcom',
 'created',
 'by',
 'David',
 'Crane',
 'and',
 'Marta',
 'Kauffman',
 'which',
 'aired',
```

结果中，一长串单词中没有出现标点。一切正常。

下面，将每个单词对应的词向量，追加到词嵌入矩阵中。

```
for word in word_list:
    embedding = np.append(embedding, nlp.vocab[word].vector)
embedding.shape
```

看看此时词嵌入矩阵的维度。

(22800,)

可以看到，所有的词向量内容，都被放在了一个长串里。这显然不符合要求，应将不同的单词对应的词向量拆解到不同行上。

```
embedding = embedding.reshape(len(word_list), -1)
```

再看看变换后词嵌入矩阵的维度。

(76, 300)

76 个单词，每个长度为300，这就对了。

下面从 scikit-learn 软件包中导入 TSNE 模块。

```
from sklearn.manifold import TSNE
```
建立一个同名小写的 tsne，作为调用对象。

```
tsne = TSNE()
```

tsne 的作用是把高维度的词向量（300 维）压缩到二维平面上。我们执行这个转换过程。

```
low_dim_embedding = tsne.fit_transform(embedding)
```

现在，low_dim_embedding 就是 76 个单词压缩到二维向量的结果。我们导入绘图工具包。

```
import matplotlib.pyplot as plt
%pylab inline
```

通过如下函数，绘制二维向量的集合。

```
def plot_with_labels(low_dim_embs, labels, filename='tsne.PDF'):
    assert low_dim_embs.shape[0] >= len(labels), "More labels than embeddings"
    plt.figure(figsize=(18, 18))  # in inches
    for i, label in enumerate(labels):
        x, y = low_dim_embs[i, :]
        plt.scatter(x, y)
        plt.annotate(label,
                xy=(x, y),
                xytext=(5, 2),
                textcoords='offset points',
                ha='right',
                va='bottom')
    plt.savefig(filename)
```

进行降维后的词向量可视化。执行下面这条语句。

```
plot_with_labels(low_dim_embedding, word_list)
```

会看到这样一个图形，如图 6-29 所示。

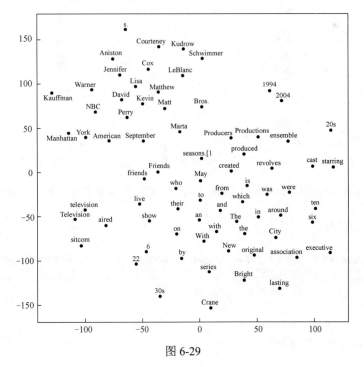

图 6-29

请注意观察图中的几个部分：

- 年份；
- 同一单词的大小写形式；
- York 和 Manhattan；
- a 和 an。

发现有什么规律了吗？

我们发现了一个有意思的现象——每次运行 TSNE，产生的二维可视化图都不一样。不过这也正常，因为这段文本之中出现的单词，并非都有预先训练好的向量。

这样的单词，被 spaCy 进行了随机化等处理。因此，每一次生成高维向量，结果都不同。不同的高维向量被压缩到二维，其结果自然也会有区别。

问题来了，如果我希望每次运行的结果都一致，该如何处理呢？

细心的你可能发现了，执行完最后一条语句后，文件夹中，出现了一个新的 PDF 文件，如图 6-30 所示。

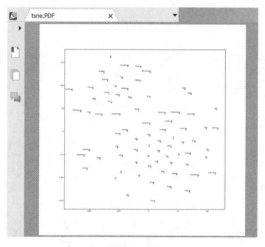

图 6-30

这个 PDF 文件就是我们刚才生成的可视化结果。我们可以双击该文件，在新的标签页中查看。

6.5.4　小结与思考

本节利用 Python 自然语言处理软件包 spaCy，简要地演示了以下自然语言处理功能：

- 词性分析；
- 命名实体识别；
- 依赖关系刻画；
- 词嵌入向量的近似度计算；

- 词降维和可视化。

　　希望学过本节之后，你成功地在"工具箱"里又添加了一个趁手的工具。愿它在以后的研究和工作中，助你披荆斩棘、马到成功。

　　下面，请把 IPYNB 文件中出现的文本内容，替换为你自己感兴趣的段落和词汇，再尝试运行一次吧。

第7章

机器学习

见识了自然语言处理的神奇，我们希望计算机能够为我们提供更加智能的服务。机器学习专门研究计算机怎样模拟或实现人类的学习行为，以获取新的知识或技能，重新组织已有的知识结构，不断改善自身的性能。在本章中，我们将介绍如何利用决策树算法帮助我们更好地制订决策方案，如何通过标注数据更加准确、个性化地分析文本情感，让计算机自动从海量文本中寻找相关主题。相信在学过本章内容之后，机器学习对你而言就不再神秘了。

7.1 机器学习做决策支持

本节我们通过一个贷款风险评估的案例，用通俗的语言介绍机器学习的基础知识，一步步帮助大家用 Python 完成自己的第一个机器学习项目。试过之后你应该发现，机器学习真的不难。

7.1.1 寻找安全贷款的规律

假设你成功进入一家金融公司实习。第一天上班，主管把你叫过去，给你看了一个文件，文件内容如图 7-1 所示。主管说这是公司宝贵的数据资产，嘱咐你认真阅读，并且从数据中找出规律，以便做出明智的贷款决策。

每一行数据都代表之前的一次贷款信息。你琢磨了很久，终于明白了每一列究竟代表什么意思。

- grade：贷款级别；
- sub_grade: 贷款细分级别；
- short_emp：一年以内短期雇用；
- emp_length_num：受雇年限；
- home_ownership：居住状态（自有、按揭、租住）；
- dti：贷款占收入比例；
- purpose：贷款用途；
- term：贷款周期；

- last_delinq_none：贷款申请人是否有不良记录；
- last_major_derog_none：贷款申请人是否有还款逾期 90 天以上记录；
- revol_util：透支额度占信用比例；
- total_rec_late_fee：逾期罚款总额；
- safe_loans：贷款是否安全。

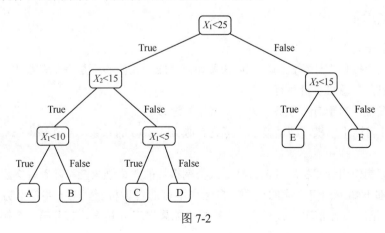

图 7-1

最后一列记录了这笔贷款是否按期收回。主管希望你能够通过以前的这些宝贵数据资产，总结出贷款是否安全的规律，从而能在面对新的贷款申请时，从容和正确地应对。

主管让你找的这种规律，可以用决策树来表达。

7.1.2　决策树

我们来说说什么是决策树。决策树的形式如图 7-2 所示。

图 7-2

做决策的时候，我们需要从最上面的节点出发。在每一个分支上，都有一个判断条件。满足条件，向左走；不满足，向右走。一旦走到决策树的边缘，一项决策就完成了。

具体到贷款这个实例，我们需要依次分析贷款申请人的各项指标，然后判定这个贷款申请是否安全，以做出是否贷款给他的决策。把这种决策分支画下来，就是一棵决策树。

作为一名金融界新人，你原本是抱着积极开放的心态，希望多尝试。但是当你把数据表下拉到最后一行的时候，你发现记录居然有 46 508 条！如图 7-3 所示。

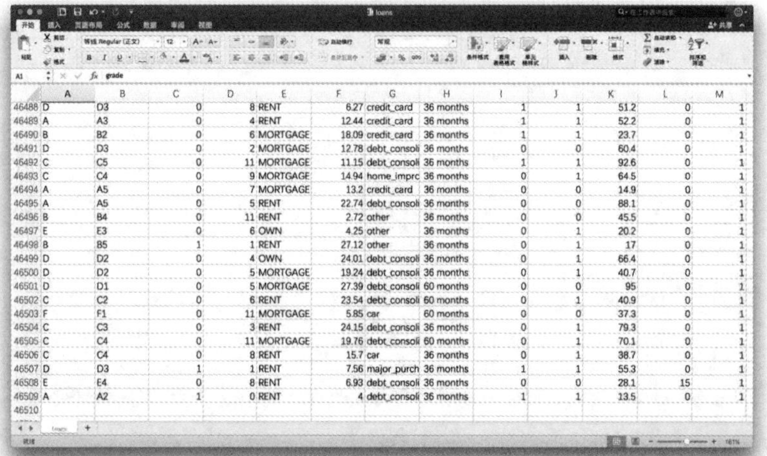

	A	B	C	D	E	F	G	H	I	J	K	L	M
46488	D	D3	0	8	RENT	6.27	credit_card	36 months	1	1	51.2	0	1
46489	A	A3	0	4	RENT	12.44	credit_card	36 months	1	1	52.2	0	1
46490	B	B2	0	6	MORTGAGE	18.09	credit_card	36 months	1	1	23.7	0	1
46491	D	D3	0	2	MORTGAGE	12.78	debt_consoli	36 months	0	0	60.4	0	1
46492	C	C5	0	11	MORTGAGE	11.15	debt_consoli	36 months	1	1	92.6	0	1
46493	C	C4	0	9	MORTGAGE	14.94	home_imprc	36 months	0	1	64.5	0	1
46494	A	A5	0	7	MORTGAGE	13.2	credit_card	36 months	0	0	14.9	0	1
46495	A	A5	0	5	RENT	22.74	debt_consoli	36 months	0	0	88.1	0	1
46496	B	B4	0	11	RENT	2.72	other	36 months	0	0	45.5	0	1
46497	E	E3	0	6	OWN	4.25	other	36 months	0	1	20.2	0	1
46498	B	B5	1	1	RENT	27.12	other	36 months	0	1	17	0	1
46499	D	D2	0	4	OWN	24.01	debt_consoli	36 months	0	1	66.4	0	1
46500	D	D2	0	5	MORTGAGE	19.24	debt_consoli	36 months	0	1	40.7	0	1
46501	D	D1	0	5	MORTGAGE	27.39	debt_consoli	60 months	0	0	95	0	1
46502	C	C2	0	6	RENT	23.54	debt_consoli	60 months	0	1	40.9	0	1
46503	F	F1	0	11	MORTGAGE	5.85	car	60 months	0	0	37.3	0	1
46504	C	C3	0	3	RENT	24.15	debt_consoli	36 months	0	1	79.3	0	1
46505	C	C4	0	11	MORTGAGE	19.76	debt_consoli	60 months	0	1	70.1	0	1
46506	C	C4	0	8	RENT	15.7	car	36 months	0	1	38.7	0	1
46507	D	D3	1	1	RENT	7.56	major_purch	36 months	1	1	55.3	0	1
46508	E	E4	0	8	RENT	6.93	debt_consoli	36 months	0	0	28.1	15	1
46509	A	A2	1	0	RENT	4	debt_consoli	36 months	1	1	13.5	0	1
46510													

图 7-3

你估算了一下自己的阅读速度、耐心和认知负荷能力，觉得这个任务属于不可能的任务（Mission Impossible），于是开始默默地收拾东西，打算找主管道别，辞职不干了。

且慢，你不必如此沮丧。科技的发展，已经把一种“黑魔法”放在了我们的手边，随时供我们取用。它的名字，叫作机器学习。

7.1.3　机器学习

什么是机器学习？

从前，人是“操作”计算机的。一项任务如何完成，人的心里是完全有数的。人把一条条指令下达给计算机，计算机负责执行。

后来人们发现，对于有些任务，人根本就不知道该怎么办。

AlphaGo 和柯洁下围棋，柯洁输了。可是制造 AlphaGo 的专家，当真知道怎样下围棋才能赢过柯洁吗？

他们是如何制作出计算机软件，战胜了人类围棋界的“最强大脑”呢？答案正是机器学习。

我们自己都不知道如何完成的任务，自然也不可能告诉机器“第一步这么办，第二步那么办”，或者“如果出现 A 情况，打开第一个锦囊；如果出现 B 情况，打开第二个锦囊”。

机器学习的关键，不在于人类的经验和智慧，而在于数据。

本小节介绍的是较为基础的监督学习。监督学习利用的数据是机器最喜欢的。这些数据的特点是都带有标记。

主管给你的贷款记录数据集就是带有标记的。针对每个贷款案例，后面都有“是否安全”的标记。1 代表安全，-1 代表不安全。

机器读取到一条数据，又读取到了数据上的标记，于是有了一个假设。然后你再让它读取一条数据，它就会强化或者修改原来的假设。这就是学习的过程：建立假设，收到反馈，修正假设。在这个过程中，机器通过迭代不断更新自己的认知。

在四处碰壁后，机器跌跌撞撞地“成长”。读取了许许多多的数据后，机器逐渐有了一些自己对事情进行判断的想法。我们把这种想法叫作模型。之后，我们就可以用模型去辅助自己做出明智的决策了。

下面我们开始动手实践。利用 Python 构建决策树，辅助判断贷款风险。

7.1.4 数据准备与运行环境

请访问本书的资源链接地址 https://github.com/zhaihulu/DataScience/，下载对应章节的数据集。文件的扩展名是“.csv”，可以用 Excel 打开，看看是否下载正确，如图 7-4 所示。

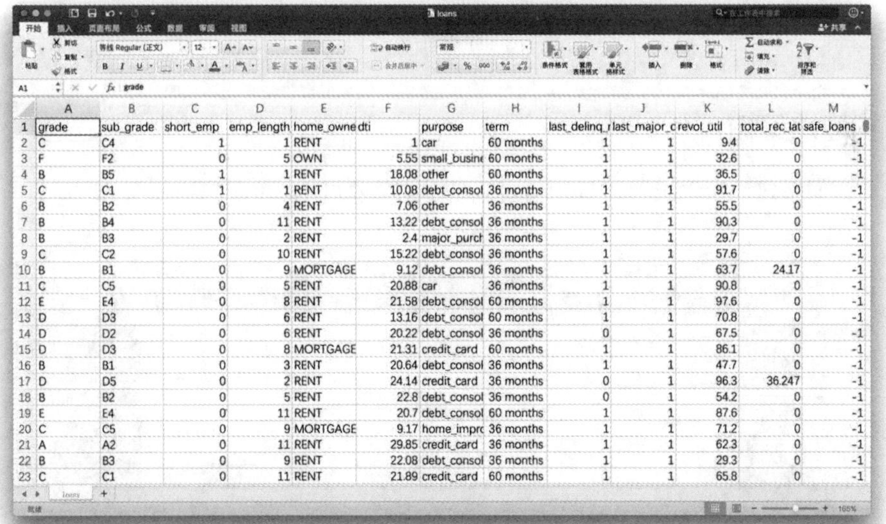

	A	B	C	D	E	F	G	H	I	J	K	L	M
1	grade	sub_grade	short_emp	emp_length	home_owne	dti	purpose	term	last_delinq_r	last_major_c	revol_util	total_rec_lat	safe_loans
2	C	C4	1	1	RENT	1	car	60 months	1	1	9.4	0	-1
3	F	F2	0	5	OWN	5.55	small_busine	60 months	1	1	32.6	0	-1
4	B	B5	1	1	RENT	18.08	other	60 months	1	1	36.5	0	-1
5	C	C1	1	1	RENT	10.08	debt_consol	36 months	1	1	91.7	0	-1
6	B	B2	0	4	RENT	7.06	other	36 months	1	1	55.5	0	-1
7	B	B4	0	11	RENT	13.22	debt_consol	36 months	1	1	90.3	0	-1
8	B	B3	0	2	RENT	2.4	major_purch	36 months	1	1	29.7	0	-1
9	C	C2	0	10	RENT	15.22	debt_consol	36 months	1	1	57.6	0	-1
10	B	B1	0	9	MORTGAGE	9.12	debt_consol	36 months	1	1	63.7	24.17	-1
11	C	C5	0	5	RENT	20.88	car	36 months	1	1	90.8	0	-1
12	E	E4	0	8	RENT	21.58	debt_consol	60 months	1	1	97.6	0	-1
13	D	D3	0	6	RENT	13.16	debt_consol	60 months	1	1	70.8	0	-1
14	D	D2	0	6	RENT	20.22	debt_consol	36 months	0	1	67.5	0	-1
15	D	D3	0	8	MORTGAGE	21.31	credit_card	60 months	1	1	86.1	0	-1
16	B	B1	0	3	RENT	20.64	debt_consol	36 months	1	1	47.7	0	-1
17	D	D5	0	2	RENT	24.14	credit_card	36 months	0	1	96.3	36.247	-1
18	B	B2	0	5	RENT	22.8	debt_consol	36 months	0	1	54.2	0	-1
19	E	E4	0	11	RENT	20.7	debt_consol	60 months	1	1	87.6	0	-1
20	C	C5	0	9	MORTGAGE	9.17	home_impro	36 months	1	1	71.2	0	-1
21	A	A2	0	11	RENT	29.85	credit_card	36 months	1	1	62.3	0	-1
22	B	B3	0	9	RENT	22.08	debt_consol	36 months	1	1	29.3	0	-1
23	C	C1	0	11	RENT	21.89	credit_card	60 months	1	1	65.8	0	-1

图 7-4

如果一切正常，请将其移动至工作目录 demo 里。由系统终端（macOS/Linux）或者“命令提示符”（Windows）进入工作目录 demo，执行以下命令：

```
pip install -U PIL
```

至此运行环境配置完毕。

在终端或者命令提示符下运行：

```
jupyter notebook
```

如图 7-5 所示，Jupyter Notebook 已经正确运行。下面我们就可以正式编写代码了。

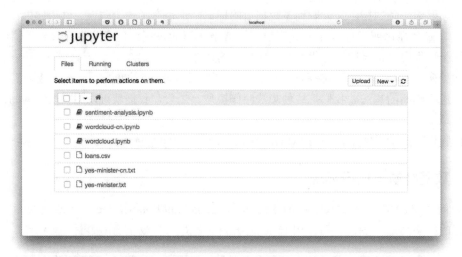

图 7-5

7.1.5 构建决策树

首先，我们新建一个 Python 3 Notebook，将其命名为 loans-tree，如图 7-6 所示。

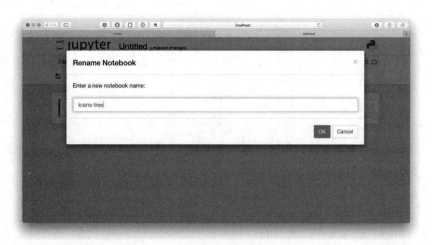

图 7-6

为了让 Python 能够高效率处理表格数据（Tabular Data），使用数据处理框架 Pandas。

```
import pandas as pd
```

然后把 loans.csv 里的内容全部读取出来，存入一个叫作 df 的变量里面。

```
df = pd.read_csv('loans.csv')
```

我们看看 df 变量的前几行，以确认数据读取无误。

```
df.head()
```

In [3]: df.head()

Out[3]:

	grade	sub_grade	short_emp	emp_length_num	home_ownership	dti	purpose	term	last_delinc
0	C	C4	1	1	RENT	1.00	car	60 months	1
1	F	F2	0	5	OWN	5.55	small_business	60 months	1
2	B	B5	1	1	RENT	18.08	other	60 months	1
3	C	C1	1	1	RENT	10.08	debt_consolidation	36 months	1
4	B	B2	0	4	RENT	7.06	other	36 months	1

因为表格列数较多，屏幕上显示不完整，所以我们向右拖动表格，看表格右边几列是否也被正确读取。

In [3]: df.head()

Out[3]:

ti	purpose	term	last_delinq_none	last_major_derog_none	revol_util	total_rec_late_fee	safe_loans
00	car	60 months	1	1	9.4	0.0	-1
55	small_business	60 months	1	1	32.6	0.0	-1
3.08	other	60 months	1	1	36.5	0.0	-1
).08	debt_consolidation	36 months	1	1	91.7	0.0	-1
06	other	36 months	1	1	55.5	0.0	-1

经验证，数据的所有列都已读取。

统计一下总行数，看是不是所有行都完整读取了。

```
df.shape
```

运行结果如下。

```
(46508, 13)
```

行、列数量都正确，数据读取无误。

你应该还记得吧，每一条数据的最后一列 safe_loans 是一个标记，告诉我们之前发放的这笔贷款是否安全。我们把这种标记叫作目标（Target），把前面的所有列叫作特征（Features）。这些术语现在记不住没关系，因为以后会反复遇到，自然就会强化记忆。

下面分别把特征和目标提取出来。按照机器学习领域的习惯，我们把特征叫作 X，目标叫作 y。

```
X = df.drop('safe_loans', axis=1)y = df.safe_loans
```

我们看一下特征 X 的形状。

```
X.shape
```

运行结果为：

```
(46508, 12)
```

除了最后一列，其他行、列都在，符合我们的预期。我们再看看目标的形状。

```
y.shape
```

执行后显示如下结果：

Out[8]:		grade	sub_grade	short_emp	emp_length_num	home_ownership	dti	purpose	term	last_delinc
0		C	C4	1	1	RENT	1.00	car	60 months	1
1		F	F2	0	5	OWN	5.55	small_business	60 months	1
2		B	B5	1	1	RENT	18.08	other	60 months	1
3		C	C1	1	1	RENT	10.08	debt_consolidation	36 months	1
4		B	B2	0	4	RENT	7.06	other	36 months	1

注意这里有一个问题。Python 构建决策树的时候，每一个特征都应该是数值（整数或者实数）类型的。但是我们可以看出，grade、sub_grade、home_ownership 等列的取值都是类别（Categorical）型。所以，必须经过一步转换，把这些类别都映射为某个数值，才能进行下面的步骤。

开始映射。

```
from sklearn.preprocessing import LabelEncoder
from collections import defaultdict
d = defaultdict(LabelEncoder)

X_trans = X.apply(lambda x: d[x.name].fit_transform(x))
```

```
X_trans.head()
```

运行结果是这样的。

Out[9]:		grade	sub_grade	short_emp	emp_length_num	home_ownership	dti	purpose	term	last_delinq_none	last_
	0	2	13	1	1	3	97	0	1	1	1
	1	5	26	0	5	2	552	9	1	1	1
	2	1	9	1	1	3	1805	8	1	1	1
	3	2	10	1	1	3	1005	2	0	1	1
	4	1	6	0	4	3	703	8	1	1	1

这里，我们使用了 LabelEncoder 函数，成功地把类别变成了数值。小测验：在 grade 列下面，B 被映射成了什么数值？答案是 1。你答对了吗？

下面我们需要做的事情是，把数据分成两部分，分别叫作训练集和测试集（Test Set）。

为什么这么做？

想想看，如果期末考试之前，老师给你一套试题和答案，你把它背了下来。考试的时候，只是从那套试题里抽取一部分考。你凭借强大的记忆力获得了 100 分。请问你学会这门课的知识了吗？不知道吧。如果给你新的题目，你会不会做呢？答案还是不知道。所以考试题目需要和复习题目有区别。

同样的道理，我们用数据生成了决策树，这棵决策树对已见过的数据处理得很完美。可是它能否推广到新的数据上呢？这才是我们真正关心的。就如同在本例中，你的公司关心的不是以前的贷款该不该放贷，而是如何处理今后遇到的新贷款申请。

把数据随机拆分成训练集和测试集，在 Python 里只需要两条语句就够了。

```
from sklearn.cross_validation import train_test_split
X_train, X_test, y_train, y_test = train_test_split(X_trans, y, random_state=1)
```

我们看看训练集的形状。

```
X_train.shape
```

运行结果如下。

```
(34881, 12)
```

测试集呢？

```
X_test.shape
```
这是运行结果。

```
 (11627, 12)
```

至此，一切数据准备工作都已就绪。我们开始"呼唤"Python 中的 scikit-learn 软件包，其已经将决策树的模型集成在内。只需要 3 条语句，我们就可以直接调用决策树模型，非常方便。

```
from sklearn import tree
clf = tree.DecisionTreeClassifier(max_depth=3)
clf = clf.fit(X_train, y_train)
```

好了，你要的决策树已经生成了。

可是，我怎么知道生成的决策树是什么样子呢？毕竟眼见才为实！

让我们把决策树画出来吧。注意这一段代码较多，以后有机会我们再详细介绍。此处你把它直接复制执行就可以了。

```
with open("safe-loans.dot", 'w')as f:
    f = tree.export_graphviz(clf,
                        out_file=f,
                        max_depth = 3,
                        impurity = True,
                        feature_names = list(X_train),
                        class_names = ['not safe', 'safe'],
                        rounded = True,
                        filled= True)
from subprocess import check_call
check_call(['dot', '-Tpng', 'safe-loans.dot', '-o', 'safe-loans.png'])
from IPython.display import Image as PImage
from PIL import Image, ImageDraw, ImageFont
img = Image.open("safe-loans.png")
draw = ImageDraw.Draw(img)
img.save('output.png')
PImage("output.png")
```

见证"奇迹"的时刻到了，如图 7-7 所示。

你是不是和我第一次看到决策树的可视化结果一样，感到十分惊诧？

我们其实只让 Python 生成了一棵简单的决策树（深度仅 3 层），但是 Python 已经尽职尽责地帮我们考虑到了各种变量对最终决策结果的影响。

7.1.6 预测模型的准确率

欣喜若狂的你，在悄悄背诵什么？你想把这棵决策树的判断条件背下来，然后去做贷款风险判断？

别担心，以后的决策计算机可以自动帮你完成。

我们随便从测试集里找一条数据，让计算机用决策树帮我们判断看看。

```
test_rec = X_test.iloc[1, :]
clf.predict([test_rec])
```

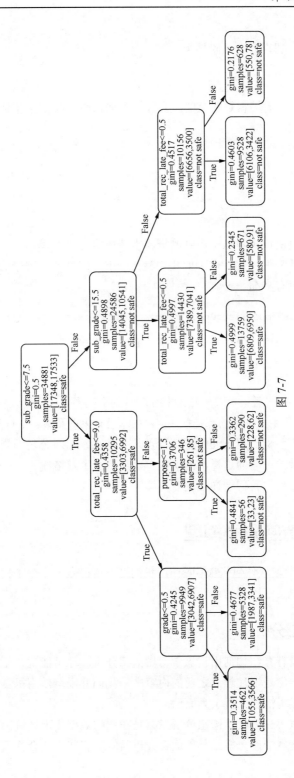

图 7-7

计算机告诉我们，它调查后的风险结果如下：

```
array([1])
```

之前提到过，1 代表这笔贷款是安全的。实际情况如何呢？我们来验证一下。从测试集目标里面取出对应的标记。

```
y_test.iloc[1]
```

结果是：

```
1
```

经验证，计算机通过决策树对这个新到的贷款申请风险判断无误。

但是我们不能用孤证来说明问题。下面我们验证一下，根据训练得来的决策树模型，其贷款风险类别判断准确率究竟有多高。

```
from sklearn.metrics import accuracy_scoreaccuracy_score(y_test, clf.predict(X_test))
```

虽然测试集有近万条数据，但是计算机几乎立即就计算完了。

```
0.61615205986066912
```

你可能会有些失望——忙活了半天，怎么才约 60% 的准确率？这才刚及格而已。不要灰心，这是因为在整个机器学习过程中，你用的都是默认值，根本没有来得及做一个重要的工作——优化。

想想看，你买一台新手机，自己还需要再设置，不是吗？面对公司的贷款业务，你用的竟然只是没有优化的默认模型。可即便这样，准确率也已经超过了及格线。

关于优化的问题，在后文我们会详细展开讲解。

7.2　中文文本情感分类模型

利用 Python 的机器学习软件包 scikit-learn，我们可以自己做一个分类模型，对中文评论数据做情感分析。其中还有中文停用词的处理方法。

7.2.1　个性化的情感分析

迄今为止，我们还没有介绍如何用机器学习做情感分析。你可能说，不对吧？情感分析不是在第 6 章已经讲过了吗？但是请注意，之前的内容中，我们并没有使用机器学习方法。我们只不过调用了第三方提供的文本情感分析工具而已。

但是问题来了，这些第三方文本情感分析工具是在别的数据集上训练出来的，未必适合我们的应用场景。例如有些文本情感分析工具更适合分析新闻，有些更适合处理微博数据……而我们却是要对店铺评论数据做分析。

这就如同我们自己笔记本计算机里的网页浏览器，和图书馆电子阅览室的网页浏览器，可能类型、版本完全一样，但是我们用自己的网页浏览器可能就是比公用计算机上的舒服、高效——因为我们已经根据偏好，对自己网页浏览器上的"书签""密码存储""稍后阅读"都做了个性化设置。

这节就给大家讲解如何利用 Python 和机器学习，自己训练模型，对中文文本做情感分类。

7.2.2　餐厅评论数据

我们利用爬虫抓取了某点评网站上的数万条餐厅评论数据。这些数据包含了丰富的元数据类型。我们从中抽取评论文本和评星（1～5星）作为演示数据。从这些数据里，随机筛选评星为1、2、4、5的各500条评论，一共2000条数据。

为什么不选评星为3的评论？因为我们只希望对情感做出（正面和负面）二元分类，4星和5星可以看作正面情感，1星和2星可以看作负面情感……，而3星怎么算？

所以，为了避免这种边界不清晰的情况造成的混淆，我们可以把标为3星的评价丢弃。整理好之后的评论数据的情况如图7-8所示。

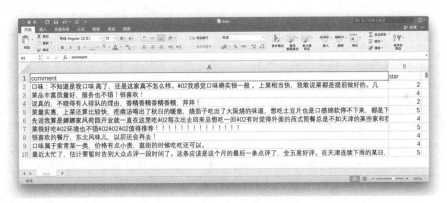

图 7-8

我们已经把数据放到了演示文件夹压缩包里，请访问本书的资源链接地址 https://github.com/zhaihulu/DataScience/，下载相关资源。

7.2.3　机器学习中的模型选择

使用机器学习的时候，我们会遇到模型的选择问题。例如，许多模型都可以用来处理分类问题，如逻辑回归、决策树、支持向量机、朴素贝叶斯……而我们的评论数据情感分类问题，该用哪一种呢？

幸好，Python 上的机器学习软件包 scikit-learn 不仅提供了方便的接口供我们调用，还非常贴心地帮我们做了"小抄"，如图7-9所示。

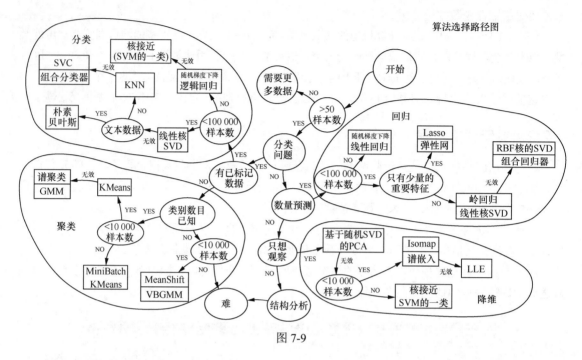

图 7-9

图 7-9 看似密密麻麻，非常混乱，实际上它是一个非常好的"迷宫指南"。其中方框是各种机器学习模型，而圆圈是我们做判断的地方。

我们要处理分类问题，对吧？顺着往下看，会要求我们判断数据是否有标记。我们的数据有。继续往下看，样本数据小于 100 000 吗？考虑一下，我们的评价有 2 000 条，小于这个阈值。接下来问是不是文本数据？是。于是路径到了终点，算法选择路径图告诉我们：用朴素贝叶斯模型好了。

"小抄"都做得如此照顾用户需求，大家对 scikit-learn 的品质应该放心了吧？因此，如果我们需要使用经典机器学习模型（可以理解成深度学习之外的所有模型），推荐大家先尝试 scikit-learn。

7.2.4 文本向量化

在自然语言处理中，我们讲过文本向量化。

对自然语言文本进行向量化的主要原因是，计算机看不懂自然语言。计算机，顾名思义，就是用来算数的。文本对于它（至少到今天）没有真正的意义。但是自然语言的处理是一个重要问题，也需要自动化的支持。因此人就要想办法，让计算机能尽量理解和表示人类的语言。

假如这里有两句话。

I love the game.

I hate the game.

那么我们就可以简单地抽取出以下特征（其实就是把所有的单词罗列一遍）。

- I ；
- love ；
- hate ；
- the ；
- game。

对每一句话，都分别计算特征出现的次数。于是上面的两句话就转换为表 7-1 所示的内容。

表 7-1

I	love	hate	the	game
1	1	0	1	1
1	0	1	1	1

以句子为单位，从左到右读数字，第一句表示为 [1，1，0，1，1]，第二句表示为 [1，0，1，1，1]。这就叫向量化。这个例子里，特征的数量叫作维度。于是向量化之后的这两句话，都有 5 个维度。

一定要记住，此时机器依然不能理解这两句话的具体含义，但是机器已经尽量在用一种有意义的方式来表达它们。

这里我们使用的是“一袋子词”（A Bag of Words）模型。图 7-10 形象地表示出了这个模型的含义。

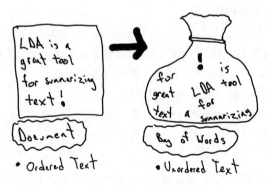

图 7-10

一袋子词模型不考虑词的出现顺序，也不考虑某个词和前后词之间的连接，每个词都被当作一个独立的特征来看待。

你可能会问：“这样不是很不精确吗？充分考虑顺序和上下文联系，不是更好吗？”没错，我们对文本的顺序、结构考虑得越周全，模型可以获得的信息就越多。

但是，凡事都有成本。只需要用基础的排列组合知识，我们就能计算出考虑单个词，和考虑连续 *n* 个词（称作 *n*-Gram），造成的模型维度差异了。

7.2.5　中文的向量化

前文我们介绍的是自然语言向量化处理的通则。

处理中文的时候要更加麻烦一些。

因为不同于英文、法文等拉丁语系文字，中文天然没有空格作为词之间的分隔符号，所以我们要先将中文分隔成空格连接的词。

例如把"我喜欢这个游戏"，变成"我 喜欢 这个 游戏"。

这样一来，就可以仿照英文的向量化来完成中文的向量化了。

你不需要担心计算机处理中文的词时，和处理英文单词有所不同。因为我们前面讲过，计算机其实连英文单词也看不懂。在它眼里，不论任何自然语言的词汇，都只是某种特定组合的字符串而已。不论处理中文还是英文，计算机都需要处理的一种词汇，叫作停用词。

中文维基百科是这么定义停用词的：在信息检索中，为节省存储空间和提高搜索效率，在处理自然语言数据（或文本）之前或之后会自动过滤某些字或词，这些字或词即被称为停用词。

我们做的不是信息检索，而是文本分类。

对我们来说，不打算用作特征的词，就可以被当作停用词。

还是举刚才英文的例子，有下面两句话：

I love the game.

I hate the game.

哪些是停用词呢？

直觉会告诉你，定冠词 the 应该是。

没错，它是虚词，没有什么特殊意义。它在哪里出现，都是一个意思。

在一段文字里，出现很多次定冠词很正常。把定冠词和那些包含的信息更丰富的词（例如 love、hate 等）放在一起统计，就容易干扰我们把握文本的特征。

所以，我们把它当作停用词，从特征里面剔除。

举一反三，你会发现分词后的中文句子"我 喜欢 这个 游戏"，其中的"这个"应该也是停用词。

答对了！

要处理停用词，怎么办呢？当然大家可以一个个手工寻找，但是那样显然效率太低。

有的机构或者团队处理过许多停用词。他们发现，某种语言里，停用词是有规律的。

他们把常见的停用词总结出来，汇集成表格，以后用户只需要查找表格来处理。这就可以利用先前的经验和知识提升效率，节约时间。

在 scikit-learn 中，英文停用词是自带；你只需要指定语言为英文，机器会帮助你自动处理它们。

但是 scikit-learn 没有自带中文停用词。

好消息是，你可以使用第三方共享的停用词表。这种停用词表到哪里下载呢？

我已经帮你找到了一个 GitHub 项目，里面包含了 4 种停用词表。这些停用词表来自哈尔滨工业大学、四川大学和百度等自然语言处理方面的研究单位，如图 7-11 所示。

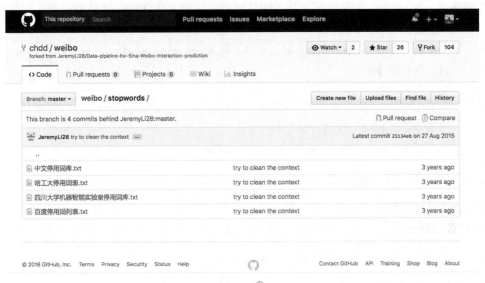

图 7-11 [①]

　　这几个停用词表文件大小不同，内容差异也很大。为了演示的方便与一致性，我们使用哈尔滨工业大学停用词表。

7.2.6　运行环境

　　我们已经将停用词表和数据一并存储到了演示目录压缩包中，供你下载。请访问本书的资源链接地址 https://github.com/zhaihulu/DataScience/，下载对应章的资源。下载后解压，你会在生成的目录里看到以下 4 个文件，如图 7-12 所示。

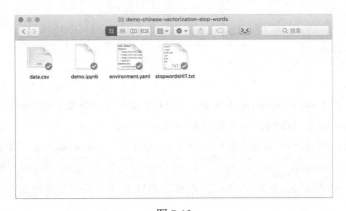

图 7-12

---

①　图片来源：https://github.com/chdd/weibo/tree/master/stopwords

后文中，我们把这个目录称为"演示目录"。请一定注意记好它的位置。

打开终端，用 cd 命令进入演示目录。这里需要使用许多软件包，如果每一个软件包都手动安装，会非常麻烦。

我们帮大家制作了一个虚拟环境的配置文件，叫作 environment.yaml，放在演示目录中。

请大家首先执行以下命令：

```
conda env create -f environment.yaml
```

这样，所需的软件包就一次性安装完毕了。

之后执行以下命令：

```
source activate datapy3
```

进入这个虚拟环境。

执行以下命令：

```
Python -m ipykernel install-user -name=datapy3
```

只有这样，当前的 Python 环境才会作为 Kernel 在系统中注册。

之后，在演示目录中执行以下命令：

```
jupyter notebook
```

浏览器会开启，并启动 Jupyter Notebook，如图 7-13 所示。

图 7-13

直接单击文件列表中的 demo.ipynb 文件，可以看到本节的全部示例代码，如图 7-14 所示。

读者可以一边看本节的讲解，一边依次执行这些代码。

但是，我们建议回到主界面下，新建一个空白 Python 3 Notebook（显示名称为 datapy3），如图 7-15 所示。

请跟着本节，逐字符输入相应的代码。这可以帮助大家更为深刻地理解代码的含义，更高效地把技能内化。

至此准备工作结束，下面我们开始正式介绍代码。

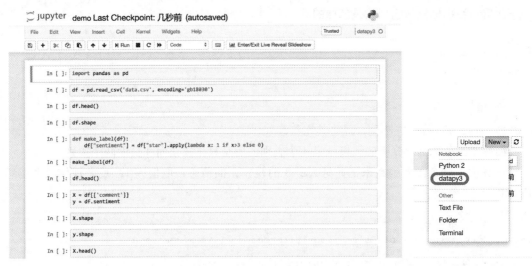

图 7-14　　　　　　　　　　　　　　　　　　　图 7-15

7.2.7　情感分类模型的训练

导入数据框处理工具 Pandas。

```
import pandas as pd
```

利用 Pandas 的 CSV 数据文件读取功能，读取数据。

注意，为了与 Excel 和系统环境的设置兼容，该 CSV 数据文件采用的编码标准为 GB18030。这里需要显式指定，否则会报错。

```
df = pd.read_csv('data.csv', encoding='gb18030')
```

我们看看读取结果是否正确。

```
df.head()
```

前 5 行内容如图 7-16 所示。

Out[3]:

	comment	star
0	口味：不知道是我口味高了，还是这家真不怎么样。我感觉口味确实很一般。上菜相当快，我敢说…	2
1	菜品丰富质量好，服务也不错！很喜欢！	4
2	说真的，不晓得有人排队的理由，香精香精香精香精，拜拜！	2
3	菜量实惠，上菜还算比较快，疙瘩汤喝出了秋日的暖意，烧茄子吃出了大阪烧的味道，想吃土豆片也是口…	5
4	先说我算是娜娜家风荷园开业就一直在这里吃 每次出去回来总想吃一回 有时觉得外面的西式简餐总是…	4

图 7-16

下面看看数据框整体的形状是怎样的。

```
df.shape
```

输出结果如下：

```
(2000,2)
```

数据一共 2 000 行，共 2 列，已将其完整读取。

我们并不准备把情感分析的结果分成 4 个类别，而是只分成正面和负面两个类别。

这里我们用一个无名函数来把评星大于 3 的视作正面情感，取值为 1；反之视作负面情感，取值为 0。

```
def make_label(df):
    df["sentiment"] = df["star"].apply(lambda x: 1 if x>3 else 0)
```

编写好函数之后，将其实际运行在数据框上。

```
make_label(df)
```

输出结果如下：

```
df.head()
```

Out[7]:

	comment	star	sentiment
0	口味：不知道是我口味高了，还是这家真不怎么样。我感觉口味确实很一般。上菜相当快，我敢说...	2	0
1	菜品丰富质量好，服务也不错！很喜欢	4	1
2	说真的，不晓得有人排队的理由，香精香精香精香精，拜拜	2	0
3	菜量实惠，上菜还算比较快，疙瘩汤喝出了秋日的暖意，烧茄子吃出了大阪烧的味道，想吃土豆片也是口	5	1
4	先说我算是娜娜家风荷园开业就一直在这里吃 每次出去回来总想吃一回 有时觉得外面的西式简餐总是	4	1

从前 5 行来看，情感取值就是根据我们设定的规则，从评星数转化而来的。

下面我们把特征和标记拆开。

```
X = df[['comment']]
y = df.sentiment
```

X 是全部特征。因为只用文本判断情感，所以 X 实际上只有一列。

```
X.shape
```

输出结果如下：

```
(2000, 1)
```

而 y 是对应的标记数据。它也只有一列。

```
y.shape
```

输出结果如下:

```
(2000, )
```

我们来看看 X 的前几行数据。

```
X.head()
```

Out[11]:

	comment
0	口味:不知道是我口味高了,还是这家真不怎么样。我感觉口味确实很一般。上菜相当快,我敢说...
1	菜品丰富质量好,服务也不错!很喜欢!
2	说真的,不晓得有人排队的理由,香精香精香精香精,拜拜!
3	菜量实惠,上菜还算比较快,疙瘩汤喝出了秋日的暖意,烧茄子吃出了大阪烧的味道,想吃土豆片也是口...
4	先说我算是娜娜家风荷园开业就一直在这里吃 每次出去回来总想吃一回 有时觉得外面的西式简餐总是...

注意,这里的评论数据还是原始信息。句子没有进行拆分。

为了进行特征向量化,下面我们利用结巴分词来拆分句子为一个个词。

```
import jieba
```

我们建立一个辅助函数,把结巴分词的结果用空格连接。

这样分词后的结果就如同一个英文句子一样,词之间依靠空格分隔。

```
def chinese_word_cut(mytext):
    return " ".join(jieba.cut(mytext))
```

有了这个函数,就可以使用 apply 函数,把每一行的评论数据进行分词。

```
X['cutted_comment'] = X.comment.apply(chinese_word_cut)
```

分词后的效果如下:

```
X.cutted_comment[:5]
```

```
Out[64]: 0    口味 : 不 知道 是 我口味 高 了 , 还是 这家 真 不怎么样 。  我 感觉 口味 ...
         1              菜品 丰富 质量 好 , 服务 也 不错 ! 很 喜欢 !
         2    说真的 , 不 晓得 有人 排队 的 理由 , 香精 香精 香精 香精 , 拜拜 !
         3    菜量 实惠 , 上菜 还 算 比较 快 , 疙瘩汤 喝 出 了 秋日 的 暖意 , 烧茄子 吃...
         4    先说 我 算是 娜娜 家风 荷园 开业 就 一直 在 这里 吃   每次 出去 回来 总想 ...
Name: cutted_comment, dtype: object
```

词和标点之间都用空格分隔,符合我们的要求。

下面就是机器学习的常规步骤了:我们需要把数据分成训练集和测试集。

为什么要拆分数据呢?

　　假设我们的模型只在某个数据集上训练，准确率非常高，但是从来没有见过其他新数据，那么它面对新数据时表现如何呢？

　　所以需要把数据拆分，只在训练集上训练。保留测试集先不用，作为"考试题"。下面看看模型经过训练后的分类效果。

```
from sklearn.model_selection import train_test_split
X_train, X_test, y_train, y_test = train_test_split(X, y, random_state=1)
```

　　这里设定了 random_state 的取值。这是为了保证在不同环境中随机数取值一致，以便验证模型的实际效果。

　　查看此时的 X_train 数据集形状。

```
X_train.shape
```

　　输出结果如下：

```
（1500，2）
```

　　可见，在默认模式下，train_test_split 函数对训练集和测试集的划分比例为 3:1。

　　下面检验其他 3 个集合：

```
y_train.shape
```

　　输出结果如下：

```
(1500, )
```

```
X_test.shape
```

　　输出结果如下：

```
(500, 2)
```

```
y_test.shape
```

　　输出结果如下：

```
(500, )
```

　　同样正确无误。

　　下面处理中文停用词。

　　我们编写一个函数，从中文停用词表里把停用词作为列表格式保存并返回。

```
def get_custom_stopwords(stop_words_file):
    with open(stop_words_file)as f:
```

```
        stopwords = f.read()
    stopwords_list = stopwords.split('\n')
    custom_stopwords_list = [i for i in stopwords_list]
    return custom_stopwords_list
```

我们使用的停用词表是已经下载并保存好的哈尔滨工业大学停用词表。

```
stop_words_file = "stopwordsHIT.txt"stopwords = get_custom_stopwords(stop_words_file)
```

下面看看停用词表的后 10 项：

```
stopwords[-10:]
```

> Out[23]: ['呃', '呗', '咚', '咦', '喏', '啐', '喔唷', '嗬', '嗯', '嗳']

其中的大部分都是语气助词，因此将其作为停用词去除，一般不会影响语句的实质含义。

下面尝试对分词后的中文语句做向量化处理。

导入 CountVectorizer 向量化工具，它依据词出现的频率将其转化为向量。

```
from sklearn.feature_extraction.text import CountVectorizer
```

建立一个实例，命名为 vect。

注意，这里为了说明停用词的作用，使用默认参数建立 vect。

```
vect = CountVectorizer()
```

然后使用向量化工具转换已做好分词的训练集语句，并将其转化为一个数据框，命名为 term_matrix。

```
term_matrix = pd.DataFrame(vect.fit_transform(X_train.cutted_comment).
toarray(), columns=vect.get_feature_names())
```

下面看看 term_matrix 的前 5 行：

```
term_matrix.head()
```

Out[27]:

	00	01	10	100	11	12	120	12331	127	13	...	鼎泰	鼎泰丰	鼎鼎有名	齐且	齐全	齐刚	齐名	齐后	齐餐	龟速
0	0	0	0	0	0	0	0	0	0	0	...	0	0	0	0	0	0	0	0	0	0
1	0	0	0	0	0	0	0	0	0	0	...	0	0	0	0	0	0	0	0	0	0
2	0	0	0	0	0	0	0	0	0	0	...	0	0	0	0	0	0	0	0	0	0
3	0	0	0	0	0	0	0	0	0	0	...	0	0	0	0	0	0	0	0	0	0
4	0	0	0	0	0	0	0	0	0	0	...	0	0	0	0	0	0	0	0	0	0

5 rows × 7305 columns

我们可以发现特征词五花八门，特别是很多数字都被当作特征放在这里。

term_matrix 的形状如下：

```
term_matrix.shape
```

结果显示：

```
(1500, 7305)
```

行数没错，列数就是特征个数——7 305 个。

下面测试加上停用词去除功能，特征向量的转化结果会有什么变化。

```
vect = CountVectorizer(stop_words=frozenset(stopwords))
```

下面的语句和刚才一样。

```
term_matrix = pd.DataFrame(vect.fit_transform(X_train.cutted_comment).
toarray(), columns=vect.get_feature_names())
term_matrix.head()
```

Out[31]:

	00	01	10	100	11	12	120	12331	127	13	...	鼎泰	鼎泰丰	鼎鼎有名	齐且	齐全	齐刚	齐名	齐后	齐餐	龟速
0	0	0	0	0	0	0	0	0	0	0	...	0	0	0	0	0	0	0	0	0	0
1	0	0	0	0	0	0	0	0	0	0	...	0	0	0	0	0	0	0	0	0	0
2	0	0	0	0	0	0	0	0	0	0	...	0	0	0	0	0	0	0	0	0	0
3	0	0	0	0	0	0	0	0	0	0	...	0	0	0	0	0	0	0	0	0	0
4	0	0	0	0	0	0	0	0	0	0	...	0	0	0	0	0	0	0	0	0	0

5 rows × 7144 columns

可以看到，此时特征个数从刚才的 7 305 个，降低为 7 144 个。我们没有调整任何其他参数，因此减少的 161 个特征就是出现在停用词表中的词。

但是，使用这些停用词表，依然会有不少"漏网之鱼"。首先就是前面显眼的数字。它们在此处作为特征毫无道理。如果没有单位，没有上下文，这些数字都是没有意义的。因此我们需要设定，数字不能作为特征。在 Python 里，可以使用 token_pattern 来完成这个目标。这一部分需要用到正则表达式的知识，限于篇幅，我们这里无法详细展开讲解。但如果只是需要去掉数字的话，使用以上方法完全可以做到。

另一个问题在于，我们可以看到，这个矩阵实际上是一个非常稀疏的矩阵，其中大部分的取值都是 0。这没有关系，也很正常。毕竟大部分评论当中只有几个到几十个词。就 7 144 个特征而言，单条评论显然是覆盖不过来的。

然而，有些词作为特征就值得注意了。首先是那些过于平凡的词。尽管我们用了停用词表，但是难免有些词几乎出现在每一条评论里。什么叫作特征？特征就是可以把一个事物与其他事物区别开的属性。

假设让你描述今天见到的印象最深刻的人，你怎么描述？是"我看见他穿着小丑的衣服，在繁华的商业街踩高跷，一边走还一边抛球，和路人打招呼"，还是"我看见他有两只眼睛，一只鼻子"。后者绝对不算是好的特征描述，因为它难以把你要描述的事物区分出来。

物极必反，那些过于独特的词，其实也不应该保留。因为这些词语，对你的模型处理新的语句几乎没用。这就如同你学了屠龙之术，然而你之后再也没有见过龙。

所以，如下面两个代码段所示，我们一共多设置了 3 层特征词过滤。

```
max_df = 0.8 # 在超过这一比例的文本中出现的关键词(过于平凡)，去除。
min_df = 3 # 在低于这一数量的文本中出现的关键词(过于独特)，去除。
vect = CountVectorizer(max_df = max_df,
                       min_df = min_df,
                       token_pattern=u'(?u)\\b[^\\d\\W]\\w+\\b',
                       stop_words=frozenset(stopwords))
```

这时，再运行之前的语句，看看效果。

```
term_matrix = pd.DataFrame(vect.fit_transform(X_train.cutted_comment).toarray(),
columns=vect.get_feature_names())
term_matrix.head()
```

Out[35]:

	ipad	ok	ps	一下	一个个	一个半	一个多	一人	一份	一会	...	麻将	麻烦	麻辣	麻酱	麻麻	黄瓜	黄盖	黑椒	默默	齐全
0	0	0	0	0	0	0	0	0	0	0	...	0	0	0	0	0	0	0	0	0	0
1	0	0	0	0	0	0	0	0	0	0	...	0	0	0	0	0	0	0	0	0	0
2	0	0	0	0	0	0	0	0	0	0	...	0	0	0	0	0	0	1	0	0	0
3	0	0	0	0	0	0	0	0	0	0	...	0	0	0	0	0	0	0	0	0	0
4	0	0	0	0	0	0	0	0	1	0	...	0	0	0	0	0	0	0	0	0	0

5 rows × 1864 columns

可以看到，那些数字全都不见了。特征数量从单一词表中去除停用词之后的 7 144 个，变成了 1 864 个。

你可能会觉得，太可惜了，好不容易分出来的词，就这么扔了？

要知道，特征多不一定是好事。尤其是噪声大量混入时，会显著降低模型的效能。

好了，评论数据训练集已经特征向量化了。下面我们要利用生成的特征矩阵来训练模型了。我们的分类模型采用朴素贝叶斯模型。

```
from sklearn.naive_bayes import MultinomialNB
nb = MultinomialNB()
```

注意我们的数据处理流程是这样的：先是特征向量化，然后是朴素贝叶斯分类。

如果每次修改一个参数，或者换用测试集，我们都需要重新运行大量函数。这肯定是一件效率不高，且令人头疼的事，而且事情越复杂，出现错误的概率就会越大。

幸好，scikit-learn 给我们提供了一个功能，叫作管道（Pipeline），可以方便地解决以上问题。管道可以帮助我们把顺序定义的工作连接起来，隐藏其中的功能顺序关联，从外部一次调用，就能完成顺序定义的全部工作。

管道的使用方法很简单，我们把 vect 和 nb 串联起来，叫作 pipe。

```
from sklearn.pipeline import make_pipeline
pipe = make_pipeline(vect, nb)
```

看看它都包含什么步骤。

```
pipe.steps
```

```
Out[38]: [('countvectorizer',
         CountVectorizer(analyzer='word', binary=False, decode_error='strict',
             dtype=<class 'numpy.int64'>, encoding='utf-8', input='content',
             lowercase=True, max_df=0.8, max_features=None, min_df=3,
             ngram_range=(1, 1), preprocessor=None,
             stop_words=frozenset({'他们', '己', '的话', '如若', '[☺e]', '哈', '或', ',', '即使', '及', '呸', '[☺®]', '哩', '比',
             '而且', '设若', '[☺d]', '.数', '经', '们', '结果', '任凭', '嗬', ')', '那样', '"', '<Δ', '通过', '另一方面', '哪', '要是', '因
             为', '怎么', '我', '鄙人', '[☺e]', '由此可见', '有的', '这儿', '[', '咱们', '抑或', '总之', '[☺g]', '岂但', '连', '这
             边...→', '凭借', '谁', '一', '朝', '](', '根据', '咳', '毋宁', '-[*]-', '哪个', '以至于', '吓', '我们', '因', '/',
             '[☺]'}),
             strip_accents=None, token_pattern='(?u)\\b[^\\d\\W]\\w+\\b',
             tokenizer=None, vocabulary=None)),
         ('multinomialnb', MultinomialNB(alpha=1.0, class_prior=None, fit_prior=True))]
```

从上述代码可以看出，我们刚才做的工作都在管道里面了。我们可以把管道当成一个整体模型来调用。

下面的语句可以把未经特征向量化的训练集内容输入并进行交叉验证，计算出模型分类准确率的均值。

```
from sklearn.cross_validation import cross_val_score
cross_val_score(pipe, X_train.cutted_comment, y_train, cv=5, scoring='accuracy').
mean()
```
模型在训练中的准确率如何呢？

```
0.820687244673089
```

这个结果还是不错的。

回忆一下，总体的正面和负面情感结果各占了数据集的一半。

如果我们建立一个"笨模型"（Dummy Model），即把所有的评论都判断成正面（或者负面）情感，准确率是多少？

对，是 50%。

目前的模型准确率远远超出这个数值。超出约 30%，其实就是评论信息为模型带来的确定性。

但是，不要忘了，我们不能只看训练集。下面我们对模型进行"考试"。

我们用训练集把模型拟合出来。

```
pipe.fit(X_train.cutted_comment, y_train)
```

然后，我们在测试集上对情感分类标记进行预测。

```
pipe.predict(X_test.cutted_comment)
```

```
Out[41]: array([0, 1, 0, 0, 0, 1, 0, 1, 1, 1, 1, 1, 1, 0, 1, 1, 0, 0, 0, 0, 1, 0,
               1, 1, 1, 0, 0, 1, 1, 0, 1, 0, 0, 1, 1, 0, 0, 1, 0, 1, 1, 1, 0, 1,
               1, 0, 0, 1, 1, 0, 0, 0, 1, 1, 0, 1, 0, 0, 1, 1, 1, 0, 1, 0, 1, 0,
               0, 0, 1, 1, 1, 1, 1, 1, 0, 0, 0, 0, 0, 0, 1, 1, 0, 1, 1, 1, 1,
               0, 1, 0, 1, 1, 0, 1, 0, 0, 0, 0, 0, 1, 1, 0, 1, 1, 1,
               1, 0, 1, 0, 0, 1, 1, 1, 0, 0, 0, 1, 0, 1, 1, 1, 0, 1, 1, 1, 1, 1,
               0, 0, 1, 1, 0, 1, 1, 1, 1, 0, 1, 0, 0, 0, 1, 0, 1, 0, 1, 1, 1, 0,
               0, 1, 0, 0, 1, 0, 1, 0, 0, 0, 0, 0, 0, 1, 1, 0, 1, 0, 1, 1, 0, 1,
               1, 0, 0, 0, 0, 1, 0, 0, 0, 0, 0, 1, 1, 1, 1, 0, 0, 1, 0,
               1, 1, 1, 0, 1, 0, 1, 1, 1, 0, 1, 1, 0, 0, 1, 0, 0, 0, 0, 1, 1,
               0, 0, 0, 1, 0, 1, 1, 1, 1, 0, 1, 1, 0, 1, 0, 1, 1, 0, 0, 0, 1, 1,
               1, 0, 1, 1, 1, 1, 1, 1, 0, 0, 1, 1, 1, 1, 0, 1, 1, 1, 0, 1, 0,
               0, 1, 1, 1, 0, 0, 1, 0, 0, 1, 0, 0, 0, 1, 1, 0, 0, 1, 0, 0, 1, 0,
               0, 0, 0, 0, 0, 0, 1, 0, 1, 1, 1, 1, 0, 1, 0, 0, 1, 1, 0, 1,
               1, 0, 0, 1, 1, 0, 1, 0, 1, 1, 1, 1, 0, 0, 1, 1, 1, 0, 1, 0,
               1, 1, 1, 1, 1, 1, 1, 1, 1, 1, 1, 0, 1, 1, 1, 0, 1, 1, 0, 1, 0,
               0, 0, 1, 0, 1, 0, 1, 1, 1, 0, 1, 1, 1, 0, 1, 1, 1, 1, 0, 1,
               0, 1, 0, 0, 0, 0, 1, 1, 1, 1, 0, 1, 1, 1, 1, 1, 0, 0, 0, 1, 1,
               1, 0, 0, 1, 1, 0, 0, 1, 1, 1, 1, 0, 1, 0, 0, 0, 1, 0, 1,
               0, 0, 0, 0, 1, 1, 1, 0, 0, 1, 0, 1, 1, 1, 1, 1, 0, 0, 1, 1, 0, 1,
               1, 1, 1, 0, 1, 0, 1, 0, 0, 1, 1, 1, 1, 0, 1, 1, 0, 0, 1, 1, 0,
               1, 1, 1, 0, 1, 0, 1, 1, 1, 1, 0, 1, 1, 0, 1, 1, 1, 0, 0, 1, 1, 0,
               1, 1, 1, 1, 0, 0, 1, 1, 1, 1, 1, 0, 0, 1, 1, 1])
```

这一大串 0 和 1 是不是让人看得眼花缭乱？

没关系，scikit-learn 提供了非常多的模型性能测度工具来解决这个问题。

我们先把预测结果保存到 y_pred 中。

```
y_pred = pipe.predict(X_test.cutted_comment)
```

导入 scikit-learn 的测度工具集。

```
from sklearn import metrics
```

我们先来看看测试准确率。

```
metrics.accuracy_score(y_test, y_pred)
```

输出结果如下：

```
0.86
```

这个结果是不是很令人吃惊？模型面对没有见过的数据，居然有如此高的情感分类准确率。对于分类问题，只看准确率有些不全面，我们再来看看混淆矩阵。

```
metrics.confusion_matrix(y_test, y_pred)
```

输出结果如下：

```
array([[194, 43],
    [27, 236]])
```

混淆矩阵中的 4 个数字，分别表示如下含义：

- 真正例（TP）：本来是正面的，预测也是正面的；

- 假正例（FP）：本来是负面的，预测却是正面的；
- 假反例（FN）：本来是正面的，预测却是负面的；
- 真反例（TN）：本来是负面的，预测也是负面的。

表 7-2 应该能让你更为清晰地理解混淆矩阵的含义。

表 7-2

真实值	预测值	
	正例	反例
正例	TP	FN
反例	FP	TN

写到这里，你应该可以大致理解模型性能了。

但是总不能只把我们训练出的模型和笨模型对比吧？这也太不公平了！

下面，我们把"老朋友" SnowNLP "呼唤"出来，进行对比。

```
from snownlp import SnowNLP
def get_sentiment(text):
    return SnowNLP(text).sentiments
```

利用测试集中的原始评论数据，让 SnowNLP 运行一遍，获得结果。

```
y_pred_snownlp = X_test.comment.apply(get_sentiment)
```

注意，这里有个小问题。SnowNLP 生成的结果不是 0 和 1，而是 0 ～ 1 的小数。所以我们需要进行一步转换，把 0.5 以上的结果当作正面的，其余当作负面的。

```
y_pred_snownlp_normalized = y_pred_snownlp.apply(lambda x: 1 if x>0.5 else 0)
```

看看转换后的前 5 条 SnowNLP 预测结果。

```
y_pred_snownlp_normalized[:5]
```

```
Out[65]: 674     0
         1699    1
         1282    0
         1315    0
         1210    0
         Name: comment, dtype: int64
```

完全符合要求。

下面先看看模型分类准确率。

```
metrics.accuracy_score(y_test, y_pred_snownlp_normalized)
```

结果显示：

```
0.77
```

与之对比，测试集分类准确率是 0.86。

再来看看混淆矩阵。

```
metrics.confusion_matrix(y_test, y_pred_snownlp_normalized)
```

结果显示：

```
array([[189, 48],
       [67, 196]])
```

对比的结果是，在 TP 和 TN 两项上，我们训练的模型判断正确的数量都比 SnowNLP 要多。

7.2.8　小结与思考

回顾一下，本节介绍了以下知识点：
- 如何用一袋子词模型对自然语言语句进行向量化处理，形成特征矩阵；
- 如何利用停用词表、词频阈值和标记模式（Token Pattern）移除伪特征词，降低模型复杂度；
- 如何选用合适的机器学习分类模型，对词特征矩阵进行分类；
- 如何用管道模式，归并和简化机器学习步骤；
- 如何选择合适的性能测度工具，对模型的效能进行评估和对比。

希望这些内容能够帮助你更高效地进行中文文本情感分类工作。

7.3　从海量文章中抽取主题

你在工作、学习中是否曾因信息过载而叫苦不迭？有一种方法能够帮助你阅读海量文章，并将不同的主题和对应的关键词提取出来，让你谈笑间观其大略。本节使用 Python 对超过 1 000 篇文章进行主题抽取，一步步带你体会非监督机器学习隐含狄利克雷分布（Latent Dirichlet Allocation，LDA）方法的魅力。

7.3.1　信息过载的痛苦

每个现代人，大概都有信息过载的苦恼。文章读不过来，音乐听不过来，视频看不过来。可是现实的压力，使你又不能轻易放弃。假如你是一个在校研究生，教科书和论文就是你不得不读的内容。现在又有了各种其他的阅读渠道，如微信、微博、得到、多看阅读、豆瓣阅读、Kindle 等，还有一大堆博客……情况可能就变得更严重了。

也许你因为对数据科学很感兴趣，所以订阅了大量的数据科学类微信公众号。虽然你很勤奋，但仍然知道自己遗漏了很多文章。

当你学习了 Python 以后，决定尝试借着 Python 的威力，采集到所有数据科学类微信公众号的文章。你仔细分析了微信公众号文章的检索方式，制作了关键词列表。巧妙地利用搜索引擎的特性，你编写了自己的爬虫，并且成功地将其放到云端运行。

第二天，你兴冲冲地看抓取结果，居然已经有 1 000 多条！你欣喜若狂，将其导出为 CSV 格式，存储到本地计算机，并且打开浏览，如图 7-17 所示。

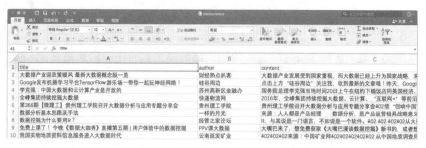

图 7-17

兴奋了十几分钟之后，你冷静下来，给自己提出了两个重要的问题。这些文章都值得读吗？这些文章我读得过来吗？

一篇数据科学类微信公众号文章，我们阅读完大概需要 5 分钟。这 1 000 多篇……我们用计算器认真算了一下，阅读完这些搜集到的文章，即使我们不眠不休，也需要 85 小时。

在我们阅读的这 85 小时里，许许多多的数据科学类微信公众号新文章还会源源不断涌现出来。是不是感觉自己快被文章内容淹没了，根本透不过气？

学了这么长时间的 Python，你应该想到能否用自动化工具来分析它们？答案是能。

本节将帮助大家在数据科学"武器库"中放入一件新式"武器"。它能够处理大批量的非结构无标记数据。在机器学习的分类中，这属于非监督学习范畴。这个"武器"叫主题建模（Topic Model）或者主题抽取（Topic Extraction）。

7.3.2　文章主题

既然要建模，就需要弄明白建立什么样的模型。根据维基百科的定义，主题模型是指在机器学习和自然语言处理等领域中，用来在一系列文本里发现抽象主题的一种统计模型。

这个定义好像有点抽象，我们举个例子吧。

八公是一条谜一样的犬，因为没有人知道它从哪里来。教授帕克在小镇的火车站拣到一条走失的小狗，冥冥中似乎注定小狗和帕克教授有着某种缘分，帕克一抱起这只小狗就再也放不下来，最终，帕克对小狗八公的疼爱感化了起初极力反对养狗的妻子卡特。八公在帕克的呵护下慢慢长大，帕克上班时八公会一直把他送到车站，下班时八公也会早早便趴在车站等候。八公的忠诚让小镇的人家对它更加疼爱。有一天，八公在帕克要上班时表现异常，居然玩起了以往从来不会玩的捡球游戏，八公的表现让帕克非常满意，可是就是在那天，帕克因病去世。帕克的妻子、

女儿安迪及女婿迈克尔怀着无比沉痛的心情埋葬了帕克，可是不明就里的八公却依然每天傍晚
5:00 准时守候在车站的门前，等待着主人归来……

来看看这条可爱的小狗的照片，如图 7-18 所示。

问题来了，这篇文章的主题是什么？

我们可能脱口而出："狗啊！"

且慢，换个问法。假设一个用户读了这篇文章并对它很感兴趣，
我们想推荐更多他可能感兴趣的文章给他，以下两个选项，哪个选项
更合适呢？

选项 1：

影片取材于发生在日本的真实事件，至今东京涩谷车站还有狗狗
八公的铜像，而它的遗体也被国立上野科学博物馆保存。20 世纪 90 年
代，日本曾经把这个题材搬上银幕，后来美国翻拍了此剧，故事的发生
地也相应地换到了美国。

图 7-18

选项 2：

秋田犬是日本国犬，在日本是家庭宠物犬。秋田犬是日本最大的狐狸犬种，这一大型狐狸犬
就算在欧洲和美国这种狐狸犬种众多的国家也颇为引人瞩目。在日本，秋田犬是具有国家历史文
物意义的犬，属国犬。因"忠犬八公"闻名于世，秋田犬是日本指定的国家天然纪念物中唯一的
大型犬。

给你 30 秒，思考一下。你的答案是什么？

我的答案是——不确定。

人类天生喜欢把复杂问题简单化。我们恨不得把所有的问题都划分成具体的、互不干扰的类
别，就如同药铺的一个个抽屉一样。需要的时候，从对应的抽屉里面取出就可以了。

就像职业，以前我们说"三百六十行"。我们可以把一个人归入其中某一行。

现在不行了，现在年轻人不满足单一职业和身份的束缚，而选择拥有多重职业的多元生活。

主题也同样不是泾渭分明的。比如介绍忠犬八公的文章虽然不长，但是任何单一主题都无法
完全涵盖它。

如果用户是因为对电影的喜爱，阅读了这篇文章，那么显然推荐选项 1 会更理想；但是如果
用户关注的是小狗的品种，那么比起选项 2 来，选项 1 就显得不是那么合适了。

因此，我们不能只用一个词来描述主题，而需要用一系列关键词来刻画某个主题（例如"电
影"+"宠物"+"狗"+"忠诚"）。

在这种模式下，选项 3 可能会脱颖而出。

选项 3：

《一条狗的使命》以汪星人的视角展现狗狗和人类的微妙情感。一条狗狗陪伴小主人长大成
人，甚至为他追到了女朋友，后来它年迈死去又转世投胎变成其他性别和类型的狗狗。第二次轮
回狗狗变成了威风凛凛的警犬；再次转世轮回，又成了陪伴一位单身女青年的小柯基犬。在经历

了多次轮回之后，它最终回到最初的主人身边。

讲到这里，你大概明白主题抽取的目标了。可是面对浩如烟海的文章，如何把相似的文章聚合起来，并且抽取、描述聚合后主题的重要关键词呢？

主题抽取有若干种方法。目前最为流行的是 LDA。

LDA 相关原理的内容在本节最后介绍。下面先用 Python 尝试实践一次主题抽取。如果你对 LDA 原理感兴趣的话，不妨进行延伸阅读。

7.3.3　安装依赖包

首先请访问本书的资源链接地址 https://github.com/zhaihulu/DataScience/，下载相关章的数据资料。本节的数据在 datascience.csv 文件中，先用 Excel 打开它，看看下载是否完整和正确，如图 7-19 所示。

如果一切正常，将该 CSV 文件移动到工作目录 demo 中。

在我们的系统终端（macOS/Linux）或者命令提示符（Windows）中，进入工作目录 demo，执行以下命令。

```
pip install jieba
pip install pyldavis
```

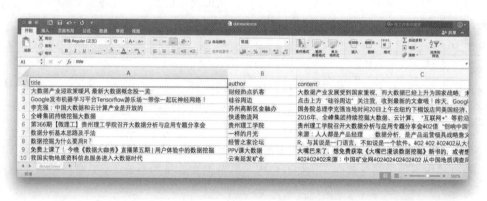

图 7-19

运行环境配置完毕。

在终端或者命令提示符下运行：jupyter notebook。

Jupyter Notebook 运行后，就可以正式编写代码了。

7.3.4　使用LDA抽取主题

我们在 Jupyter Notebook 中新建一个 Python 3 Notebook，命名为 topic-model，如图 7-20 所示。

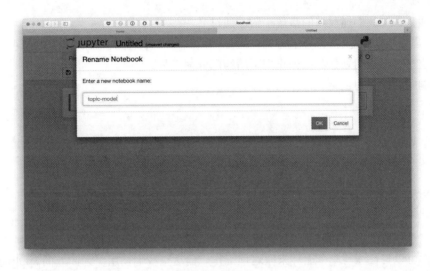

图 7-20

处理表格数据，依然使用数据框工具 Pandas。先将其导入。

```
import pandas as pd
```

然后读取数据文件 datascience.csv，注意它的编码是 GB 18030，不是 Pandas 默认设置的编码。所以此处需要显式指定编码类型，以免出现乱码错误。

```
df = pd.read_csv("datascience.csv", encoding='gb18030')
```

我们来看看数据框的前几行，确认已经正确读取。

```
df.head()
```

输出结果如下：

Out[5]:		title	author	content
	0	大数据产业迎政策暖风 最新大数据概念股一览	财经热点扒客	大数据产业发展受到国家重视，而大数据已经上升为国家战略，未来发展前
	1	Google发布机器学习平台TensorFlow游乐场～带你一起玩神经网络！	硅谷周边	点击上方"硅谷周边"关注我，收到最新的文章哦！昨天，Google发布了Tens
	2	李克强：中国大数据和云计算产业是开放的	苏州高新区金融办	国务院总理李克强当地时间20日上午在纽约下榻饭店同美国经济、金融、智
	3	全峰集团持续挖掘大数据	快递物流网	2016年，全峰集团持续挖掘大数据、云计算、"互联网+"等前沿技术和物流
	4	第366期【微理工】贵州理工学院召开大数据分析与应用专题分享会	贵州理工学院	贵州理工学院召开大数据分析与应用专题分享会 借"创响中国"贵安站巡回接

没问题，前几行内容的所有列都正确读取，文字显示正常。我们看看数据框的长度，以确认数据是否读取完整。

```
df.shape
```

执行的结果为：

```
(1024, 3)
```

行、列数都与我们抓取到的数量一致，通过。

下面需要做一项重要工作——分词。这是因为我们需要提取每篇文章的关键词，而中文本身并不使用空格在词语间划分。此处我们采用结巴分词工具。

首先调用结巴分词包。

```
import jieba
```

此次需要处理的并不是单一文章，而是 1 000 多篇文章，因此我们需要把这项工作并行化。首先编写一个函数，处理单一文本的分词。

```
def chinese_word_cut(mytext):
    return " ".join(jieba.cut(mytext))
```

有了这个函数之后，我们就可以不断调用它来批量处理数据框里面的全部文本（正文）信息了。当然你可以自己编写一个循环来做这项工作。但这里我们使用更为高效的 apply 函数。

执行下方代码，可能需要一小段时间。请耐心等候。

```
df["content_cutted"] = df.content.apply(chinese_word_cut)
```

执行完毕之后，查看文本是否被正确分词。

```
df.content_cutted.head()
```

输出结果如下：

```
0    大 数据 产业 发展 受到 国家 重视 ，而 大 数据 已经 上升 为 国家 战略 ，未...
1    单击 上方 " 硅谷 周边 " 关注 我 ，收到 最新 的 文章 哦 ！昨天 ，Goo...
2    2016年 ，全峰 集团 持续 挖掘 大 数据 、 云 计算 、 " 互联网 + " 等...
3    贵州 理工学院 召开 大 数据分析 与 应用 专题 分享 会   借 " 创响 中国 " 贵...
Name: content_cutted, dtype: object
```

词都已经被空格区分开了。下面我们需要完成一项重要工作，叫作文本的向量化。

让我们导入相关软件包吧。

```
from sklearn.feature_extraction.text import TfidfVectorizer, CountVectorizer
```

处理的文本都来自微信公众号文章，里面可能会有大量的词汇。我们不希望处理所有词。一来处理时间太长，二来那些很不常用的词对我们的主题抽取意义不大。所以这里做了一个限定，只从文本中抽取 1 000 个最重要的特征关键词，然后停止。

```
n_features = 1000
```

下面我们开始关键词抽取和转换向量。

```
tf_vectorizer = CountVectorizer(strip_accents = 'unicode',
                                max_features=n_features,
```

```
                            stop_words='english',
                            max_df = 0.5,
                            min_df = 10)
tf = tf_vectorizer.fit_transform(df.content_cutted)
```

到这里，似乎什么都没有发生。因为我们没有要求程序做任何输出。下面我们就要放出
LDA 这个"大招"了。

先导入软件包。

```
from sklearn.decomposition import LatentDirichletAllocation
```

然后我们需要人为设定主题（Topic）的数量。怎么知道这些文章里面有多少主题呢？

别着急。我们可以应用 LDA，先指定主题数量。如果只需要把文章粗略划分成几个大类，
就可以把数量设定得小一些；相反，如果希望能够识别出细分的主题，就增大主题数量。

对划分的结果，如果我们觉得不够满意，还可以通过迭代，调整主题数量进行优化。

这里我们先设定为 5 个分类。

```
n_topics = 5
lda = LatentDirichletAllocation(n_topics=n_topics,
                                max_iter=50,
                                learning_method='online',
                                learning_offset=50.0,
                                random_state=0)
```

把我们的 1 000 多篇向量化后的文章交给 LDA，让他帮我们寻找主题。

这一部分工作量较大，程序会执行一段时间，Jupyter Notebook 在执行中可能暂时没有响应。
等待一会儿就好，不要着急。

```
lda.fit（tf）
```

程序终于运行完毕，我们会看到如下的提示信息：

```
LatentDirichletAllocation(batch_size=128, doc_topic_prior=None,
          evaluate_every=-1, learning_decay=0.7,
          learning_method='online', learning_offset=50.0,
          max_doc_update_iter=100, max_iter=50, mean_change_tol=0.001,
          n_jobs=1, n_topics=5, perp_tol=0.1, random_state=0,
          topic_word_prior=None, total_samples=1000000.0, verbose=0)
```

可是，这还是什么输出都没有啊！它究竟找了什么样的主题？

主题没有一个确定的名称，而是用一系列关键词描述的。我们定义以下函数，把每个主题里
面的前 n 个关键词显示出来。

```
def print_top_words(model, feature_names, n_top_words):
    for topic_idx, topic in enumerate(model.components_):
```

```
        print("Topic #%d:" % topic_idx)
        print(" ".join([feature_names[i]
            for i in topic.argsort()[:-n_top_words - 1:-1]]))
    print()
```

定义好函数之后，我们暂定每个主题输出前 20 个关键词。

```
n_top_words = 20
```

以下命令会依次输出每个主题的关键词表。

```
tf_feature_names = tf_vectorizer.get_feature_names()print_top_words(lda, tf_feature_names, n_top_words)
```

执行效果如下：

```
Topic #0:
学习 模型 使用 算法 方法 机器 可视化 神经网络 特征 处理 计算 系统 不同 数据库 训练 分类 基于 工具 一种 深度
Topic #1:
这个 就是 可能 如果 他们 没有 自己 很多 什么 不是 但是 这样 因为 一些 时候 现在 用户 所以 非常 已经
Topic #2:
企业 平台 服务 管理 互联网 公司 行业 数据分析 业务 用户 产品 金融 创新 客户 实现 系统 能力 产业 工作 价值
Topic #3:
中国2016电子 增长10市场 城市2015关注 人口 检索30或者 其中 阅读 应当 美国 全国 同比20
Topic #4:
人工智能 学习 领域 智能 机器人 机器 人类 公司 深度 研究 未来 识别 已经 医疗 系统 计算机 目前 语音 百度 方面
```

在这 5 个主题里，可以看出主题 0（Topic #0）主要关注的是数据科学中的算法和技术，而主题 4 显然更关注数据科学的应用场景。

剩下的几个主题应如何归纳？把它作为思考题，留给你花时间想一想吧。

到这里，LDA 已经成功帮我们完成了主题抽取。但是结果还不够直观。如何改进呢？执行以下命令，可能会有有趣的事情发生。

```
import pyLDAvis
import pyLDAvis.sklearn
pyLDAvis.enable_notebook()
pyLDAvis.sklearn.prepare(lda, tf, tf_vectorizer)
```

对，我们会看到一张图，而且其还是可交互的动态图，如图 7-21 所示。

需要说明的是，由于 pyLDAvis 包的兼容性有些问题，因此在某些操作系统和软件环境下，执行刚刚的语句后，虽然没有报错，但也没有图形显示出来。

没关系。这时候我们输入以下语句并执行。

```
data = pyLDAvis.sklearn.prepare(lda, tf, tf_vectorizer)
pyLDAvis.show(data)
```

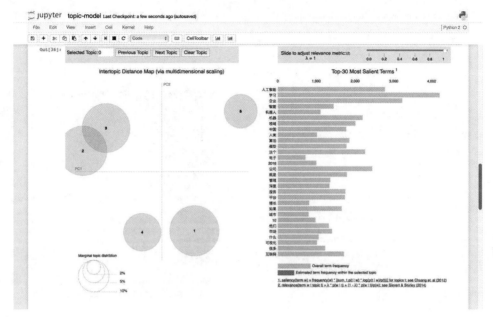

图 7-21

　　Jupyter 会给我们提示一些警告信息。不用管它。因为此时我们的浏览器会弹出一个新的标签页，结果图形会在这个标签页里正确显示出来。

　　如果我们看完了图后，需要继续运行程序，就回到原来的标签页，单击 Kernel 菜单下的第一项 "Interrupt" 停止绘图，然后往下运行新的语句。

　　结果图形的左侧用圆圈代表不同的主题，圆圈的大小代表每个主题分别包含文章的数量。

　　结果图形的右侧列出了最重要（频率最高）的 30 个关键词。注意，当我们没有把鼠标指针悬停在任何主题之上的时候，这 30 个关键词即全部文章中提取到的 30 个最重要关键词。

　　如果我们把鼠标指针悬停在圆圈 1 上面（见图 7-22），右侧的关键词列表会立即发生变化，深色展示了每个关键词在当前主题下的频率。

　　以上是设定主题数量为 5 的情况。如果我们把主题数量设定为 10 呢？

　　我们不需要重新运行所有代码，只需要运行下面这几行代码就可以了。

　　这段代码还是需要运行一段时间，请耐心等待。

```
n_topics = 10
lda = LatentDirichletAllocation(n_topics=n_topics, max_iter=50,
                                learning_method='online',
                                learning_offset=50.,
                                random_state=0)
lda.fit(tf)
print_top_words(lda, tf_feature_names, n_top_words)
pyLDAvis.sklearn.prepare(lda, tf, tf_vectorizer)
```

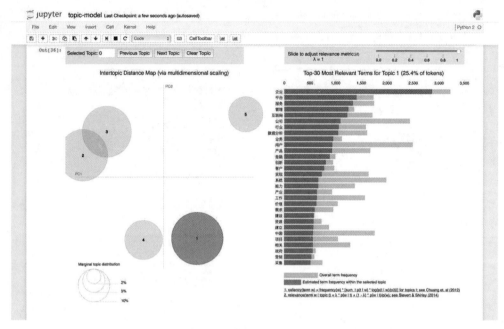

图 7-22

程序将分别输出 10 个主题中最重要的 20 个关键词。

Topic #0:
这个 就是 如果 可能 用户 一些 什么 很多 没有 这样 时候 但是 因为 不是 所以 不同 如何 使用 或者 非常
Topic #1:
中国 孩子 增长 市场 2016 学生 10 2015 城市 自己 人口 大众 关注 其中 教育 同比 没有 美国 投资 这个
Topic #2:
data 变量 距离 http 样本 com www 检验 方法 分布 计算 聚类 如下 分类 之间 两个 一种 差异 表示 序列
Topic #3:
电子 采集 应当 或者 案件 保护 规定 信用卡 收集 是否 提取 设备 法律 申请 法院 系统 记录 相关 要求 无法
Topic #4:
系统 检索 交通 平台 专利 智能 监控 采集 海量 管理 搜索 智慧 出行 视频 车辆 计算 实现 基于 数据库 存储
Topic #5:
可视化 使用 工具 数据库 存储 hadoop 处理 图表 数据仓库 支持 查询 开发 设计 sql 开源 用于 创建 用户 基于 软件
Topic #6:
学习 算法 模型 机器 深度 神经网络 方法 训练 特征 分类 网络 使用 基于 介绍 研究 预测 回归 函数 参数 图片
Topic #7:
企业 管理 服务 互联网 金融 客户 行业 平台 实现 建立 社会 政府 研究 资源 安全 时代 利用 传统 价值 医疗
Topic #8:
人工智能 领域 机器人 智能 公司 人类 机器 学习 未来 已经 研究 他们 识别 可能 计算机 目前 语音 工作 现在 能够
Topic #9:
用户 公司 企业 互联网 平台 中国 数据分析 行业 产业 产品 创新 项目2016服务 工作 科技 相关 业务 移动 市场

附带可视化的输出结果，如图 7-23 所示。

图 7-23

如果不能直接输出图形，那么还是按照前面的做法，执行：

```
data = pyLDAvis.sklearn.prepare(lda, tf, tf_vectorizer)
pyLDAvis.show(data)
```

你会发现当主题数量设定为 10 的时候，会发生一些有趣的现象——大部分的文章出现在右上方，而两个小"部落"（主题 8 和主题 10）似乎孤单地留在角落。我们查看这里的主题 8，看看它的关键词构成，如图 7-24 所示。

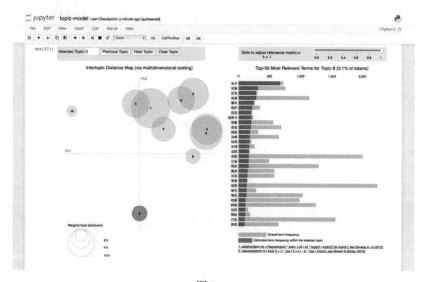

图 7-24

　　通过高频关键词的描述，我们可以猜测到这一主题主要探讨的是政策和法律法规问题，难怪它与技术、算法与应用等主题显得如此格格不入。

7.3.5　小结与思考

　　前文帮助大家一步步利用 LDA 做了主题抽取，有两个小问题值得说明。

　　首先，信息检索的业内专家看到刚才的关键词列表，应该会哈哈大笑——太粗糙了吧！居然没有做中文停用词去除！没错，为了演示的流畅，我们这里忽略了许多细节。很多内容使用的是预置默认参数，而且完全忽略了中文停用词设置环节，因此"这个""如果""可能""就是"这样的停用词才会"大摇大摆"地出现在结果中。知道了问题所在，后面改进起来会很容易。

　　另外，不论是 5 个还是 10 个主题，可能都不是最优的数量选择。我们可以根据程序反馈的结果不断尝试。实际上，可以调节的参数远不止这一个。如果我们想理解全部参数，可以继续阅读下面的原理部分，按图索骥地寻找相关的说明和指引。

　　前文我们没有介绍原理，而是把 LDA 当成一个"黑箱"。不是我们不想介绍原理，而是原理过于复杂。

　　只给你展示其中的一个公式，你就能大致了解其复杂程度了。

$$p(w_i, z_i, \theta_i, \Phi \,|\, \alpha, \beta) = \prod_{j=1}^{N} p(\theta_i \,|\, \alpha) p(z_{i,j} \,|\, \theta_i) p(\Phi \,|\, \beta) p(w_{i,j} \,|\, \theta_{z_{i,j}})$$

　　好在我们不需要把原理完全搞清楚，再用 LDA 抽取主题。

　　这就像是学开车，我们只要懂得如何加速、制动、换挡、打方向，就能让车在路上行驶。即便我们通过所有考试并取得了驾驶证，我们真的需要了解发动机或电动机（如果我们开的是纯电车）的构造和工作原理吗？

　　但是如果我们就是希望了解 LDA 的原理，那么建议大家去听克里斯蒂娜·多伊格（Christine Doig）的讲解视频。她来自 Continuum Analytics 公司，我们一直用的 Python 套装 Anaconda 就是该公司的产品。

第 8 章

深度学习

深度学习是机器学习领域的一个重要部分，为希望实现的终极目标——人工智能服务。深度学习的动机在于建立和模拟人脑进行分析学习的神经网络，该网络可以模拟人脑的机制处理数据，特别是在图像识别任务中效率有飞跃性的提升。本章将带你走进深度学习的世界，了解目前流行的深度学习网络结构，探索卷积神经网络（Convolutional Neural Networks，CNN）、循环神经网络（Recurrent Neural Network，RNN）、迁移学习的概念模型。我们将在分析预测、图像识别、数据分类等任务中学习经典的深度学习框架，例如 TensorFlow、Turi Create、BERT 等。还等什么，我们开始吧！

8.1 如何锁定即将流失的客户

本节我们从零开始搭建属于我们自己的第一个深度学习模型，完成数据分类任务，带着大家初步领略深度学习模型的强大和易用。

8.1.1 寻找安全贷款的规律

作为一名数据分析师，假设你到这家跨国银行工作已经半年了。今天上午，老板把你叫到办公室，面色凝重。你心里直打鼓，以为自己做错了什么事情。幸好老板的话让你很快打消了顾虑。他发愁是因为最近欧洲区的客户流失严重，许多客户都去竞争对手那里接受服务了。老板问你该怎么办？你脱口而出："做好客户关系管理啊！"老板看了你一眼，缓慢地说："我们想知道哪些客户最可能在近期流失。"

没错，在有鱼的地方钓鱼，才是上策。你明白了自己的任务——通过数据锁定即将流失的客户。这个工作确实是数据分析师分内的事。你很庆幸，这半年做了很多的数据动态采集和整理工作，使得你现在就有一个比较完备的客户数据集。下面你需要做的就是从数据中"沙里淘金"，找到那些最可能流失的客户。可是，该怎么做呢？你拿出欧洲区客户的数据，如图 8-1 所示。

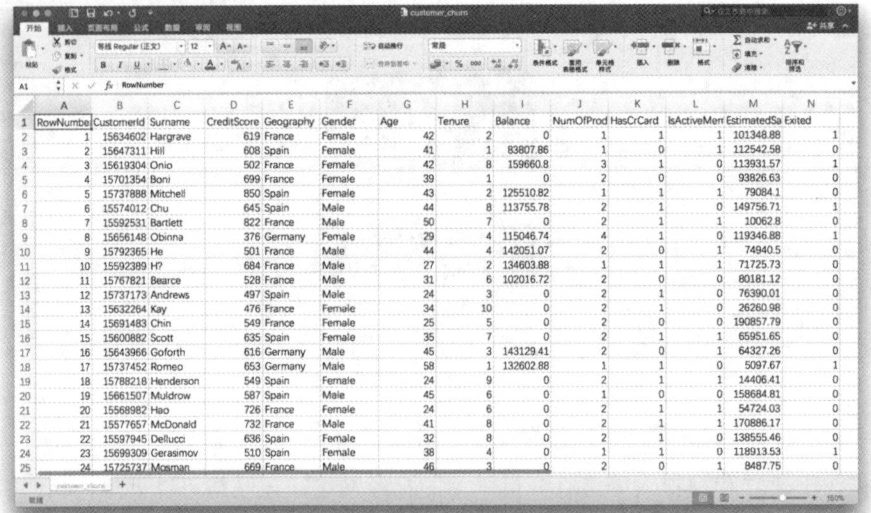

RowNumbe	CustomerId	Surname	CreditScore	Geography	Gender	Age	Tenure	Balance	NumOfProd	HasCrCard	IsActiveMem	EstimatedSa	Exited
1	15634602	Hargrave	619	France	Female	42	2	0	1	1	1	101348.88	1
2	15647311	Hill	608	Spain	Female	41	1	83807.86	1	0	1	112542.58	0
3	15619304	Onio	502	France	Female	42	8	159660.8	3	1	0	113931.57	1
4	15701354	Boni	699	France	Female	39	1	0	2	0	0	93826.63	0
5	15737888	Mitchell	850	Spain	Female	43	2	125510.82	1	1	1	79084.1	0
6	15574012	Chu	645	Spain	Male	44	8	113755.78	2	1	0	149756.71	1
7	15592531	Bartlett	822	France	Male	50	7	0	2	1	1	10062.8	0
8	15656148	Obinna	376	Germany	Female	29	4	115046.74	4	1	0	119346.88	1
9	15792365	He	501	France	Male	44	4	142051.07	2	0	1	74940.5	0
10	15592389	H?	684	France	Male	27	2	134603.88	1	1	1	71725.73	0
11	15767821	Bearce	528	France	Male	31	6	102016.72	2	0	0	80181.12	0
12	15737173	Andrews	497	Spain	Male	24	3	0	2	1	0	76390.01	0
13	15632264	Kay	476	France	Female	34	10	0	2	1	0	26260.98	0
14	15691483	Chin	549	France	Female	25	5	0	2	0	0	190857.79	0
15	15600882	Scott	635	Spain	Female	35	7	0	2	1	1	65951.65	0
16	15643966	Goforth	616	Germany	Male	45	3	143129.41	2	0	1	64327.26	0
17	15737452	Romeo	653	Germany	Male	58	1	132602.88	1	1	0	5097.67	1
18	15788218	Henderson	549	Spain	Female	24	9	0	2	1	1	14406.41	0
19	15661507	Muldrow	587	Spain	Male	45	6	0	1	0	0	158684.81	0
20	15568982	Hao	726	France	Female	24	6	0	2	1	1	54724.03	0
21	15577657	McDonald	732	France	Male	41	8	0	2	1	1	170886.17	0
22	15597945	Dellucci	636	Spain	Female	32	8	0	2	1	0	138555.46	0
23	15699309	Gerasimov	510	Spain	Female	38	4	0	1	1	0	118913.53	1
24	15725737	Mosman	669	France	Male	46	3	0	2	0	1	8487.75	0

图 8-1

客户主要分布在法国（France）、德国（Germany）和西班牙（Spain）。你手里掌握的数据包括他们的年龄、性别、信用、办卡数据等。客户是否已流失的数据在最后一列（Exited）。怎么用这些数据来判断客户是否会流失呢？以你的专业素养，应该很容易就判断出这是一个分类问题，属于机器学习中的监督学习。但是，你之前并没有做过实际项目，该如何着手呢？

8.1.2　运行环境

工欲善其事，必先利其器。先来搭建运行环境。

首先新建文件夹，命名为 demo-customer-churn-ann，访问本书的资源链接地址 https://github.com/zhaihulu/DataScience/，即可下载对应章的数据集，并放到该文件夹下（注：样例数据来自匿名化处理后的真实数据集，下载自 SuperDataScience 官网）。

打开终端（或者命令行工具），进入 demo-customer-churn-ann 目录，执行以下命令。

```
jupyter notebook
```

浏览器中会显示图 8-2 所示的界面。

图 8-2

单击界面右上方的"New"按钮，新建一个 Python 3 Notebook，将其命名为 customer-churn-ann，如图 8-3 所示。

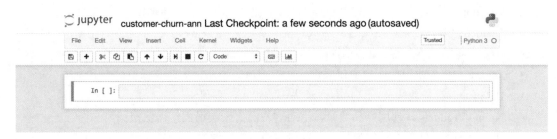

图 8-3

准备工作结束，下面我们开始数据清理工作。

8.1.3　数据清理

首先，导入数据清理最常用的 Pandas 和 NumPy 包。

```
import numpy as np
import pandas as pd
```

从 customer_churn.csv 文件里读取数据。

```
df = pd.read_csv('customer_churn.csv')
```

看看读取效果如何。

```
df.head()
```

这里我们使用了 head 函数，只显示前 5 行。

	RowNumber	CustomerId	Surname	CreditScore	Geography	Gender	Age	Tenure	Balanc
0	1	15634602	Hargrave	619	France	Female	42	2	0.00
1	2	15647311	Hill	608	Spain	Female	41	1	83807.£
2	3	15619304	Onio	502	France	Female	42	8	159660
3	4	15701354	Boni	699	France	Female	39	1	0.00
4	5	15737888	Mitchell	850	Spain	Female	43	2	125510

可以看到，数据读取完整无误。但是并非所有的列都对我们预测客户流失有作用。我们一一甄别。

- RowNumber：行号，这个没有用，可删除；
- CustomerId：客户编号，这是顺序发放的，可删除；

- Surname：客户姓名，对客户流失没有影响，可删除；
- CreditScore：信用分数，这对客户流失影响很大，需保留；
- Geography：客户所在国家 / 地区，这对客户流失有影响，需保留；
- Gender：客户性别，这对客户流失可能有影响，需保留；
- Age：年龄，这对客户流失影响很大，年轻人更容易更换银行，需保留；
- Tenure：成为本银行客户的年限，这对客户流失影响很大，需保留；
- Balance：存贷款情况，这对客户流失影响很大，需保留；
- NumOfProducts：使用产品数量，这对客户流失影响很大，需保留；
- HasCrCard：是否有本行信用卡，这对客户流失影响很大，需保留；
- IsActiveMember：是否活跃客户，这对客户流失影响很大，需保留；
- EstimatedSalary：估计收入，这对客户流失影响很大，需保留；
- Exited：是否已流失，这将作为我们的标记数据。

上述数据列甄别过程就叫作"特征工程"（Feature Engineering），这是机器学习里面非常常用的数据预处理方法。如果我们的数据量足够大，机器学习模型足够复杂，是可以跳过这一步的。但是由于我们的数据只有 10 000 条，因此还需要手动筛选特征。

选定了特征之后，生成特征矩阵 *X*，把刚才决定保留的特征写入。

```
X = df.loc[:, ['CreditScore', 'Geography', 'Gender', 'Age', 'Tenure', 'Balance',
'NumOfProducts', 'HasCrCard', 'IsActiveMember', 'EstimatedSalary']]
```

看看特征矩阵的前几行。

```
X.head()
```

输出结果如下：

	CreditScore	Geography	Gender	Age	Tenure	Balance	NumOfProducts	HasCrCard	IsA
0	619	France	Female	42	2	0.00	1	1	1
1	608	Spain	Female	41	1	83807.86	1	0	1
2	502	France	Female	42	8	159660.80	3	1	0
3	699	France	Female	39	1	0.00	2	0	0
4	850	Spain	Female	43	2	125510.82	1	1	1

特征矩阵构建准确无误，下面我们构建目标数据 y（代表客户是否流失）。

```
y = df.Exited
y.head()
```

输出结果如下：

```
0    1
1    0
2    1
3    0
4    0
Name: Exited, dtype: int64
```

此时我们需要的数据基本上都准备好了。但是其中有几列数据还不符合我们的要求。在机器学习中，只能给机器提供数值，而不能提供字符串。可是看看特征矩阵。

```
X.head()
```

	CreditScore	Geography	Gender	Age	Tenure	Balance	NumOfProducts	HasCrCard	IsA
0	619	France	Female	42	2	0.00	1	1	1
1	608	Spain	Female	41	1	83807.86	1	0	1
2	502	France	Female	42	8	159660.80	3	1	0
3	699	France	Female	39	1	0.00	2	0	0
4	850	Spain	Female	43	2	125510.82	1	1	1

显然其中的 Geography 和 Gender 列对应的数据都不符合要求。它们都是分类数据，需要将其转换为数值。

scikit-learn 软件包专门提供了方便的工具 LabelEncoder，其可以方便地将类别信息变成数值。

```
from sklearn.preprocessing import LabelEncoder, OneHotEncoder
labelencoder1 = LabelEncoder()
X.Geography= labelencoder1.fit_transform(X.Geography)
labelencoder2 = LabelEncoder()
X.Gender = labelencoder2.fit_transform(X.Gender)
```

我们需要转换两列，所以建立了两个不同的 LabelEncoder。转换的函数叫作 fit_transform。经过转换，此时我们再来看看特征矩阵的样子。

```
X.head()
```

	CreditScore	Geography	Gender	Age	Tenure	Balance	NumOfProducts	HasCrCard	IsA
0	619	0	0	42	2	0.0	1	1	1
1	608	2	0	41	1	83807.86	1	0	1
2	502	0	0	42	8	159660.80	3	1	0
3	699	0	0	39	1	0.00	2	0	0
4	850	2	0	43	2	125510.82	1	1	1

显然，Geography 和 Gender 这两列数据都从原来描述类别的字符串，变成了数值。

这样是不是就万事大吉了呢？不是，Gender 还比较容易处理，其只有两种取值方式，要么是男性，要么是女性。我们可以把男性定义为 1，那么女性就定义为 0。两种取值只是描述类别不同，没有歧义。而 Geography 就不同了。因为数据集里面可能的国家 / 地区取值有 3 种，所以就转换成了 0（法国）、1（德国）、2（西班牙）。问题是，这三者之间真的有序列（大小）关系吗？

答案自然是否定的。我们其实只是打算用取值描述分类而已。但是取值有数量上的大小差异，它会给计算带来歧义。计算机并不清楚不同的取值只是某个国家的代码，可能会把值大小关系带入模型计算，从而产生错误的结果。为了解决这个问题，我们可引入 OneHotEncoder。它也是 scikit-learn 提供的一个类，可以帮助我们把类别的取值转变为多个变量组合。在这个数据集里，可以把 3 个国家分别用 3 个数字组合来表示。例如法国从 0 变成（1，0，0），德国从 1 变成（0，1，0），而西班牙从 2 变成（0，0，1）。这样，就不会出现用 0 和 1 之外的数字来描述类别，从而避免计算机产生误会，错把类别数字当成大小来计算。

特征矩阵里面，我们只需要转换国别这一列。因为它在第 1 列的位置（从 0 开始计数），因而 categorical_features 只填写它的位置信息。

```
onehotencoder = OneHotEncoder(categorical_features = [1])
X = onehotencoder.fit_transform(X).toarray()
```

这时候，特征矩阵数据框就被转换成一个数组。注意，所有被 OneHotEncoder 转换的列会排在最前面，其后才是那些保持原样的数据列。

我们只看转换后的第 1 行。

```
X[0]
```

输出结果如下：

```
array([  1.00000000e+00,   0.00000000e+00,   0.00000000e+00,
         6.19000000e+02,   0.00000000e+00,   4.20000000e+01,
         2.00000000e+00,   0.00000000e+00,   1.00000000e+00,
         1.00000000e+00,   1.00000000e+00,   1.01348880e+05])
```

这样，总算转换完毕了吧？并没有。

因为本例中，OneHotEncoder 转换出来的 3 列数字，实际上是不独立的。给定其中两列的信息，你自己都可以计算出第 3 列的值。如某一行的前两列数字是（0，0），那么第 3 列肯定是 1。因为这是由转换规则决定的。3 列里只能有一列是 1，其余都是 0。如果你学过多元线性回归，应该知道在这种情况下，我们是需要去掉其中一列才能继续分析的。不然会落入"虚拟变量陷阱"（Dummy Variable Trap）。

我们删掉第 0 列，避免落入陷阱。

```
X = np.delete(X, [0], 1)
```

再次输出第 1 行。

```
X[0]
```

输出结果如下：

```
array([  0.00000000e+00,   0.00000000e+00,   6.19000000e+02,
         0.00000000e+00,   4.20000000e+01,   2.00000000e+00,
         0.00000000e+00,   1.00000000e+00,   1.00000000e+00,
         1.00000000e+00,   1.01348880e+05])
```

检查完毕，现在我们的特征矩阵处理基本完成。

但是监督学习，最重要的是要有标记数据。本例中的标记就是客户是否流失。我们目前的标记数据框如下：

```
y.head()
```

输出结果如下：

```
0    1
1    0
2    1
3    0
4    0
Name: Exited, dtype: int64
```

它是一个行向量，需要先将其转换为列向量。你可以想象成把它"竖过来"。

```
y = y[:, np.newaxis]
y
```

输出结果如下：

```
array([[1],
       [0],
       [1],
       ...,
       [1],
       [1],
       [0]])
```

这样在后面训练的时候，它就可以和前面的特征矩阵一一对应来操作和计算了。

既然标记代表了类别，我们也把它用 OneHotEncoder 转换，这样方便我们后面做分类学习。

```
onehotencoder = OneHotEncoder()
y = onehotencoder.fit_transform(y).toarray()
```

此时的标记变成两列数据：一列代表客户存留，一列代表客户流失。

y

输出结果如下：

```
array([[0., 1.],
       [1., 0.],
       [0., 1.],
       ...,
       [0., 1.],
       [0., 1.],
       [1., 0.]])
```

总体的数据已经准备好了。但是我们不能把它们都用来训练。

这就类似老师不应该把考试题目给学生做作业和练习。只有考学生没见过的题目，才能判断学生是否掌握了正确的解题方法。

我们将 20% 的数据用于测试，80% 的数据用于训练机器学习模型。

```
from sklearn.model_selection import train_test_split
X_train, X_test, y_train, y_test = train_test_split(X, y, test_size = 0.2, random_state = 0)
```

我们看看训练集的长度。

len(X_train)

输出结果如下：

8000

再看看测试集的长度。

len(X_test)

输出结果如下：

2000

确认无误。

是不是可以开始机器学习了？

是。但是下面这一步也很关键。我们需要对数据进行标准化处理。由于每一列数字的取值范围都各不相同，因此有的列的方差要远远大于其他列。这样对机器来说是很困扰的。数据的标准化处理，可以在保持列内数据多样性的同时，尽量降低不同类别数据之间差异的影响，让机器"公平对待"全部特征。

我们调用 scikit-learn 的 StandardScaler 类来对数据进行标准化处理。

```
from sklearn.preprocessing import StandardScaler
sc = StandardScaler()
X_train = sc.fit_transform(X_train)
X_test = sc.transform(X_test)
```

注意，我们只对特征矩阵进行标准化处理，标记是不能动的。另外训练集和测试集需要按照统一的标准变化。所以在训练集上，使用 fit_transform 函数先拟合后转换；而在测试集上，直接用训练集拟合的结果转换。

```
X_train
```

输出结果如下：

```
array([[-0.5698444, 1.74309049, 0.16958176, ..., 0.64259497,
        -1.03227043, 1.10643166],
       [1.75486502, -0.57369368, -2.30455945, ..., 0.64259497,
         0.9687384, -0.74866447],
       [-0.5698444, -0.57369368, -1.19119591, ..., 0.64259497,
        -1.03227043, 1.48533467],
       ...,
       [-0.5698444, -0.57369368, 0.9015152, ..., 0.64259497,
        -1.03227043, 1.41231994],
       [-0.5698444, 1.74309049, -0.62420521, ..., 0.64259497,
         0.9687384, 0.84432121],
       [1.75486502, -0.57369368, -0.28401079, ..., 0.64259497,
        -1.03227043, 0.32472465]])
```

我们发现许多列的方差比原来小得多。这样机器学习起来会更加方便。

至此，数据清理和转换工作完成。

8.1.4　尝试使用决策树

前文已经介绍过使用决策树来进行决策支持，我们应该发现，这和贷款审批决策很像。既然决策树很好用，我们继续用决策树不就好了？

好的，让我们测试一下经典机器学习算法表现如何。

从 scikit-learn 中，导入决策树工具。然后拟合训练集数据。

```
from sklearn import tree
clf = tree.DecisionTreeClassifier()
clf = clf.fit(X_train, y_train)
```

然后，利用建立的决策树模型进行预测。

```
y_pred = clf.predict(X_test)
```

输出预测结果。

```
y_pred
```

输出结果如下：

```
array([[1., 0.],
       [0., 1.],
       [1., 0.],
       ...,
       [1., 0.],
       [1., 0.],
       [0., 1.]])
```

这样似乎看不出来什么。调用 scikit-learn 的 classification_report 模块，生成分析报告。

```
from sklearn.metrics import classification_report
print(classification_report(y_test, y_pred))
```

输出结果如下：

```
             precision    recall  f1-score   support
          0       0.89      0.86      0.87      1595
          1       0.51      0.58      0.54       405
avg / total       0.81      0.80      0.81      2000
```

经检测，决策树在我们的数据集上，表现得还是不错的。总体的准确率为 0.81，召回率为 0.80，f1 分数为 0.81。对 10 个客户进行流失可能性判断，有 8 个都能判断正确。

但是，这样是否足够准确呢？为了提高准确率，我们可以调整决策树的参数进行优化，尝试改进预测结果，或者采用深度学习。

8.1.5 深度学习游乐场

当原有的经典机器学习模型过于简单，无法把握复杂数据特性时，可采用深度学习的方法。在这里我请大家一起动手做一个实验。

请你打开这个网址——http://playground.tensorflow.org/#networkShape=2，2。

你会看到图 8-4 所示的深度学习"游乐场"。

如图 8-4 所示，在右侧的图形中，中间是深色数据，外圈是浅色数据。我们的任务就是要用模型分类两种不同数据。

你认为这很容易，一眼就能区分。但我们的目的是通过设置让机器也能正确区分。图 8-4 中可以看到许多加、减号，通过操纵它们可以调整模型。

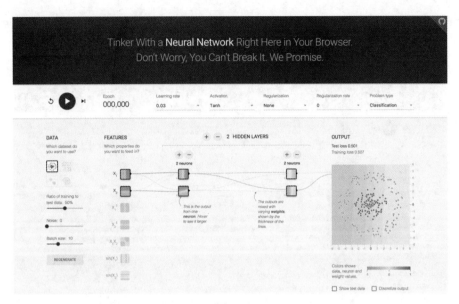

图 8-4

　　首先，单击图 8-4 中的 "2 HIDDEN LAYERS" 左侧的减号 "−"，把隐藏层的个数减少为 1，如图 8-5 所示。

图 8-5

　　然后，单击 "2 neurons" 上面的减号，把神经元数量减少为 1。单击页面上方的 "Activation" 下拉按钮，选择 "Sigmoid"。现在的模型其实就是经典的逻辑回归（Logistic Regression）模型，如图 8-6 所示。

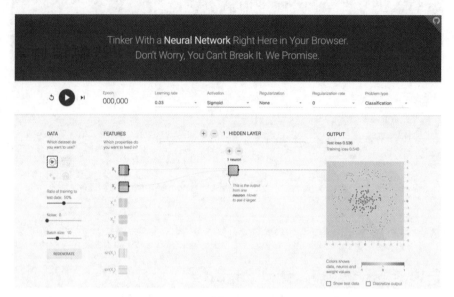

图 8-6

单击运行按钮，看看执行效果，如图 8-7 所示。

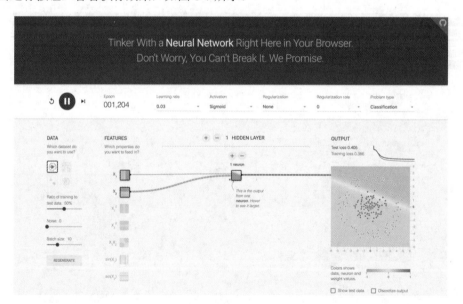

图 8-7

由于模型过于简单，因此机器试图用一条直线切分二维平面上的两类节点。损失（Loss）居高不下，训练集和测试集损失都在 0.4 左右，显然不符合我们的分类需求。

下面来试试增加隐藏层个数和神经元数量。这次单击加号"+"，把隐藏层个数设为 2，两层的神经元数量都设为 2，如图 8-8 所示。

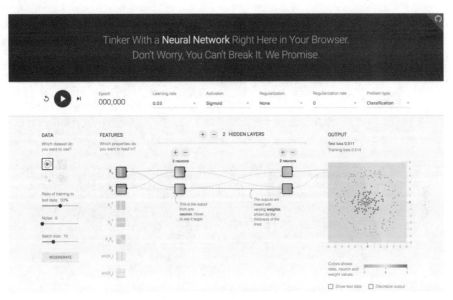

图 8-8

再次单击运行按钮。经过一段时间，结果趋近稳定，我们发现这次平面被两条线切分成 3 部分，如图 8-9 所示。

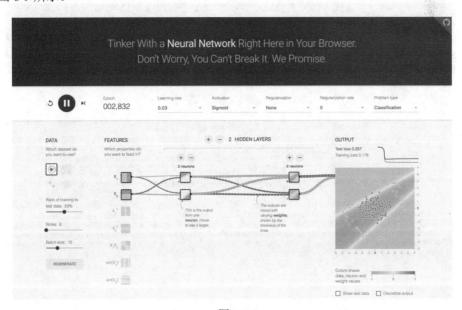

图 8-9

测试集损失降低至 0.25 左右，而训练集损失更是降低到了 0.2 以下。模型复杂了，而其效果似乎更好一些。再接再厉，我们把第一个隐藏层的神经元数量增加到 4，如图 8-10 所示。

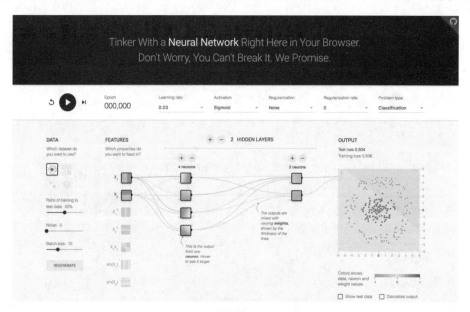

图 8-10

单击运行按钮，有趣的事情发生了，如图 8-11 所示。

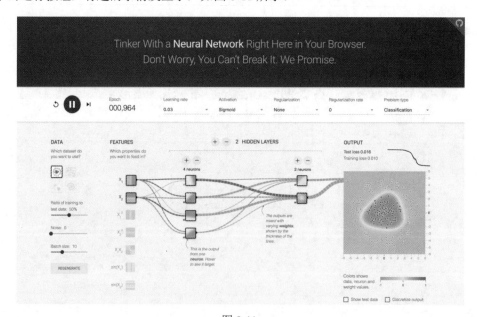

图 8-11

机器用一条近乎完美的曲线把平面分成了内、外两个部分。测试集和训练集损失都极速下降，训练集损失甚至接近于 0。这说明，如果是因为模型过于简单带来的问题，可以通过增加隐藏层个数、增加神经元数量的方法提升模型复杂度，加以改进。

目前流行的划分方法是用隐藏层的数量多少来区分是否"深度"。当神经网络中隐藏层数量达到 3 以上时，就被称为"深度神经网络"，或者"深度学习"。

如果有时间的话，建议大家在这个"游乐场"里多动手玩一玩。这样应该会很快对神经网络和深度学习有一个感性认识。

8.1.6　深度学习框架

TensorFlow 就是 Google 的深度学习框架。所谓框架，就是别人帮我们构造好的基础软件应用。通过调用它们，我们可以避免自己重复发明"轮子"，这可以节省大量时间，提升效率。

支持 Python 的深度学习框架有很多，除了 TensorFlow 外，还有 PyTorch、Theano 和 MXNet 等。建议大家找一个自己喜欢的框架，深入学习和使用，不断实践以提升自己的技能。TensorFlow 本身是一个底层库。虽然随着版本的更迭，TensorFlow 的界面变得更加易用，但是对初学者来说，其中许多细节依然过于琐碎，不易掌握。

幸好，还有几个高度抽象的框架是建立在 TensorFlow 之上的。如果我们的任务是应用现成的深度学习模型，那么这些框架将会给大家带来非常大的便利。这些框架包括 Keras、TensorLayer 等。本节中，我们将要使用 TFLearn，它与 scikit-learn 类似。如果大家熟悉经典机器学习模型，学起来应该比较轻松。

8.1.7　尝试使用TensorFlow

下面我们继续写代码吧。

写代码之前，请回到终端中，执行以下命令，安装几个软件包。

```
pip install tensorflow
pip install tflearn
```

执行完毕，回到 Notebook 里。"呼叫" TFLearn 框架。

```
import tflearn
```

然后，就像搭积木一样搭建神经网络层。首先是输入层。

```
net = tflearn.input_data(shape=[None, 11])
```

注意这里的写法，我们输入的数据是特征矩阵。经处理后，特征矩阵现在有 11 列，因此 shape 的第二项为 11。

shape 的第一项表示输入的特征矩阵行数。因为我们现在要搭建模型，特征矩阵有可能一次输入完毕，也有可能分成组块输入，行数不确定，所以输入的特征矩阵行数为 None。TFLearn 会在实际执行训练的时候，自行读取特征矩阵的尺寸，来处理这个数值。

下面我们先搭建 3 层隐藏层。

```
net = tflearn.fully_connected(net, 6, activation='relu')
net = tflearn.fully_connected(net, 6, activation='relu')
net = tflearn.fully_connected(net, 6, activation='relu')
```

activation 代表激活函数。如果没有它，所有的输入 / 输出都是线性关系。ReLU 函数是激活函数的一种。

隐藏层里，每一层我们都设置了 6 个神经元。其实至今也不存在最优神经元数量的计算公式。工程界的一种做法是，把输入层的神经元数量加输出层神经元数量的和除以 2 再取整。我们这里就是用的这种方法，确定了神经元为 6 个。搭好了 3 个隐藏层，下面搭建输出层。

```
net = tflearn.fully_connected(net, 2, activation='softmax')
net = tflearn.regression(net)
```

这里我们用两个神经元做输出，并且说明使用回归方法。输出层选用的激活函数为 softmax。处理分类任务时使用 softmax 函数，它会告诉我们每一类的可能性，其中数值最高的，可以作为我们的分类结果。结构搭建完毕。下面我们告诉 TFLearn，以刚刚搭建的结构生成模型。

```
model = tflearn.DNN(net)
```

有了模型，我们就可以使用拟合功能了。是不是与 scikit-learn 的使用方法很相似呢？

```
model.fit(X_train, y_train, n_epoch=30, batch_size=32, show_metric=True)
```

注意，这里多了几个参数，我们来解释一下。

- n_epoch：数据训练几个轮次；
- batch_size：每一次输入模型的数据行数；
- show_metric：训练过程中要不要输出结果。

以下就是计算机输出的最终训练结果。其实中间运行过程更激动人心，你自己试一下就知道了。

```
Training Step: 7499  | total loss:  [1m[32m0.39757[0m[0m | time: 0.656s
| Adam | epoch: 030 | loss: 0.39757 - acc: 0.8493 -- iter: 7968/8000
Training Step: 7500  | total loss:  [1m[32m0.40385[0m[0m | time: 0.659s
| Adam | epoch: 030 | loss: 0.40385 - acc: 0.8487 -- iter: 8000/8000
--
```

我们看到训练集的损失大概为 0.4 左右。

打开终端，运行：

```
tensorboard --logdir=/tmp/tflearn_logs/
```

然后在浏览器里输入 http://localhost:6006/，可以看到图 8-12 所示的界面。

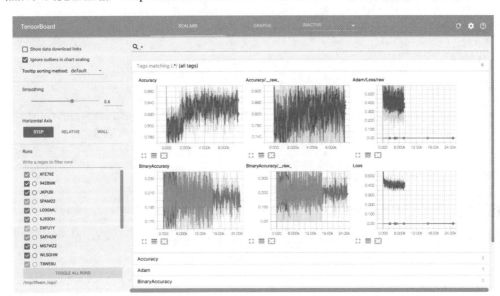

图 8-12

这是模型训练过程的可视化图形，可以看到准确率的攀升和损失降低的曲线。

打开 GRAPHS 标签页，可以查看神经网络的结构图形，如图 8-13 所示。

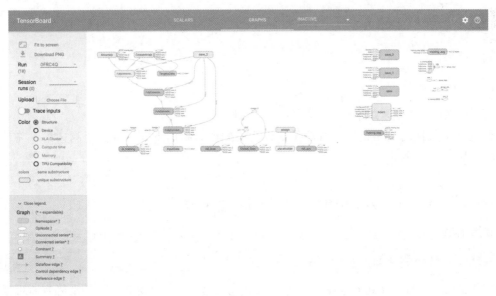

图 8-13

我们搭积木的过程，在此处一目了然。

8.1.8　深度学习模型评估

训练好了模型，我们来尝试进行预测。看看测试集的特征矩阵第一行。

```
X_test[0]
```

输出结果如下：

```
array([1.75486502, -0.57369368, -0.55204276, -1.09168714, -0.36890377,
        1.04473698, 0.8793029, -0.92159124, 0.64259497, 0.9687384,
        1.61085707])
```

我们就用这个特征矩阵来预测分类结果。

```
y_pred = model.predict(X_test)
```

输出看看：

```
y_pred[0]
```

输出结果如下：

```
array([0.70956731, 0.29043278], dtype=float32)
```

模型判断该客户不流失的可能性为 0.70956731。
我们看看实际标记数据。

```
y_test[0]
```

输出结果如下：

```
array([1., 0.])
```

客户果然没有流失，这个预测是对的。

但是一个数据的预测正确与否是无法说明问题的。我们下面运行整个测试集，并且使用 evaluate 函数评价模型。

```
score = model.evaluate(X_test, y_test)
print('Test accuarcy: %0.4f%%' % (score[0] * 100))
```

输出结果如下：

```
Test accuarcy: 84.1500%
```

在测试集上，准确率达到 84.15%。希望在我们的努力下，计算机做出的准确判断可以帮助银行有效锁定可能流失的客户，降低客户的流失率。

8.1.9　小结与思考

大家可能觉得，深度学习也没有什么特别的。原来的决策树算法，那么简单就能实现，也可以达到 80% 以上的准确率。写了这么多代码，深度学习的准确率也无非只提升了几个百分点而已。

但这几个百分点的提升意义重大。

第一，准确率达到某种程度后，再有所提升是不容易的。这就类似学生考试，从不及格到及格，付出的努力也许并不需要很多；从 95 分提升到 100 分，可能是很难完成的目标。

第二，在某些领域里，1% 的提升意味着以百万美元计的利润，或者几千个人的生命因此得到拯救。

第三，深度学习的崛起，是因为在大数据的环境下，数据越多，深度学习的优势就越明显。本例中只有 10 000 条记录，与"大数据"的规模还相去甚远。

8.2　识别动物图像

本节只需要十几行 Python 代码，就能构建出机器视觉模型，实现快速、准确识别海量动物图像。

8.2.1　计算机识别图像

进化让人类对图像的处理非常高效。

图 8-14

我们能否识别出图 8-14 中哪个是猫，哪个是狗？当然可以。但我们能否把自己识别猫狗图像的方法，描述成严格的规则，教给计算机，以便让它替人类识别成千上万幅图像呢？对大多数人来说，这可能难以表述。我们可能会尝试各种识别规则：图像某个位置的像素颜色、某个局部的边缘形状、某个水平位置的连续颜色长度……

我们把这些描述告诉计算机，它果然就可以识别出图 8-14 左边的猫和右边的狗了。问题是，计算机真的会识别猫狗图像了吗？那我们给出一幅新的图像，如图 8-15 所示。

图 8-15

我们会发现，几乎所有的规则，都需要改写。当计算机"好不容易"可以再次正确识别这两幅图像里面的动物时，我们又给出一幅新图像……

几小时以后，我们决定放弃了。人类无法把图像识别的规则详细、具体而准确地描述给计算机，这是不是意味着计算机不能识别图像呢？当然不是。

2017 年 12 月份的《科学美国人》杂志，把"视觉人工智能"（AI that Sees Like Humans）定义为 2017 年新兴技术之一。

我们可能已听说过自动驾驶汽车的神奇，没有计算机对图像的识别，自动驾驶汽车能实现吗？你可能已经习惯了手机上的面部识别解锁了吧？没有计算机对图像的辨别，面部识别解锁能实现吗？医学领域里，计算机对于科学影像（如 X 光片）的分析能力，已经超过有多年从业经验的医生了，没有计算机对图像的识别，这能做到吗？

计算机所做的就是学习。通过学习足够数量的样本，计算机可以从数据中构建自己的模型。其中可能涉及大量的判断规则。但是人类不需要告诉计算机任何一条，它完全是自己领悟和掌握的。

8.2.2 学习数据

图像识别的经典问题就是识别猫狗。在本小节中，我们来识别马和羊的图像。我们准备了 83 幅马的图像，和 100 幅羊的图像。请访问本书的资源链接地址 https://github.com/zhaihulu/DataScience/，下载对应章的数据集。

下载压缩包，然后在本地解压，将其作为演示目录。解压后，目录中的 image 文件夹里包含两个子文件夹，分别是 horse 和 sheep，如图 8-16 所示。

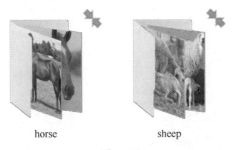

horse　　　　　　sheep

图 8-16

打开两个子文件夹，我们看看都有哪些图像，如图 8-17 所示。

图 8-17

可以看到，马和羊的图像五花八门。各种场景、颜色、动作、角度……不一而足。这些图像，大小不一，长宽比例也各不相同。

学习数据已经准备完毕，下面我们来准备环境配置。

8.2.3　配置运行环境

我们使用 Python 集成运行环境 Anaconda，并需要安装 Turi Create。需要注意的是，Turi Create 目前只支持在 Linux 和 macOS 中安装运行，如果是 Windows 用户，请通过虚拟机安装 Linux 后再操作。

请到你的终端（Linux/macOS）中，进入刚刚下载解压后的演示目录。

执行以下命令，创建一个 Anaconda 虚拟环境，名字叫作 turi。

```
conda create -n turi Python=3.7 anaconda
```

然后，激活 turi 虚拟环境。

```
source activate turi
```

在这个虚拟环境中，安装最新版的 Turi Create。

```
pip install -U turicreate
```

安装完毕，执行：

```
jupyter notebook
```

进入 Jupyter Notebook 环境，如图 8-18 所示。

图 8-18

我们新建一个 Python 3 Notebook，如图 8-19 所示。

图 8-19

单击左上角的 Notebook 名称，修改其为有意义的名称 "demo-python-image-classification"，如图 8-20 所示。

图 8-20

准备工作完毕，下面就可以开始编写程序了。

8.2.4　通过Turi Create识别图像

首先，我们导入 Turi Create 软件包。Turi Create 是一个机器学习框架，为开发者提供非常简便的数据分析与人工智能接口。

```
import turicreate as tc
```

指定图像所在的文件夹 image。

```
img_folder = 'image'
```

前文介绍了 image 文件夹下有 horse 和 sheep 这两个子文件夹。注意，如果将来我们需要识别其他的图像（例如猫和狗的图像），我们可以把不同类别的图像也分别存入 image 中的不同子文件夹，这些子文件夹的名称就是图像的类别名（cat 和 dog）。然后，让 Turi Create 读取所有的图像文件，并且存储到数据框。

```
data = tc.image_analysis.load_images(img_folder, with_path=True)
```

这里可能会出现错误信息。

```
Invalid PNG file          file: /home/zhaiyujiachn/venv/image/horse/35.mobileblogdetailheroimage.png
```

本例中提示有一个 .png 文件，Turi Create 不认识，无法当作图像读取，有一部分图像也不能识别，忽略这些信息即可。

下面，我们来看看数据框里都有什么。

```
data
```

path	image
/home/zhaiyujiachn/venv/image/horse/0.jpg ...	Height: 280 Width: 496
/home/zhaiyujiachn/venv/image/horse/1.horse- ...	Height: 2576 Width: 3435
/home/zhaiyujiachn/venv/image/horse/10.domesti ...	Height: 1120 Width: 1920
/home/zhaiyujiachn/venv/image/horse/11.horse.jpg ...	Height: 524 Width: 931
/home/zhaiyujiachn/venv/image/horse/12.horse.jpg ...	Height: 941 Width: 1299
/home/zhaiyujiachn/venv/image/horse/13..jpg ...	Height: 720 Width: 1280
/home/zhaiyujiachn/venv/image/horse/14.chubbyh ...	Height: 500 Width: 1140
/home/zhaiyujiachn/venv/image/horse/15.national- ...	Height: 514 Width: 640
/home/zhaiyujiachn/venv/image/horse/17.horse- ...	Height: 1800 Width: 1200
/home/zhaiyujiachn/venv/image/horse/18.d1ee096 ...	Height: 5003 Width: 8092

[174 rows x 2 columns]
Note: Only the head of the SFrame is printed.
You can use print_rows(num_rows=m, num_columns=n) to print more rows and columns.

可以看到，data 数据框包含两列信息，第一列是图像的地址，第二列是图像的长、宽描述。因为我们使用了 85 幅马的图像，和 100 幅羊的图像，其中有一些图像无法识别，所以总共的数据量是 174 条。数据读取完整性验证通过。下面，我们需要让 Turi Create 了解不同图像的标记信息——一幅图像到底是马，还是羊。

这就是为什么一开始，我们就要把不同的图像分类保存到不同的文件夹下。此时，我们利用文件夹名称来给图像标注标记。

```
data['label'] = data['path'].apply(lambda path: 'horse' if 'horse' in path else 'sheep')
```

这条语句把 horse 目录下的图像，在数据框里标注为 horse，反之就都标注为 sheep。我们来看看标注之后的数据框。

```
data
```

path	image	label
/home/zhaiyujiachn/venv/image/horse/0.jpg ...	Height: 280 Width: 496	horse
/home/zhaiyujiachn/venv/image/horse/1.horse- ...	Height: 2576 Width: 3435	horse
/home/zhaiyujiachn/venv/image/horse/10.domesti ...	Height: 1120 Width: 1920	horse
/home/zhaiyujiachn/venv/image/horse/11.horse.jpg ...	Height: 524 Width: 931	horse
/home/zhaiyujiachn/venv/image/horse/12.horse.jpg ...	Height: 941 Width: 1299	horse
/home/zhaiyujiachn/venv/image/horse/13. jpg ...	Height: 720 Width: 1280	horse
/home/zhaiyujiachn/venv/image/horse/14.chubbyh ...	Height: 500 Width: 1140	horse
/home/zhaiyujiachn/venv/image/horse/15.national- ...	Height: 514 Width: 640	horse
/home/zhaiyujiachn/venv/image/horse/17.horse- ...	Height: 1800 Width: 1200	horse
/home/zhaiyujiachn/venv/image/horse/18.d1ee096 ...	Height: 5003 Width: 8092	horse

[174 rows x 3 columns]
Note: Only the head of the SFrame is printed.
You can use print_rows(num_rows=m, num_columns=n) to print more rows and columns.

可以看到，数据的条目数量（行数）是一致的，只是多出来一个标记列 label，用以说明图像的类别。我们把数据进行存储。

```
data.save('horse-sheep.sframe')
```

这个存储动作，让我们可以保存目前的数据处理结果。之后只需要读取这个 SFRAME 文件就可以了，不需要再从头去跟文件夹“打交道”。从这个例子里，我们可能看不出什么优势。但是想象一下，如果我们的图像大小有好几吉字节，甚至好几太字节，那么每次进行分析处理时都从头读取文件和标注标记，就会非常耗时。

接下来，我们深入探索一下数据框。Turi Create 提供了非常方便的 explore 函数，用以直观探索数据框信息。

```
data.explore()
```

这时候，Turi Create 会弹出一个界面，展示数据框里面的内容，如图 8-21 所示。

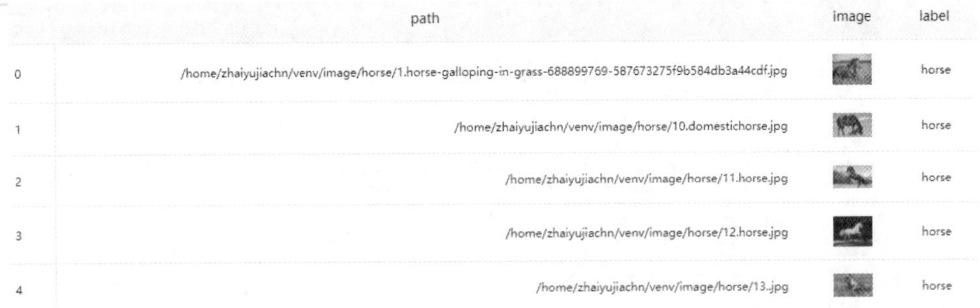

	path	image	label
0	/home/zhaiyujiachn/venv/image/horse/1.horse-galloping-in-grass-688899769-587673275f9b584db3a44cdf.jpg		horse
1	/home/zhaiyujiachn/venv/image/horse/10.domestichorse.jpg		horse
2	/home/zhaiyujiachn/venv/image/horse/11.horse.jpg		horse
3	/home/zhaiyujiachn/venv/image/horse/12.horse.jpg		horse
4	/home/zhaiyujiachn/venv/image/horse/13.jpg		horse

图 8-21

以前输出数据框时，我们只能看到图像的尺寸，此时却可以浏览图像的内容。如果图像太小，没关系，把鼠标指针悬停在某缩略图上面，就可以看到大图。

至此数据框探索完毕。回到 notebook 下，继续编写代码。这里我们让 Turi Create 把数据框分为训练集和测试集。

```
train_data, test_data = data.random_split(0.8, seed=2)
```

训练集是用来让计算机进行观察学习的。计算机会利用训练集的数据自行建立模型。但是模型的效果（例如分类的准确率）如何，则需要用测试集来进行验证、测试。这就如同老师不应该把考试题目都给学生做作业和练习。只有考学生没见过的题目，才能判断学生是否掌握了正确的解题方法。令 Turi Create 把 80% 的数据分给训练集，把 20% 的数据留下，等待测试。这里我们设定了随机种子的值为 2，这是为了保证数据拆分的一致性，以便重复验证我们的结果。

好了，下面令计算机开始观察学习训练集中的每一个数据，并且尝试自行建立模型。代码第一次执行的时候，需要等候一段时间，因为 Turi Create 需要从苹果公司的开发者官网上下载一些数据。这些数据大概有 100MB 左右。需要的时长，因我们和苹果公司的服务器的连接速度不同而异。好在只有第一次需要下载，之后再次执行会跳过下载步骤。

```
model = tc.image_classifier.create(train_data, target='label')
```

下载完后，可以看到 Turi Create 的训练信息。

```
Resizing images...
Performing feature extraction on resized images...
```

```
Completed 168/168
PROGRESS: Creating a validation set from 5 percent of training data. This may take a while.
        You can set"validation_set=None"to disable validation tracking.
```

　　Turi Createh 会帮助我们把图像进行尺寸变换，并且自动抓取图像的特征；然后从训练集里抽取 5% 的数据作为验证集，不断迭代，寻找最优的参数配置，实现最佳模型。这里可能会有一些警告信息，忽略就可以了。当我们看到图 8-22 所示的信息的时候，意味着训练工作已经顺利完成。

```
Downloading https://docs-assets.developer.apple.com/turicreate/models/resnet-50-TuriCreate-6.0.h5
Download completed: /var/tmp/model_cache/resnet-50-TuriCreate-6.0.h5
Performing feature extraction on resized images...
Completed  64/143
Completed 128/143
Completed 143/143
PROGRESS: Creating a validation set from 5 percent of training data. This may take a while.
        You can set ``validation_set=None`` to disable validation tracking.


Logistic regression:
_____

Number of examples        : 135

Number of classes         : 2

Number of feature columns  : 1

Number of unpacked features : 2048

Number of coefficients     : 2049

Starting L-BFGS
_____
```

Iteration	Passes	Step size	Elapsed Time	Training Accuracy	Validation Accuracy
0	5	0.060596	1.049367	0.614815	0.625000
1	9	1.272516	1.096687	0.948148	0.875000
2	11	1.272516	1.127386	0.970370	1.000000
3	13	1.272516	1.156586	0.985185	0.875000
4	14	1.272516	1.176777	0.985185	0.875000
9	23	1.272516	1.309648	1.000000	0.875000

图 8-22

　　可以看到，几个轮次下来，不论是训练集的准确率，还是验证集的准确率，都已经非常高了。下面，用获得的图像分类模型，对测试集进行预测。

```
predictions = model.predict(test_data)
```

　　将预测的结果（一系列图像对应的标记序列）存入 predictions 变量。然后，让 Turi Create 告诉我们，在测试集上我们的模型表现如何。先别急着往下看，猜猜结果准确率大概是多少？从 0

到 1 猜测一个数字。猜完后，我们再继续。

```
metrics = model.evaluate(test_data)
print(metrics['accuracy'])
```

这就是准确率的结果。

```
Performing feature extraction on resized images...
Completed 29/29
0.9310344827586207
```

我们只用 100 多幅图像作为训练集，居然就能在测试集（机器没有见过的图像数据）上，获得如此高的识别准确率。为了验证这不是准确率计算部分代码的失误，来实际看看预测结果。

```
predictions
```

这是输出的预测标记序列。

```
dtype: str
Rows: 29
['horse', 'horse', 'horse', 'sheep', 'horse', 'horse', 'horse', 'horse', 'horse', 'horse', 'horse', 'horse', 'sheep', 'sheep', 'sheep', 'she
ep', 'sheep', 'sheep', 'sheep', 'sheep', 'sheep', 'sheep', 'sheep', 'sheep', 'sheep', 'sheep', 'sheep', 'sheep', 'horse']
```

再看看实际的标记。

```
test_data['label']
```

这是实际标记序列。

```
dtype: str
Rows: 29
['horse', 'horse', 'horse', 'horse', 'horse', 'horse', 'horse', 'horse', 'horse', 'horse', 'horse', 'horse', 'sheep', 'sheep', 'sheep', 'she
ep', 'sheep', 'sheep', 'sheep', 'sheep', 'sheep', 'sheep', 'sheep', 'sheep', 'sheep', 'sheep', 'sheep', 'sheep', 'sheep']
```

查找一下，到底哪些图像预测失误了。我们当然可以一个个地对比着查找，但是如果你的测试集有成千上万的数据，这样做效率就会很低。查找方法是首先找出预测标记序列和实际标记序列之间有哪些地方不一致，然后在测试集里展示这些不一致的位置。如图 8-23 所示。

```
test_data[test_data['label'] != predictions]
```

path	image	label
/home/zhaiyujiachn/venv/i mage/horse/32.618187- ...	Height: 1613 Width: 2400	horse
/home/zhaiyujiachn/venv/i mage/sheep/97.fact_sh ...	Height: 1920 Width: 2560	sheep

[2 rows x 3 columns]

图 8-23

我们发现，在 31 幅测试图像中，只有两处标记预测发生了失误。原始的标记是 horse 和 sheep，模型的预测结果是相反的。我们获得这两幅图像对应的原始文件路径。

```
wrong_pred_img_path_0 = test_data[predictions!= test_data['label']][0]['path']
wrong_pred_img_path_1 = test_data[predictions!= test_data['label']][1]['path']
```

然后，将图像读取到 img0 和 img1 变量。

```
img0 = tc.Image(wrong_pred_img_path_0)
img1 = tc.Image(wrong_pred_img_path_1)
```

用 Turi Create 提供的 show 函数，查看图像的内容。

```
img0.show()
img1.show()
```

得到图 8-24 所示的结果。

图 8-24

因为深度学习的一个问题在于模型过于复杂，所以我们无法详细了解计算机是如何错误识别图像的。但是不难发现，这两幅图像的一些特征——第一幅图中白马的样子与羊相似，而第二幅图中只看羊的头部，与马的头部也很相似。

8.2.5 卷积神经网络

执行完 8.2.4 小节的代码后，大家应该已经了解如何构建自己的图像分类模型了。在没有任何原理、知识支撑的情况下，我们构建的这个模型已经非常棒了。接下来，我们讲讲原理。

虽然只写了十几行代码，但是我们构建的模型已足够复杂和"高大上"。它就是卷积神经网络。它是深度机器学习模型的一种。最为简单的卷积神经网络如图 8-25 所示。

图 8-25 中最左边的是输入层，输入指的是我们输入的图像，本例用的是马和羊的图像。在计算机里，图像是按照不同颜色〔RGB，即红（Red）、绿（Green）、蓝（Blue）〕分层存储的，如图 8-26 所示。

根据分辨率的不同，计算机会把每一层的图像存储成某种大小的矩阵。在某个像素，矩阵中存储的就是一个数字而已。所以在运行代码的时候，你会发现 Turi Create 首先做的就是，重新设置图像的大小。如果输入图像大小各异的话，后续步骤就无法进行。有了输入数据，即可进入下一层，也就是卷积层（Convolutional Layer）。

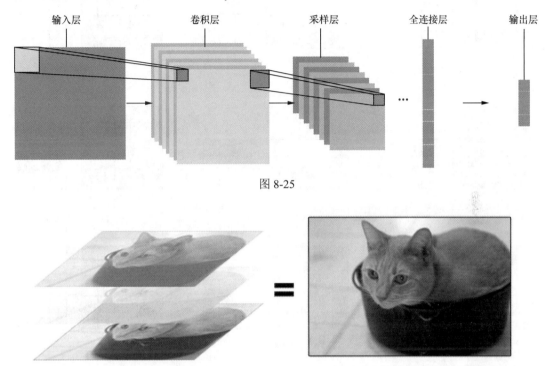

图 8-25

图 8-26

卷积层听起来似乎很神秘和复杂，但实际上其原理非常简单。它是由若干个过滤器组成的，每个过滤器就是一个小矩阵。使用的时候，在输入数据上移动这个小矩阵，这个小矩阵和原先与矩阵重叠位置上的数字做乘法后各个乘积加在一起。这样原来的一个矩阵，就变成"卷积"之后的一个数字。

图 8-27 可以为大家解释这一过程。

这个过程就是不断在一个矩阵中寻找某种特征。这种特征可能是某个边缘的形状等。

再下一层，叫作汇总层或者采样层（Pooling Layer）。后文中，我们称其为采样层。采样的目的是，避免让机器认为"必须在左上角的方格位置有一个清晰的边缘"。实际上，在一幅图像里，我们要识别的对象可能发生位移。因此需要用采样的方式模糊某个特征的位置，将其从"某个具体的点"，扩展成"某个区域"，如图 8-28 所示。

这里使用的是"最大值采样"（Max-Pooling）。以原来的 2×2 范围作为一个分块，从中找到最大值，记录在新的结果矩阵里。我们发现了一个规律：随着层级不断向右推进，一般结果图像（其实正规地说它应该叫作矩阵）会变得越来越小，但是层数会变得越来越多。只有这样，才能把图像中的规律信息抽取出来，并且尽量掌握足够多的模式。

图 8-27

图 8-28

图 8-29 为大家解析了卷积神经网络在各个层级中到底发生了什么。

图 8-29

左上角是用户输入位置，我们输入了一个 7，观察输出结果，模型判断第一可能性为 7，第二可能性为 3。回答正确。

下面观察模型建构的细节，我们选择第一个卷积层上的任意一个像素。图 8-30 告诉我们这个像素是从上一层图像中的哪几个像素，经过特征检测（Feature Detection）得来的。

同理，选择第二层上的任意一个像素点，图 8-31 也用可视化方式向我们展示了，该像素是从哪几个像素区块里抽样获得的。

图 8-30

图 8-31

再下一层叫作全连接层（Fully Connected Layer），它其实是把上一层输出的若干个矩阵压缩成一维，变成一个"长长的"输出结果。之后是输出层，对应的结果就是我们需要让机器掌握的分类。

如果只看最后两层，我们很容易把它和之前学过的深度神经网络联系起来，如图 8-32 所示。

既然我们已经有了深度神经网络，为什么还要如此费力去使用卷积层和采样层，导致模型如此复杂呢？这是出于下面两个考虑。

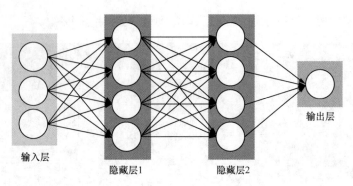

图 8-32

  首先是计算量。图像数据的输入量一般比较大，如果我们直接用若干深度神经层将其连接到输出层，则每一层的输入、输出数量都很庞大，总计算量是难以想象的。

  其次是模式特征的抓取。即便使用非常庞大的计算量，深度神经网络对于图像模式的识别效果也未必尽如人意，因为它学习了太多噪声。而卷积层和采样层的引入，可以有效过滤噪声，突出图像中的模式对训练结果的影响。

  大家可能会想，我们只编写了十几行代码而已，使用的卷积神经网络应该和图 8-32 所示差不多，只有三四层的样子。不是这样的，我们用的层数有 50 层。它的学名，叫作 ResNet-50，是微软公司的研发成果，曾经在 2015 年赢得 ILSRVC 比赛。在 ImageNet 数据集上，它的分类识别效果已经超越人类。

  如果大家之前对深度神经网络有一些了解，一定会更加觉得不可思议。这么多层和这么少的训练数据量，怎么能获得如此好的测试结果呢？如果要获得好的训练效果，大量图像的训练过程岂不是要花很长时间吗？

  没错，如果我们自己从头搭建一个 ResNet-50，并且在 ImageNet 数据集上做训练，那么即便我们有很好的硬件设备（GPU），也需要很长时间。那么，Turi Create 难道真的既不需要花费长时间进行训练，又只需要小样本，就能获得高水平的分类效果吗？不，数据科学里没有什么奇迹。

  到底是什么原因引发了这种看似神奇的效果呢？这个问题留作思考题，请你用搜索引擎和问答网站，来寻找答案。

8.2.6 小结与思考

  通过本节的讲解，希望大家已掌握了以下知识点：

- 如何在 Anaconda 虚拟环境下，安装机器学习框架 Turi Create；
- 如何在 Turi Create 中读取文件夹中的图像数据，并且利用文件夹的名称，给图像标注标记；
- 如何在 Turi Create 中训练深度神经网络，以识别图像；
- 如何利用测试集检验图像分类的效果，并且找出分类错误的图像；
- 卷积神经网络的基本构成和工作原理。

由于篇幅所限，我们没有提及或深入解释以下问题：

- 如何批量获取训练与测试图像数据；
- 如何利用预处理功能，转换 Turi Create 不能识别的图像格式；
- 如何从头搭建一个卷积神经网络，对模型的层次和参数做到完全掌控；
- 如何既不需要花费长时间进行训练，又只需要小样本，就能获得高水平的分类效果（提示关键词：迁移学习）。

请大家在实践中思考上述问题。

8.3　寻找近似图像

如果有 10 万幅图像，需要找出与其中某幅图像最为近似的 10 幅，应该如何做呢？不要轻言放弃，也不用一幅幅浏览。使用 Python 就可以轻松完成这个任务。

8.3.1　近似图像的作用

8.2 节中的样例图像（马和羊的图像），都是从网络中搜集来的。如果我们需要从网络上找到跟某幅图像近似的图像，可以使用搜索引擎的"以图搜图"功能。为什么需要识别相同或相似的图像呢？

这种需求往往不是为了从互联网上大海捞针，寻找近似图像而是在一个私有海量图像集合中，找到近似图像。

这种图像集合也许是团队的科研数据。例如我们研究鸟类。某天浏览野外拍摄设备传回来的图像时，突然发现一个新奇品种，于是我们很想探究这种鸟的出现时间、生活状态等。这就需要从大量图像里，找到与其近似的图像（最有可能是拍到了同一种鸟）。

上述例子中，如果我们都没有把图像上传到互联网，即使搜索引擎的"以图搜图"功能再强大也无能为力。那么满足这种需求的方法复杂吗？是不是需要跨过很高的技术门槛才能实现？是不是需要花大量经费聘请专家才能实现呢？本节中，我们将为大家展示如何用十几行 Python 代码，解决这个问题。

8.3.2　数据与配置环境

我们依然采用 8.2 节中使用过的马和羊的图像集合。数据包含 83 幅马的图像和 100 幅羊的图像。请访问本书的资源链接地址 https://github.com/zhaihulu/DataScience/，下载对应章的数据集。

数据与配置环境的设置同 8.2.3 小节。

8.3.3　通过Turi Create查找近似图像

首先，导入 Turi Create 软件包。

```
import turicreate as tc
```

指定图像所在的文件夹 image。让 Turi Create 读取所有的图像文件，并且存储到数据框。

```
data  = tc.image_analysis.load_images('./image/')
```

应用 Turi Create 给数据框中的每一行添加一个行号，将其作为图像的标记，方便在后面查找图像时使用。

```
data=data.add_row_number()
```

下面，根据输入的图像集合，采用 Turi Create 建立图像近似度判别模型。

```
model = tc.image_similarity.create(data)
```

这个语句执行起来可能需要一些时间。如果是第一次使用 Turi Create，它可能还需要从网上下载一些数据。请耐心等待。

```
Resizing images...
Performing feature extraction on resized images...
Completed 199/199
```

注意这里的提示，Turi Create 自动帮我们做了图像尺寸调整等预处理工作，并且对每一幅图像都做了特征提取。经过一段时间的等待，模型已经成功建立。

下面，我们来尝试给模型展示一幅图像，让 Turi Create 帮我们从目前的图像集合里，挑出最为相似的 10 幅。这里我们选择第 10 幅图像作为查询输入。我们利用 show 函数展示这幅图像，如图 8-33 所示。

```
tc.Image(data[0]['path']).show()
```

图 8-33

下面进行查询工作,让模型寻找出与这幅图像最相似的 10 幅。

```
similar_images = model.query(data[0:1], k=10)
```

很快,系统提示我们已经找到了,如图 8-34 所示。

```
Starting pairwise querying.
+--------------+---------+-------------+--------------+
| Query points | # Pairs | % Complete. | Elapsed Time |
+--------------+---------+-------------+--------------+
| 0            | 1       | 0.502513    | 1.346ms      |
| Done         |         | 100         | 13.456ms     |
+--------------+---------+-------------+--------------+
```

图 8-34

将结果存储在 similar_images 变量中,如图 8-35 所示。

```
similar_images
```

Out[10]:	query_label	reference_label	distance	rank
	0	0	0.0	1
	0	194	6.24199241172	2
	0	158	13.5027141917	3
	0	110	14.1970647115	4
	0	185	14.3323125495	5
	0	5	14.6745968088	6
	0	15	14.7234868452	7
	0	79	14.8028097473	8
	0	91	14.8028097473	9
	0	53	15.0440498581	10

[10 rows x 4 columns]

图 8-35

返回的数据一共有 10 行,与要求一致。每一行数据都包含 4 列,分别是:
- 查询图像的标记;
- 获得结果的标记;
- 结果图像与查询图像的距离;

• 结果图像与查询图像近似程度排序值。

有了这些信息，我们就可以查看到底哪些图像与输入的查询图像最为近似。注意其中的第一幅结果图像，其实就是我们的输入图像本身。

提取全部结果图像的标记（索引）值，忽略第一幅（自身）。

```
similar_image_index = similar_images['reference_label'][1:]
```

查看剩余 9 幅图像的标记。

```
similar_image_index
```

输出结果如下：

```
dtype: int
Rows: 9
[194, 158, 110, 185, 5, 15, 79, 91, 53]
```

我们希望 Turi Create 能够用可视化方式展示这 9 幅图像的内容。需要把上面 9 幅图像的标记在所有图像的索引列表中过滤出来。

```
data=data.add_row_number()
filtered_index = data['id'].apply(lambda x : x in similar_image_index)
```

看看过滤后的索引结果。

```
filtered_index
```

输出结果如下：

```
dtype: int
Rows: 199
[0, 0, 0, 0, 0, 1, 0, 0, 0, 0, 0, 0, 0, 0, 0, 0, 1, 0, 0, 0, 0, 0, 0, 0, 0, 0, 0, 0, 0, 0, 0, 0,
0, 0, 0, 0, 0, 0, 0, 0, 0, 0, 0, 0, 0, 0, 0, 0, 0, 0, 0, 0, 0, 0, 0, 0, 0, 1, 0, 0, 0, 0, 0, 0, 0,
0, 0, 0, 0, 0, 0, 0, 0, 0, 0, 0, 0, 0, 0, 0, 0, 0, 0, 1, 0, 0, 0, 0, 0, 0, 0, 0, 0, 0, 0, 0, 0, 1,
0, 0, 0, 0, 0, 0, 0, 0, 0, ... ]
```

我们可以验证一下，标为 1 的那些图像的位置，和存储在 similar_image_index 中的数字的位置是否一致。验证完毕以后，请执行以下语句。再次调用 Turi Create 的 explore 函数，展现近似度查询结果图像。

```
data[filtered_index].explore()
```

系统会弹出以下对话框，如图 8-36 所示。

可以看到，全部查询结果图像中只出现了马，而羊的图像却一幅都没有出现。这说明近似图像查找成功！

0	7	/home/zhaiyujiachn/venv/image/horse/15.national-horse-day-640x514.jpg	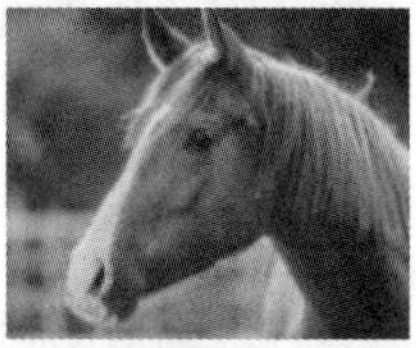	horse
1	11	/home/zhaiyujiachn/venv/image/horse/2.horse-1200x900.jpg	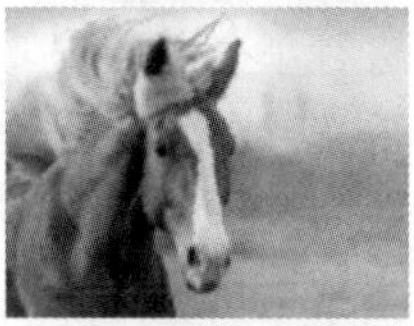	horse
2	46	/home/zhaiyujiachn/venv/image/horse/53.nats_3090.jpg	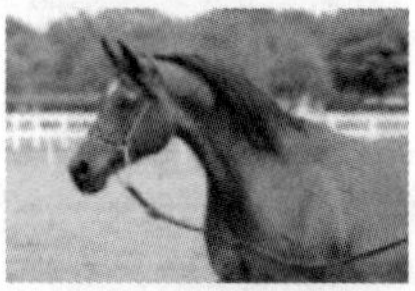	horse
3	56	/home/zhaiyujiachn/venv/image/horse/64.enquiring-horse.jpg	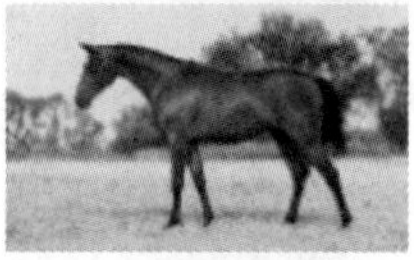	horse
4	61	/home/zhaiyujiachn/venv/image/horse/69.11364263_web1_180413-kir-horsem.jpg	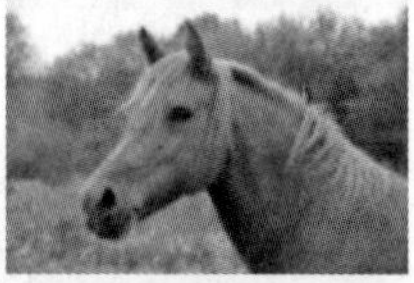	horse
5	63	/home/zhaiyujiachn/venv/image/horse/70.0_thp_chp_180820slug_6790jpg.jpg	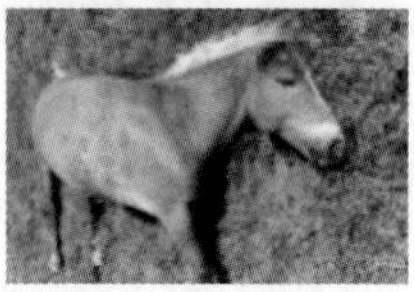	horse

图 8-36

8.3.4 迁移学习的原理

前文展示了如何用十几行 Python 代码查找近似图像，本小节我们介绍迁移学习背后的原理。虽然我们刚刚只用了一条语句构建模型。

```
model = tc.image_similarity.create(data)
```

但是实际上，Turi Create 在后台为我们做了很多事情。

它调用了一个非常复杂的、在庞大数据集上训练好的模型。在 8.2 节中，我们介绍过它的名字——ResNet-50，它足足有 50 层，训练的图像数以百万计，训练时间也很长。那些数以百万计的预训练图像里面，有没有马和羊的图像呢？

答案是没有。那么如果这个复杂的模型之前根本就没有见过马和羊，它是如何进行识别的呢？它又怎么能够判别两幅马的图像之间的差别，就一定比马图像和羊图像之间的差别更小呢？

它运用了迁移学习的方法。

这里就不深入讨论迁移学习的技术细节了，只在概念层次上讲解。在卷积神经网络的全连接层之前，模型可能进行了多次卷积、采样、卷积、采样……这些中间层次，描绘了图像的一些基本特征，例如边缘形状、某个区块的颜色等。到了全连接层就只剩下一组数据，这组数据可能很长，它提取了输入数据的全部特征。

如果我们的输入是一只猫，那么此时的全连接层里就描述了这只猫的各种信息，例如毛发颜色、面部组成部分排列方式、边缘的形状……

这个模型可以帮我们提取猫的特征，但它并不知道猫的概念是什么。我们自然可以用它提取一条狗的特征。同理，马的图像与猫的图像一样，都是二维图像，都用不同颜色分层。

那用其他图像训练的模型，能否提取马图像里的特征呢？当然也可以！

使用迁移学习的关键在于，冻结中间过程的全部训练结果，利用在其他图像集合上训练的模型，直接把一幅图像转化为一个特征描述结果。后面的工作就是把这个最后的特征描述结果（全连接层）用于处理分类和近似度计算。前面的几十层参数迭代训练统统被省略，如图 8-37 所示。

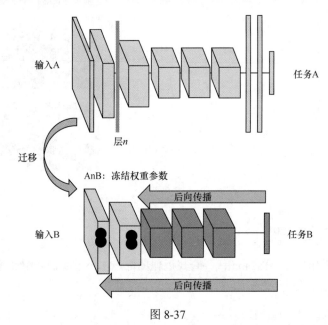

图 8-37

难怪可以利用这么小的数据集获得如此高的准确率；也难怪可以在这么短的时间里，就获得整合后的模型结果。把在某种任务上积累的经验与认知，迁移到另一种近似的新任务上，这种能力就叫作迁移学习。

如果模型可以帮我们把每一幅图像都变成全连接层上的一长串数字（特征），那么我们识别这些图像的相似程度就变得很简单了。因为这变成了一个简单的空间向量距离问题。处理这种简单的数值计算，我们人类可能觉得很烦琐，但是计算机算起来就很简单了。根据距离大小排序，找出其中最小的几个向量，它们描述的图像就被模型判定为近似度最高的。

8.3.5 小结与思考

在 8.2 节的基础上，本节进一步介绍了以下内容：

- 如何利用 Turi Create 快速构建图像近似度模型；
- 如何查询与某张图像最为相似的 k 幅图像；
- 如何可视化展示查询图像集合结果；
- Turi Create 图像分类与近似度计算背后的原理；
- 迁移学习的基础概念。

回顾 8.2 节基于深度神经网络的计算机视觉工作原理，可以帮助大家更好地理解迁移学习的内容。

8.4 如何理解卷积神经网络

"照葫芦画葫芦"只是我们入门数据科学的第一步。大家还需要理解技术应用的前提和方法，这样才能应对自己的研究问题，利用适当的工具加以解决。在前文中，我们讲解了如何利用卷积神经网络进行图像处理，并用自己的数据集重新训练与测试。我们也介绍了深度学习模型的基本原理。

我以板书的形式，在视频中一步步为大家讲解了以下内容：

- 深度神经网络的基本结构；
- 神经元的计算功能实现；
- 如何对深度神经网络做训练；
- 如何选择最优的模型（超参数调整）；
- 卷积神经网络基本原理；
- 迁移学习的实现；
- 疑问解答。

本节涉及的视频把一个简化到极致的图像识别模型，与客户流失预判模型从头到尾进行了对比讲解。同样，我们用了样例，也用了打比方的方法，尽力把听讲的学生的认知负荷降到最低。视频讲解过程中，我们与学生随时提问，因此交互很密切。

讲解完后学生表示，终于明白了卷积神经网络的基础知识。

如果大家对深度神经网络的原理与构造还是感到迷茫，建议将视频从头到尾看一遍，可能会有一些收获。

8.5 如何理解循环神经网络

在本节的视频教程中，我们将会用简明的例子和手绘图，为大家讲解循环神经网络的原理和使用方法。

关于深度学习，前文已经讲解了不少内容。我们简单回顾一下。常见的深度学习任务，面对的数据类型主要有 3 类。

第 1 类，结构化数据，也就是样本和属性组成的表格。例如 8.1 节 "如何锁定即将流失的客户"中，我们用到的表格。这种数据类型最为简单。你也很容易理解深度神经网络的结构和处理方法。

第 2 类，图像数据。8.2 节 "识别动物图像"中，我们详细介绍了如何用卷积神经网络来处理图像任务。

第 3 类，序列数据，例如文本数据。

其中，处理图像和序列数据时更需要你对深度神经网络的结构有所理解。

在学习卷积神经网络和循环神经网络的时候，大家可能会遇到一些问题。因为它们大多采用比较复杂的结构图和公式进行描述。当然，如果我们对于循环神经网络不了解，把它当成一个黑箱，依然可用高阶的深度学习框架，例如 fast.ai，它可用于执行自然语言处理任务，而且效果还很显著。

也就是说，我们不需要考虑算法的实现细节。当然，对于它的作用，大家还是需要了解的。如果我们需要做研究，就要针对具体的任务，对神经网络中的各种模块进行调整、拼装和整合。这时候，如果深度神经网络对于你基本上等同于黑箱，那么你甚至都不知道该如何把它的输出和其他模块拼接起来。

本节以通俗易懂的讲法，讲解用于处理序列数据（例如文本数据）的循环神经网络的原理，从我们耳熟能详的一个故事讲起，触类旁通，让你更容易理解循环神经网络的作用、特点和结构。

8.6　循环神经网络实现中文文本分类

本节将为大家展示，如何使用 fastText 词嵌入模型和循环神经网络，在 Keras 深度学习框架上对中文评论数据进行情感分类。

8.6.1　概念准备

回顾一下，之前我们讲了很多关于中文文本分类的内容。我们已经知道如何对中文文本进行分词；如何利用经典的机器学习方法，对分词后的中文文本进行分类。我们还学习了如何用词嵌入模型，是以向量，而不是以一个简单的索引数值，来代表词，从而让中文词的表征包含语义级别的信息。

接下来，我们要学习的是基于深度学习的中文文本分类方法。这里有一条"鸿沟"，那就是循环神经网络。如果你不知道循环神经网络是怎么回事，你可能就很难理解文本作为序列，是如何被深度学习模型处理的。

幸运的是，现在这条鸿沟已被跨越了，8.5 节中我们已经用视频讲解了循环神经网络的基本原理。本节我们就来尝试把之前学过的知识点整合在一起，用 Python 和 Keras 深度学习框架，对中文文本进行分类。

8.6.2　数据环境

为了对比的便捷，我们这次用的是 7.2 节"中文文本情感分类模型"中采用的某餐厅的点评数据，如图 8-38 所示。

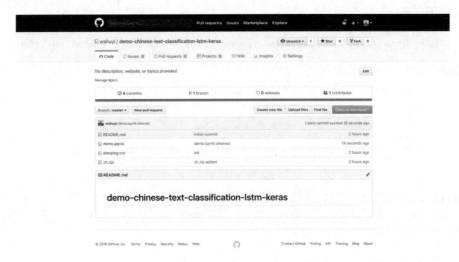

图 8-38

我们的数据来自其中的 dianping.csv 文件。你可以打开它，看看具体内容，如图 8-39 所示。

图 8-39

每一行是一条评论。评论内容和情感间用逗号分隔。1 代表正面情感，0 代表负面情感。

打开 Jupyter Notebook，在主页面上单击"New"按钮，新建一个 Notebook。在 Notebook 里面，请选择"Python 3"。

运行以下代码：

```
!git clone https://github.com/wshuyi/demo-chinese-text-classification-lstm-keras.git
```

输出结果如下：

```
Cloning into 'demo-chinese-text-classification-lstm-keras'...
remote: Enumerating objects: 10, done.
remote: Counting objects: 100% (10/10), done.
remote: Compressing objects: 100% (7/7), done.
remote: Total 10 (delta 1), reused 7 (delta 1), pack-reused 0
Unpacking objects: 100% (10/10), done.
```

准备好数据后，我们先把结巴分词、Keras 以及 TensorFlow 库安装好。

```
!pip install jieba
!pip install keras
!pip install --user tensorflow
```

安装好之后，环境准备完毕，下面一步步运行代码。

8.6.3　数据预处理

首先，我们准备好 Pandas，用来读取数据。

```
import pandas as pd
```

下面，我们调用 pathlib 模块，以便使用路径信息。

```
from pathlib import Path
```

定义要使用的代码和数据文件夹。

```
mypath = Path("demo-chinese-text-classification-lstm-keras")
```

打开下面这个文件夹里的数据文件。

```
df = pd.read_csv(mypath/'dianping.csv')
```

看看前几条评论。

```
df.head()
```

	comment	sentiment
0	口味：不知道是我口味高了，还是这家真不怎么样。我感觉口味确实很一般。上菜相当快，我敢说……	0
1	菜品丰富质量好，服务也不错！很喜欢！	1
2	说真的，不晓得有人排队的理由，香精香精香精香精，拜拜！	0
3	菜量实惠，上菜还算比较快，疙瘩汤喝出了秋日的暖意，烧茄子吃出了大阪烧的味道，想吃土豆片也是口……	1
4	先说我算是娜娜家风荷园开业就一直在这里吃 每次出去回来总想吃一回 有时觉得外面的西式简餐总是……	1

可见读取正确。下面我们来进行分词。导入分词模块。

```
import jieba
```

对每一条评论都进行切分。

```
df['text'] = df.comment.apply(lambda x: " ".join(jieba.cut(x)))
```

因为一共只有 2 000 条评论，所以应该很快完成，输出结果如下：

```
Building prefix dict from the default dictionary ...
Dumping model to file cache /tmp/jieba.cache
Loading model cost 1.089 seconds.
Prefix dict has been built succesfully.
```

再看看此时的前几条评论。

```
df.head()
```

	comment	sentiment	text
0	口味：不知道是我口味高了，还是这家真不怎么样。我感觉口味确实很一般。上菜相当快，我敢说……	0	口味：不知道是我口味高了，还是这家真不怎么样。我感觉口味……
1	菜品丰富质量好，服务也不错！很喜欢！	1	菜品丰富质量好，服务也不错！很喜欢！
2	说真的，不晓得有人排队的理由，香精香精香精香精，拜拜！	0	说真的，不晓得有人排队的理由，香精香精香精香精，拜拜！
3	菜量实惠，上菜还算比较快，疙瘩汤喝出了秋日的暖意，烧茄子吃出了大阪烧的味道，想吃土豆片也是口……	1	菜量实惠，上菜还算比较快，疙瘩汤喝出了秋日的暖意，烧茄子吃……
4	先说我算是娜娜家风荷园开业就一直在这里吃 每次出去回来总想吃一回 有时觉得外面的西式简餐总是……	1	先说我算是娜娜家风荷园开业就一直在这里吃 每次出去回来总想……

text 列就是对应的分词之后的评论。

我们舍弃原始评论文本，只保留目前的分词结果以及对应的情感标记。

```
df = df[['text', 'sentiment']]
```

看看前几条评论。

```
df.head()
```

	text	sentiment
0	口味：不知道是我口味高了，还是这家真不怎么样。我感觉口味……	0
1	菜品丰富质量好，服务也不错！很喜欢！	1
2	说真的，不晓得有人排队的理由，香精香精香精香精，拜拜！	0
3	菜量实惠，上菜还算比较快，疙瘩汤喝出了秋日的暖意，烧茄子吃……	1
4	先说我算是娜娜家风荷园开业就一直在这里吃 每次出去回来总想……	1

好了，下面导入 Keras 和 NumPy 模块，为后面的预处理做准备。

```
from keras.preprocessing.text import Tokenizer
from keras.preprocessing.sequence import pad_sequences
import numpy as np
```

系统提示我们，使用的后端框架是 TensorFlow。

```
Using TensorFlow backend.
```

下面设置每一条评论保留多少个词语。当然，这里实际上是指包括标点符号在内的"记号"（Token）数量。我们决定保留 100 个。

然后设置全局字典里面一共保留多少个词语。我们设置为 10 000 个。

```
maxlen = 100
max_words = 10000
```

下面的几条语句，会自动帮助我们把分词之后的评论，转换成一系列由数字组成的序列。

```
tokenizer = Tokenizer(num_words=max_words)
tokenizer.fit_on_texts(df.text)
sequences = tokenizer.texts_to_sequences(df.text)
```

看看转换后的数据类型。

```
type(sequences)
```

输出结果如下：

```
list
```

可见，sequences 是列表类型。
我们看看第一条数据是什么。

```
sequences[:1]
```

```
[[51,
  193,
  12,
  75,
  7,
  4465,
  201,
  3,
  1,
  43,
  104,
  295,
  589,
  4,
  5,
  16,
  50,
  51,
  370,
  9,
  37,
  9,
  37,
  4,
  81,
  567,
  241,
  1,
  4466,
  23,
  20,
  11,
  7,
  251,
```

评论中的每一个记号都被转换成了对应的序号。但是这里有一个问题——评论有长有短，其中包含的记号个数不同。我们验证一下，只看前面 5 条评论。

```
for sequence in sequences[:5]:
  print(len(sequence))

150
12
16
57
253
```

果然，评论不仅长短不一，而且有的还比我们想要的记号个数多。没关系，用 pad_sequences 方法"裁长补短"，我们让它们统一化。

```
data = pad_sequences(sequences, maxlen=maxlen)
```

再看看这次的数据。

```
data
```

输出结果如下：

```
array([[   2,    1,   74, ..., 4471,  864,    4],
       [   0,    0,    0, ...,    9,   52,    6],
       [   0,    0,    0, ...,    1, 3154,    6],
       ...,
       [   0,    0,    0, ..., 2840,    1, 2240],
       [   0,    0,    0, ...,   19,   44,  196],
       [   0,    0,    0, ...,  533,   42,    6]], dtype=int32)
```

那些长评论被剪裁了，短评论被从头补充了若干个 0。同时，我们还希望知道，这些序号分别代表什么词语，所以我们把这个索引保存下来。

```
word_index = tokenizer.word_index
```

看看索引的类型。

```
type(word_index)
```

输出结果如下：

```
dict
```

没错，它是个字典，输出看看。

```
print(word_index)
```

```
{', ': 1, '的': 2, '了': 3, '。': 4, '\xa0': 5, '!': 6, '是': 7, '吃': 8, '很': 9, '也': 10, '都': 11, '不':
12, '知道': 13, '就': 14, '还': 15, '我': 16, '不错': 17, '菜': 18, '好': 19, '菜': 20, '没有': 21, '好吃': 22,
'说': 23, '有': 24, '人': 25, '就是': 26, '点': 27, '服务员': 28, '可以': 29, '和': 30, '没': 31, '…': 32, '我
们': 33, '等': 34, '来': 35, '多': 36, '一般': 37, '在': 38, '吧': 39, '上': 40, '环境': 41, '一个': 42, '还是':
43, '菜品': 44, '服务': 45, '但是': 46, '总': 47, '排队': 48, '到': 49, '感觉': 50, '口味': 51, '喜欢': 52, '?':
53, '真的': 54, '太': 55, '再': 56, '挺': 57, '什么': 58, '啊': 59, '要': 60, '特别': 61, '大': 62, '推荐': 63,
'比较': 64, '不是': 65, '这': 66, '不会': 67, '有点': 68, '觉得': 69, '很多': 70, '~': 71, '你': 72, '号': 73,
'还有': 74, '知道': 75, '店': 76, '、': 77, '才': 78, '又': 79, '这个': 80, '上菜': 81, '小': 82, '小时': 83, '这
么': 84, '非常': 85, '做': 86, '里面': 87, '家': 88, '着': 89, '个': 90, '肉': 91, '时候': 92, '而且': 93, '东
西': 94, '过': 95, '但': 96, '朋友': 97, '会': 98, '那么': 99, '让': 100, '不过': 101, '拿': 102, '点评': 103,
'这家': 104, '汤': 105, '排骨': 106, '完': 107, '因为': 108, '想': 109, '跟': 110, '最后': 111, '两个': 112,
'看': 113, '最': 114, '娜娜': 115, '差': 116, '以后': 117, '天津': 118, '呢': 119, '那': 120, '其
他': 121, '一次': 122, '不能': 123, '不能': 124, '烤': 125, '烤肉': 126, '价格': 127, '能': 128, '超级': 129, '吗': 130, '难
吃': 131, '应该': 132, '所以': 133, '得': 134, '虾': 135, '量': 136, '这次': 137, '鱼': 138, '叫': 139, '一直':
140, '沙拉': 141, '失望': 142, '时间': 143, '饭': 144, '奶茶': 145, '拉': 146, '真心': 147, '为什么': 148, '每
次': 149, '不好': 150, '态度': 151, '吃饭': 152, '这样': 153, '真是': 154, '用': 155, '甜': 156, '一点': 157,
'把': 158, '熏': 159, '喝': 160, '点菜': 161, '下次': 162, '怎么': 163, '一样': 164, '自己': 165, '已经': 166,
'大家': 167, '比': 168, '总体': 169, '腻': 170, '门口': 171, '地方': 172, '上来': 173, '排': 174, '哦': 175,
'菜单': 176, '鸡': 177, '实在': 178, '第一次': 179, '被': 180, '带': 181, '然后': 182, '梨': 183, '蛋糕': 184,
'锅包肉': 185, '咸': 186, '慢': 187, '之前': 188, '菜量': 189, '口感': 190, '一一': 191, '结果': 192, '、': 193,
'餐厅': 194, '他': 195, '新鲜': 196, '点餐': 197, '今天': 198, '开始': 199, '一家': 200, '高': 201, '量': 202,
'服务态度': 203, '贵': 204, '妈妈': 205, '蚝子': 206, '可能': 207, '问': 208, '特色': 209, '你们': 210, '大众':
211, '有些': 212, '【': 213, '】': 214, '只能': 215, '一下': 216, '他家': 217, '大悦': 218, '牛肉': 219, '需要':
220, '对': 221, '出来': 222, '面': 223, '干醅': 224, '适合': 225, '饮料': 226, '不要': 227, '没什么': 228, '罐
子': 229, '爱': 230, '走': 231, '希望': 232, '等位': 233, '自助': 234, '个人': 235, '以前': 236, '芝士': 237,
'后': 238, '现在': 239, '好多': 240, '快': 241, '焗': 242, '告诉': 243, '算': 244, '过来': 245, '坐': 246, '一
份': 247, '如果': 248, '豆腐': 249, '中午': 250, '提前': 251, '其实': 252, '行': 253, '元': 254, '人多': 255, '这
里': 256, '一起': 257, '味': 258, '孩子': 259, '根本': 260, '啦': 261, '北京': 262, '还好': 263, '几个': 264,
'时': 265, '2': 266, '三个': 267, '性价比': 268, ')': 269, '好评': 270, '总之': 271, '人太多': 272, '甜品': 273,
'顾客': 274, '种类': 275, '炒': 276, '不如': 277, '评价': 278, '放': 279, '中': 280, '(': 281, '基本': 282, '起
来': 283, '从': 284, '辣': 285, '虽然': 286, '第二次': 287, '只是': 288, '值得': 289, '哦': 290, '很大': 291,
'倒': 292, '可是': 293, ';': 294, '真': 295, '还会': 296, '下': 297, '茄子': 298, '招牌': 299, '找': 300, '结
账': 301, '完全': 302, '除了': 303, '了': 304, '桌子': 305, '之后': 306, '位置': 307, '不到': 308, '居然': 309,
```

以上输出的就是字典中序号所分别代表的单词。好了，中文评论数据已经被我们处理成长度为 100，其中都是序号的序列了。下面我们要把对应的情感标记，存储到 labels 中。

```
labels = np.array(df.sentiment)
```

看看其中的内容。

```
labels
```

输出结果如下：

```
array([0, 1, 0, ..., 0, 1, 1])
```

好了，总体数据都已经准备完毕了。下面我们来划分训练集和验证集。
我们采用的方法是把序号随机化，但保持数据和标记之间的一致性。

```
indices = np.arange(data.shape[0])
np.random.shuffle(indices)
data = data[indices]
labels = labels[indices]
```

看看此时的标记。

```
labels
```

输出结果如下：

```
array([0, 1, 1, ..., 0, 1, 1])
```

注意顺序已经发生了改变。

我们希望训练集数据占80%，验证集数据占20%。根据总数，计算两者的实际个数。

```
training_samples = int(len(indices) * .8)
validation_samples = len(indices) - training_samples
```

其中训练集包含多少数据？

```
training_samples
```

输出结果如下：

```
1600
```

验证集呢？

```
validation_samples
```

输出结果如下：

```
400
```

下面，我们正式划分数据。

```
X_train = data[:training_samples]
y_train = labels[:training_samples]
X_valid = data[training_samples: training_samples + validation_samples]
y_valid = labels[training_samples: training_samples + validation_samples]
```

看看训练集的输入数据。

```
X_train
```

输出结果如下：

```
array([[  0,   0,   0, ..., 963,    4, 322],
       [  0,   0,   0, ..., 1485,  79,  22],
       [  1,  26, 305, ..., 289,    3,  71],
       ...,
       [  0,   0,   0, ..., 365, 810,   3],
       [  0,   0,   0, ...,   1, 162, 1727],
       [141,   5, 237, ..., 450, 254,   4]], dtype=int32)
```

好了，至此数据预处理部分就完成了。

8.6.4　词嵌入矩阵

下面，我们安装 Gensim 软件包，以便使用 Facebook 公司提供的 fastText 词嵌入模型。

```
!pip install genism
```

导入加载工具。

```
from gensim.models import KeyedVectors
```

然后我们需要把实验数据中下载的词嵌入模型压缩数据 **zh.zip** 解压。读取词嵌入模型数据。

```
zh_model = KeyedVectors.load_word2vec_format(mypath / 'zh.vec')
```

看看其中的第一个向量是什么。

```
zh_model.vectors[0]
```

```
array([ 8.6988e-02,  9.1123e-02,  3.0722e-02,  3.4160e-03,  2.7568e-02,
        5.4995e-03,  1.0905e-01,  4.9999e-02, -1.9161e-01,  4.2729e-02,
        1.3284e-01, -4.2997e-02,  4.4196e-02, -4.6042e-02,  5.2395e-02,
       -1.3002e-01,  1.1440e-01, -1.5359e-01,  5.7565e-02,  1.3344e-01,
       -6.4197e-02,  5.3679e-02,  1.3349e-01,  6.1268e-02, -2.4911e-03,
        1.9382e-01,  4.4253e-02, -2.0858e-02, -8.0714e-02,  1.0053e-01,
        5.8553e-02,  6.3155e-02, -2.9961e-02, -3.1906e-02,  5.6153e-02,
        5.1014e-02,  1.0752e-01, -7.4407e-02,  9.1990e-02,  1.7744e-01,
       -5.9959e-02,  1.4046e-01, -8.0201e-02,  4.3989e-02, -9.5205e-02,
        1.3022e-01,  9.1900e-02,  2.4317e-02, -7.0992e-02, -1.5179e-01,
       -3.0031e-02,  1.0344e-01, -5.8155e-02,  3.5950e-02, -5.5085e-02,
        4.7587e-02, -1.4251e-01, -1.3986e-01, -1.3891e-01,  6.9042e-03,
        9.0945e-02, -5.5156e-02,  6.8180e-02,  1.1948e-01,  7.8577e-03,
        1.0014e-01, -4.2805e-02,  2.2362e-01, -2.6212e-02, -3.5302e-02,
       -6.2687e-03, -1.0843e-01,  1.0872e-01,  2.8890e-02, -3.5473e-02,
       -1.9498e-01, -7.5138e-02,  8.5332e-03, -1.0061e-01, -1.7855e-02,
       -1.5515e-01,  5.3034e-02,  5.6923e-02,  1.2199e-01,  4.6883e-02,
        2.1629e-02,  1.0586e-01,  1.6561e-01, -6.9487e-02,  5.4721e-02,
       -3.8894e-02,  5.7113e-02,  1.3905e-02,  7.9968e-03,  2.0372e-02,
        3.3724e-02,  8.9571e-02, -6.1825e-02,  8.8606e-02, -5.5677e-04,
       -3.8857e-02, -4.9158e-02, -1.6729e-01, -1.8883e-02, -8.5901e-02,
        5.5962e-02,  2.5990e-04, -9.9389e-02, -3.0678e-02,  1.9205e-01,
       -1.5735e-01, -1.0431e-01,  8.2319e-02,  1.2595e-02,  9.2085e-02,
       -5.6538e-02,  1.4844e-02,  9.3501e-02,  1.4248e-02,  7.2259e-02,
       -5.5934e-02,  1.1639e-02, -5.8573e-02, -1.3317e-02,  6.1250e-02,
       -5.5100e-02,  5.6260e-02,  1.2347e-01, -3.2506e-02,  3.3067e-02,
       -2.5218e-02,  1.0814e-01, -5.6682e-02,  8.7505e-03, -4.8172e-02,
       -6.4899e-02,  1.6328e-01, -7.9505e-02,  2.7262e-03,  1.3690e-01,
       -6.1343e-02, -9.6471e-02,  1.5359e-01, -9.9349e-02,  4.0632e-03,
       -1.9113e-01,  8.2199e-02, -2.5211e-02,  1.3088e-01, -3.7268e-02,
        1.1964e-01,  8.6707e-02,  4.2749e-02, -1.5924e-03, -1.7589e-02,
        4.7354e-02,  8.3091e-02, -6.5673e-03, -7.3253e-02, -1.0561e-01,
       -9.5948e-02,  3.5908e-03,  8.2236e-02, -6.5011e-02,  2.0903e-02,
       -4.8451e-02, -5.2236e-02, -8.7794e-02, -1.0255e-01,  1.1870e-02,
```

这么长的向量，对应的记号是什么呢？看看前 5 个词。

```
list(iter(zh_model.vocab))[:5]
```

输出结果如下：

```
['的', '</s>', '在', '是', '年']
```

原来，刚才这个向量，对应的是标记"的"。

向量到底有多长？

```
len(zh_model[next(iter(zh_model.vocab))])
```

输出结果如下：

```
300
```

我们把这个向量长度进行保存。

```
embedding_dim = len(zh_model[next(iter(zh_model.vocab))])
```

然后，以我们的最大标记个数，以及每个标记对应的向量长度，建立一个随机矩阵。

```
embedding_matrix = np.random.rand(max_words, embedding_dim)
```

看看它的内容。

```
embedding_matrix
```

```
array([[0.01314032, 0.49864774, 0.037572  , ..., 0.88846564, 0.89655014,
        0.87372423],
       [0.48439138, 0.0083212 , 0.09643849, ..., 0.82540381, 0.63774714,
        0.30186639],
       [0.4478526 , 0.68396774, 0.33335754, ..., 0.65628059, 0.80698149,
        0.44545516],
       ...,
       [0.34480955, 0.3409627 , 0.31840268, ..., 0.8739768 , 0.67149441,
        0.48984892],
       [0.0278807 , 0.10457094, 0.57977947, ..., 0.28739254, 0.18636441,
        0.28880226],
       [0.49705236, 0.93205036, 0.07531156, ..., 0.43070929, 0.24611248,
        0.76593846]])
```

这种随机矩阵中，默认都是 0 ～ 1 的实数。

我们刚才已经看过"的"的向量表示。

```
[38]  zh_model.vectors[0]

array([ 8.6988e-02,  9.1123e-02,  3.0722e-02,  3.4160e-03,  2.7568e-02,
        5.4995e-03,  1.0905e-01,  4.9999e-02, -1.9161e-01,  4.2729e-02,
        1.3284e-01, -4.2997e-02,  4.4196e-02, -4.6042e-02,  5.2395e-02,
       -1.3002e-01,  1.1440e-01, -1.5359e-01,  5.7565e-02,  1.3344e-01,
       -6.4197e-02,  5.3679e-02,  1.3349e-01,  6.1268e-02, -2.4911e-03,
        1.9382e-01,  4.4253e-02, -2.0858e-02, -8.0714e-02,  1.0053e-01,
        5.8553e-02,  6.3155e-02, -2.9961e-02, -3.1906e-02,  5.6153e-02,
        5.1014e-02,  1.0752e-01, -7.4407e-02,  9.1990e-02,  1.7744e-01,
```

```
            -5.9959e-02,  1.4046e-01, -8.0201e-02,  4.3989e-02, -9.5205e-02,
             1.3022e-02,  9.1900e-02,  2.4317e-02, -7.0992e-02, -1.5179e-01,
            -3.0031e-02,  1.0344e-01, -5.8155e-02,  3.5950e-02, -5.5085e-02,
             4.7587e-02, -1.4251e-01, -1.3986e-01, -1.3891e-01,  6.9042e-03,
             9.0945e-02, -5.5156e-02,  6.8180e-02,  1.1948e-01,  7.8577e-03,
             1.0014e-01, -4.2805e-02,  2.2362e-01, -2.6212e-02, -3.5302e-02,
            -6.2687e-03, -1.0843e-01,  1.0872e-01,  2.8890e-02, -3.5473e-03,
            -1.9498e-01, -7.5138e-02,  8.5332e-03, -1.0061e-01, -1.7855e-02,
            -1.5515e-01,  5.3034e-02,  5.6923e-02,  1.2199e-01,  4.6883e-02,
             2.1629e-02,  1.0586e-01,  1.6561e-01, -6.9487e-02,  5.4721e-02,
            -3.8894e-02,  5.7113e-02,  1.3905e-02,  7.9968e-03,  2.0372e-02,
             3.3724e-02,  8.9571e-02, -6.1825e-02,  8.8606e-02, -5.5677e-04,
            -3.8857e-02, -4.9158e-02, -1.6729e-01, -1.8883e-02, -8.5901e-02,
             5.5962e-02,  2.5990e-04, -9.9389e-02, -3.0678e-02,  1.9205e-01,
            -1.5735e-01, -1.0431e-01,  8.2319e-02,  1.2595e-02,  9.2085e-02,
            -5.6538e-02,  1.4844e-02,  9.3501e-02,  1.4248e-02,  7.2259e-02,
            -5.5934e-02,  1.1639e-02, -5.8573e-02, -1.3317e-02,  6.1250e-02,
            -5.5100e-02,  5.6260e-02,  1.2347e-01, -3.2506e-02,  3.3067e-02,
            -2.5218e-02,  1.0814e-01, -5.6682e-02,  8.7505e-03, -4.8172e-02,
            -6.4899e-02,  1.6328e-01, -7.9505e-02,  2.7262e-03,  1.3690e-01,
            -6.1343e-02, -9.6471e-02,  1.5359e-01, -9.9349e-02,  4.0632e-03,
            -1.9113e-01,  8.2199e-02, -2.5211e-02,  1.3088e-01, -3.7268e-02,
             1.1964e-01,  8.6707e-02,  4.2749e-02, -1.5924e-03, -1.7589e-02,
             4.7354e-02,  8.3091e-02, -6.5673e-03, -7.3253e-02, -1.0561e-01,
            -9.5948e-02,  3.5908e-03,  8.2236e-02, -6.5011e-02,  2.0903e-02,
            -4.8451e-02, -5.2236e-02, -8.7794e-02, -1.0255e-01,  1.1870e-02,
```

请注意，其中的数字取值范围为 –1 ～ 1。为了让随机产生的向量和它类似，我们把矩阵进行数学转换。

```
embedding_matrix = (embedding_matrix - 0.5) * 2
embedding_matrix
```

```
array([[-0.12247312,  0.36597195,  0.37815793, ..., -0.98750202,
         0.95608378,  0.16945509],
       [-0.53188964,  0.88955203, -0.79230682, ...,  0.30557934,
        -0.30984969,  0.39376198],
       [-0.95375148,  0.90100151,  0.02038789, ...,  0.42335475,
        -0.59991294, -0.88603121],
       ...,
       [-0.17142071,  0.33473929,  0.69491199, ...,  0.9753678 ,
        -0.49116834, -0.12402018],
       [-0.26037082,  0.88214749, -0.06615644, ...,  0.58051719,
        -0.86347235, -0.26316129],
       [ 0.68764187,  0.80847064,  0.5436748 , ..., -0.33707499,
         0.19391577, -0.61753472]])
```

这样看起来就好多了。

我们尝试对某个特定标记读取预训练的向量结果。

```
zh_model.get_vector('的')
```

```
array([ 8.6988e-02,  9.1123e-02,  3.0722e-02,  3.4160e-03,  2.7568e-02,
        5.4995e-03,  1.0905e-01,  4.9999e-02, -1.9161e-01,  4.2729e-02,
        1.3284e-01, -4.2997e-02,  4.4196e-02, -4.6042e-02,  5.2395e-02,
       -1.3002e-01,  1.1440e-01, -1.5359e-01,  5.7565e-02,  1.3344e-01,
       -6.4197e-02,  5.3679e-02,  1.3349e-01,  6.1268e-02, -2.4911e-03,
```

```
      1.9382e-01,   4.4253e-02,  -2.0858e-02,  -8.0714e-02,   1.0053e-01,
      5.8553e-02,   6.3155e-02,  -2.9961e-02,  -3.1906e-02,   5.6153e-02,
      5.1014e-02,   1.0752e-01,  -7.4407e-02,   9.1990e-02,   1.7744e-01,
     -5.9959e-02,   1.4046e-01,  -8.0201e-02,   4.3989e-02,  -9.5205e-02,
      1.3022e-02,   9.1900e-02,   2.4317e-02,  -7.0992e-02,  -1.5179e-01,
     -3.0031e-02,   1.0344e-01,  -5.8155e-02,   3.5950e-02,  -5.5085e-02,
      4.75587e-02, -1.4251e-01,  -1.3986e-01,  -1.3891e-01,   6.9042e-03,
      9.0945e-02,  -5.5156e-02,   6.8180e-02,   1.1948e-01,   7.8577e-03,
      1.0014e-01,  -4.2805e-02,   2.2362e-01,  -2.6212e-02,  -3.5302e-02,
     -6.2687e-03,  -1.0843e-01,   1.0872e-01,   2.8890e-02,  -3.5473e-03,
     -1.9498e-01,  -7.5138e-02,   8.5332e-03,  -1.0061e-01,  -1.7855e-02,
     -1.5515e-01,   5.3034e-02,   5.6923e-02,   1.2199e-01,   4.6883e-02,
      2.1629e-02,   1.0586e-01,   1.6561e-01,  -6.9487e-02,   5.4721e-02,
     -3.8894e-02,   5.7113e-02,   1.3905e-02,   7.9968e-03,   2.0372e-02,
      3.3724e-02,   8.9571e-02,  -6.1825e-02,   8.8606e-02,  -5.5677e-04,
     -3.8857e-02,  -4.9158e-02,  -1.6729e-01,  -1.8883e-02,  -8.5901e-02,
      5.5962e-02,   2.5990e-04,  -9.9389e-02,  -3.0678e-02,   1.9205e-01,
     -1.5735e-01,  -1.0431e-01,   8.2319e-02,   1.2595e-02,   9.2085e-02,
     -5.6538e-02,   1.4844e-02,   9.3501e-02,   1.4248e-02,   7.2259e-02,
     -5.5934e-02,   1.1639e-01,  -5.8573e-02,  -1.3317e-01,   6.1250e-02,
     -5.5100e-02,   5.6260e-02,   1.2347e-01,  -3.2506e-02,   3.3067e-02,
     -2.5218e-02,   1.0814e-01,  -5.6682e-02,   8.7505e-03,  -4.8172e-02,
     -6.4899e-02,   1.6328e-01,  -7.9505e-02,   2.7262e-03,   1.3690e-01,
     -6.1343e-02,  -9.6471e-02,   1.5359e-01,  -9.9349e-02,   4.0632e-03,
```

但是注意，如果标记在预训练过程中没有出现，会如何呢？

试试输入我的名字。

```
zh_model.get_vector("王树义")
```

```
    ---------------------------------------------------------------------------
    KeyError                                  Traceback (most recent call last)
    <ipython-input-47-969b63cd9514> in <module>()
    ----> 1 zh_model.get_vector("王树义")

    /usr/local/lib/python3.6/dist-packages/gensim/models/keyedvectors.py in get_vector(self, word)
        453
        454     def get_vector(self, word):
    --> 455         return self.word_vec(word)
        456
        457     def words_closer_than(self, w1, w2):

    /usr/local/lib/python3.6/dist-packages/gensim/models/keyedvectors.py in word_vec(self, word, use_norm)
        450             return result
        451         else:
    --> 452             raise KeyError("word '%s' not in vocabulary" % word)
        453
        454     def get_vector(self, word):

    KeyError: "word '王树义' not in vocabulary"
```

SEARCH STACK OVERFLOW

　　因为我的名字在 fastText 做预训练的时候没有出现，所以会报错。因此，在我们构建适合自己任务的词嵌入层的时候，也需要注意那些没有被训练过的词汇。

这里我们判断一下，如果无法获得对应的词向量，我们就干脆跳过，使用默认的随机向量。

```
for word, i in word_index.items():
    if i < max_words:
        try:
            embedding_vector = zh_model.get_vector(word)
            embedding_matrix[i] = embedding_vector
        except:
            pass
```

这也是为什么，我们在前文尽量把二者的分布调整一致。

看看产生的词嵌入矩阵。

```
embedding_matrix
```

```
array([[-0.12247312,  0.36597195,  0.37815793, ..., -0.98750202,
          0.95608378,  0.16945509],
        [-0.53188964,  0.88955203, -0.79230682, ...,  0.30557934,
         -0.30984969,  0.39376198],
        [ 0.086988  ,  0.091123  ,  0.030722  , ...,  0.1095    ,
         -0.053695  ,  0.033823  ],
        ...,
        [-0.17142071,  0.33473929,  0.69491199, ...,  0.9753678 ,
         -0.49116834, -0.12402018],
        [-0.26037082,  0.88214749, -0.06615644, ...,  0.58051719,
         -0.86347235, -0.26316129],
        [ 0.68764187,  0.80847064,  0.5436748 , ..., -0.33707499,
          0.19391577, -0.61753472]])
```

8.6.5 模型构建

词嵌入矩阵准备好了，下面我们就要构建模型了。

```
from keras.models import Sequential
from keras.layers import Embedding, Flatten, Dense, LSTM
units = 32
model = Sequential()
model.add(Embedding(max_words, embedding_dim))
model.add(LSTM(units))
model.add(Dense(1, activation='sigmoid'))
model.summary()
```

```
Layer (type)                 Output Shape              Param #
=================================================================
embedding_1 (Embedding)      (None, None, 300)         3000000
_____
lstm_1 (LSTM)                (None, 32)                42624
_____
dense_1 (Dense)              (None, 1)                 33
=================================================================
Total params: 3,042,657
Trainable params: 3,042,657
Non-trainable params: 0
```

注意这里的模型是最简单的顺序模型，对应的模型图如图 8-40 所示。

如图 8-40 所示，我们的输入数据通过词嵌入层，从序号转化为向量；然后经过长短期记忆（Long Short-Term Memory，LSTM）（循环神经网络的一个变种）层，依次处理，最后产生一个 32 位的输出代表这条评论的特征。

这个特征，通过一个普通神经网络层（Dense），然后采用 Sigmoid 函数，输出为一个 0 ～ 1 的数值。

这样，我们就可以通过数值与 0 ～ 1 的哪个数更加接近，进行分类判断。

但是这里需注意，构建的神经网络里，Embedding 嵌入层只是一个随机初始化的层次。我们需要把刚刚构建的词嵌入矩阵导入。

```
model.layers[0].set_weights([embedding_matrix])
model.layers[0].trainable = False
```

这里，我们希望保留获得的词预训练结果，所以在后面的训练中，我们不希望对这一层进行训练。

因为该模型是二元分类，所以我们设定损失函数为 binary_crossentropy。

我们训练模型，保存输出到 history 中，并且把最终的模型存储为 mymodel.h5。

```
model.compile(optimizer='rmsprop',
              loss='binary_crossentropy',
              metrics=['acc'])
history = model.fit(X_train, y_train,
```

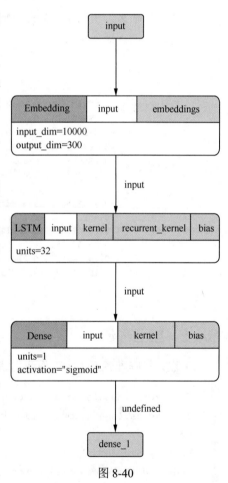

图 8-40

```
                    epochs=10,
                    batch_size=32,
                    validation_data=(X_valid, y_valid))
model.save("mymodel.h5")
```

执行上面的代码段，模型就在"认认真真"训练了，如图 8-41 所示。

```
Train on 1600 samples, validate on 400 samples
Epoch 1/10
1600/1600 [==============================] - 6s 4ms/step - loss: 0.6485 - acc: 0.6319 - val_loss: 0.5907 - val_acc: 0.7025
Epoch 2/10
1600/1600 [==============================] - 5s 3ms/step - loss: 0.5437 - acc: 0.7344 - val_loss: 0.5162 - val_acc: 0.7550
Epoch 3/10
1600/1600 [==============================] - 5s 3ms/step - loss: 0.4577 - acc: 0.7969 - val_loss: 0.4960 - val_acc: 0.7450
Epoch 4/10
1600/1600 [==============================] - 5s 3ms/step - loss: 0.3988 - acc: 0.8250 - val_loss: 0.5168 - val_acc: 0.7250
Epoch 5/10
1600/1600 [==============================] - 5s 3ms/step - loss: 0.3659 - acc: 0.8375 - val_loss: 0.4923 - val_acc: 0.7375
Epoch 6/10
1600/1600 [==============================] - 5s 3ms/step - loss: 0.3206 - acc: 0.8606 - val_loss: 0.4698 - val_acc: 0.7750
Epoch 7/10
1600/1600 [==============================] - 5s 3ms/step - loss: 0.2949 - acc: 0.8856 - val_loss: 0.4601 - val_acc: 0.7900
Epoch 8/10
1600/1600 [==============================] - 5s 3ms/step - loss: 0.2603 - acc: 0.8969 - val_loss: 0.6161 - val_acc: 0.7375
Epoch 9/10
1600/1600 [==============================] - 5s 3ms/step - loss: 0.2520 - acc: 0.9056 - val_loss: 0.5071 - val_acc: 0.7925
Epoch 10/10
1600/1600 [==============================] - 5s 3ms/step - loss: 0.2106 - acc: 0.9225 - val_loss: 0.4982 - val_acc: 0.8025
```

图 8-41

8.6.6 分类效果讨论

对于这个模型的分类效果，你满意吗？

如果只看最终的结果，训练集准确率超过 90%，验证集准确率也超过 80%，好像还不错。

但是，看到这样的数据时，我们会有些担心。

我们把那些数值，用可视化的方法显示。

```
import matplotlib.pyplot as plt

acc = history.history['acc']
val_acc = history.history['val_acc']
loss = history.history['loss']
val_loss = history.history['val_loss']

epochs = range(1, len(acc) + 1)

plt.plot(epochs, acc, 'bo', label='Training acc')
plt.plot(epochs, val_acc, 'b', label='Validation acc')
plt.title('Training and validation accuracy')
plt.legend()
```

```
plt.figure()

plt.plot(epochs, loss, 'bo', label='Training loss')
plt.plot(epochs, val_loss, 'b', label='Validation loss')
plt.title('Training and validation loss')
plt.legend()

plt.show()
```

结果如图 8-42 所示。

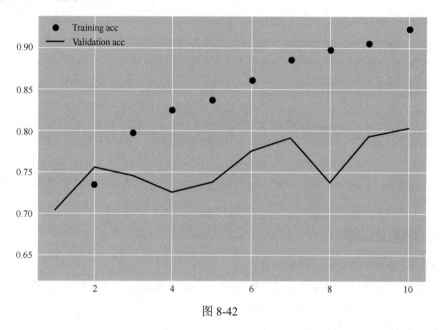

图 8-42

图 8-42 所示为准确率对比。圆点代表训练集，实线代表验证集。我们看到，训练集准确率一路 "走高"，但是验证集准确率在波动，虽然最后一步刚好是最高点。

图 8-43 显示得更加清晰。

图 8-43 是损失数值对比。我们可以看到，训练集上，损失数值一路向下。但是，从第 2 个轮次（epoch）开始，验证集的损失数值就没有保持连贯的显著下降趋势。二者发生背离。

这意味着什么？这就是深度学习中，最常见、也是最恼人的问题——过拟合（Overfitting）。

我们希望你能够理解它出现的原因——相对于目前使用的循环神经网络结构，你的数据量太小了。

深度学习对于数据数量和质量的要求都很高。有没有办法可以让你不需要这么多的数据，也能避免过拟合，取得更好的训练结果呢？

这个问题我们会在后文中向你解答。

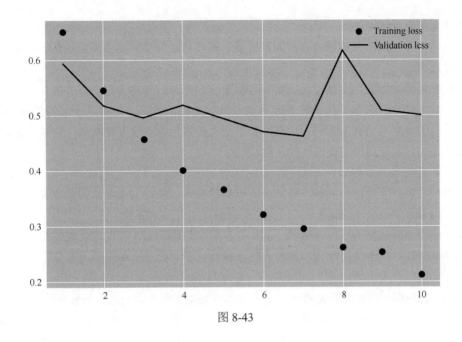

图 8-43

8.6.7　小结与思考

本节我们探讨了如何用循环神经网络处理中文文本分类问题。阅读过本节并且实践之后，你应该能够把下列内容融会贯通：

- 文本预处理；
- 词嵌入矩阵构建；
- 循环神经网络模型构建；
- 训练效果评估。

希望本节内容，可以对大家的科研和工作有所帮助。

8.7　循环神经网络预测严重交通拥堵

本节介绍如何从交通事件开放数据中，利用序列模型找到规律，进行分类预测，以便相关部门可以未雨绸缪，提前有效干预可能发生的严重交通拥堵。

8.7.1　交通事件数据样例

前文我们介绍了如何用循环神经网络对文本进行分类，但我们不希望大家有一种错误的简单关联，即"循环神经网络只能用来处理文本数据"。事实上，只要是对序列数据的处理，我们都可以考虑使用循环神经网络。

如果我们有合适的序列数据样例，就可以展示循环神经网络的更多应用场景。但是这个数据样例不太好选择。

目前循环神经网络的一个热门的应用场景就是金融产品的价格预测。每分每秒，金融产品的价格都在变动。把不同时间的价格汇集起来就是典型的序列数据。但金融产品的价格预测很难，因为金融产品的价格是面向未来的，预测时基于历史价格信息寻找波动规律，并对未来价格进行预测，实际上如同看着后视镜开车一般危险。

但是，还有很多人依然乐此不疲地尝试。很多时候，他们也能尝到成功的甜头。原因在于，金融市场的参与者并非理性的机器，而是由人组成的群体。从行为金融学的角度来看，进化给人类思考与行为带来了一些"快捷方式"，我们可以利用它们从中获利。

其他开放的序列数据当然也有很多，例如共享单车租用数据、气温变化数据等。不过这些数据的应用并不新鲜。对于气温变化，你看天气预报就好了。而共享单车租用数量……你真的关心这里的规律吗？

现在，我们使用一个新的数据样例——交通事件数据样例作为应用案例分享给大家。Waze 是国外比较常用的一个导航软件，它除了提供一般的导航功能之外，还可以让用户自由提交路况信息。这样一来，Waze 就利用群体智慧形成了一个"眼观六路，耳听八方"的巨大网络，它随时依据用户提供的情况，汇总成实时交通参考，并且汇报给用户，以便用户调整自己的行车路线。

这个应用最有用的功能是在堵车的时候，用户可以了解到前面究竟发生了什么。其他导航也有实时交通状况提示，但是用户对前面的情况其实一无所知。而信息的对称可以在很大程度上让用户减少焦虑。

本次使用的数据覆盖了美国达拉斯—沃斯堡都会区域，为 2018 年 11 月 1 日到 11 月 29 日的 Waze 交通事件（Incidents）开放数据。

原始的数据大小接近 300MB。每一条数据，都包含了提交的经、纬度，以及时间。

我把全部的数据拿出来，提炼出包含的事件类型，包括以下这些类型。

```
[50]    gdf.EVENT_TYPE.unique()


        array(['road closed due to construction', 'traffic jam',
               'stopped car on the shoulder', 'road closed', 'other',
               'object on roadway', 'major event', 'pothole',
               'traffic heavier than normal', 'road construction', 'fog',
               'accident', 'slowdown', 'stopped car', 'small traffic jam',
               'stopped traffic', 'heavy traffic', 'minor accident',
               'medium traffic jam', 'malfunctioning traffic light',
               'missing sign on the shoulder', 'animal on the shoulder',
               'animal struck', 'large traffic jam', 'hazard on the shoulder',
               'hazard on road', 'ice on roadway', 'weather hazard', 'flooding',
               'road closed due to hazard', 'hail', 'huge traffic jam'],
              dtype=object)
```

我们看到，其中仅是交通拥堵，也是分为不同级别的。其中最严重的分别是 large traffic jam（大型交通拥堵）和 huge traffic jam（超大型交通拥堵）。于是，我们可以把这两种严重交通拥堵事件合并成一个集合；其他剩余事件作为另一个集合。

对于每一个严重交通拥堵事件，我们往前追溯 30 分钟，把之前同一条道路上发生的事件按照顺序存储成一个序列。这样的序列有 987 个。但是，其中有一些序列是骤然发生的，30 分钟的区间里没有任何其他事件作为先兆。对这样的空序列，我们进行清除，剩下 861 个有效序列。

同样，从剩余事件集合中，我们随机找到了 861 个非空有效序列。这些序列的后续紧随事件都不是严重交通拥堵。

我们将严重交通拥堵之前 30 分钟的事件序列，标记为 1；将非严重交通拥堵之前 30 分钟的事件序列，标记为 0。

于是，我们就把问题转换成能否利用事件序列进行分类，预测后续是否会发生严重交通拥堵。

下面，我们就以这组交通事件数据，详细给大家讲解如何用 Python、Keras 和循环神经网络来实现序列数据分类模型。

8.7.2　数据准备与配置环境

首先，我们导入 Pandas 软件包，以便进行结构化数据的处理。

```
import pandas as pd
```

这次还要导入的一个软件包是 Python 进行数据存取的利器，叫作 pickle。

```
import pickle
```

pickle 可以把 Python 数据，甚至是许多组数据，一起存储到指定文件。然后在读出的时候，可以将其完全恢复为原先格式的数据。在这一点上，用它比用 CSV 进行数据存储和交换的效果更好，效率也更高。

下面我们从本书配套的 GitHub 项目中，把数据传递过来。

```
!git clone https://github.com/wshuyi/demo_traffic_jam_prediction.git
```

显示的语句如下：

```
Cloning into 'demo_traffic_jam_prediction'...
```

数据的传递很快就可以完成。准备好数据后，我们先把 Keras 以及 TensorFlow 库安装好。

```
!pip install keras
!pip install --user tensorflow
```

安装好之后，环境准备完毕，下面我们来一步步地运行代码。

8.7.3 训练模型与评估结果

首先告诉 Jupyter Notebook 数据文件夹的位置。

```
from pathlib import Path
data_dir = Path('demo_traffic_jam_prediction')
```

打开数据文件，利用 pickle 把两组数据分别取出。

```
with open(data_dir / 'data.pickle', 'rb')as f:
    [event_dict, df] = pickle.load(f)
```

先看其中的事件字典 event_dict。

```
event_dict
```

全部的事件类型如下：

```
{1: 'road closed due to construction',
 2: 'traffic jam',
 3: 'stopped car on the shoulder',
 4: 'road closed',
 5: 'other',
 6: 'object on roadway',
 7: 'major event',
 8: 'pothole',
 9: 'traffic heavier than normal',
 10: 'road construction',
 11: 'fog',
 12: 'accident',
 13: 'slowdown',
 14: 'stopped car',
 15: 'small traffic jam',
 16: 'stopped traffic',
 17: 'heavy traffic',
 18: 'minor accident',
 19: 'medium traffic jam',
 20: 'malfunctioning traffic light',
 21: 'missing sign on the shoulder',
 22: 'animal on the shoulder',
 23: 'animal struck',
 24: 'large traffic jam',
 25: 'hazard on the shoulder',
 26: 'hazard on road',
 27: 'ice on roadway',
 28: 'weather hazard',
 29: 'flooding',
```

```
30: 'road closed due to hazard',
31: 'hail',
32: 'huge traffic jam'}
```

同样，我们来看看存储事件序列的数据框。先看前 10 个。

```
df.head(10)
```

	label	events
0	1	[traffic heavier than normal, heavy traffic, m...
1	1	[traffic jam, road construction, stopped car o...
2	1	[traffic jam]
3	1	[traffic jam]
4	1	[traffic jam, traffic jam, traffic jam, traffi...
5	1	[stopped car on the shoulder, traffic jam, hea...
6	1	[stopped car on the shoulder, traffic jam, hea...
7	1	[traffic jam, small traffic jam, traffic jam, ...
8	1	[heavy traffic, traffic jam, traffic jam, stop...
9	1	[heavy traffic, traffic jam, traffic jam, stop...

注意，每一行都包含了标记。

再看结尾部分。

```
df.tail(10)
```

	label	events
851	0	[traffic jam, traffic jam, traffic jam]
852	0	[stopped traffic, traffic jam, stopped traffic]
853	0	[stopped car on the shoulder, stopped traffic,...
854	0	[stopped traffic]
855	0	[stopped car on the shoulder, stopped car on t...
856	0	[heavy traffic, heavy traffic, heavy traffic, ...
857	0	[traffic jam, traffic jam]
858	0	[traffic jam, traffic jam, traffic heavier tha...
859	0	[heavy traffic, stopped car on the shoulder, t...
860	0	[heavy traffic, stopped car on the shoulder, s...

数据读取无误。下面我们来看看，最长的一个序列，其编号是多少。

这里，我们利用的是 Pandas 的一个函数，叫作 idxmax，它可以帮助我们把最大值对应的索引编号传递回来。

```
max_len_event_id = df.events.apply(len).idxmax()
max_len_event_id
```

结果为：

```
105
```

我们来看看，这个编号对应的事件序列是什么样的。

```
max_len_event = df.iloc[max_len_event_id]
max_len_event.events
```

长的反馈结果如下：

```
['stopped car on the shoulder',
 'heavy traffic',
 'heavy traffic',
 'heavy traffic',
 'slowdown',
 'stopped traffic',
 'heavy traffic',
 'heavy traffic',
 'heavy traffic',
 'heavy traffic',
 'traffic heavier than normal',
 'stopped car on the shoulder',
 'traffic jam',
 'heavy traffic',
 'stopped traffic',
 'stopped traffic',
 'stopped traffic',
 'heavy traffic',
 'traffic jam',
 'stopped car on the shoulder',
 'stopped traffic',
 'stopped traffic',
 'stopped traffic',
 'heavy traffic',
 'traffic heavier than normal',
 'traffic heavier than normal',
 'traffic heavier than normal',
 'traffic heavier than normal',
 'heavy traffic',
 'stopped traffic',
 'traffic heavier than normal',
```

```
'pothole',
'stopped car on the shoulder',
'traffic jam',
'slowdown',
'stopped traffic',
'heavy traffic',
'traffic heavier than normal',
'traffic jam',
'traffic jam',
'stopped car on the shoulder',
'major event',
'traffic jam',
'traffic jam',
'stopped traffic',
'heavy traffic',
'traffic heavier than normal',
'stopped car on the shoulder',
'slowdown',
'heavy traffic',
'heavy traffic',
'stopped car on the shoulder',
'traffic jam',
'slowdown',
'slowdown',
'heavy traffic',
'stopped car on the shoulder',
'heavy traffic',
'minor accident',
'stopped car on the shoulder',
'heavy traffic',
'stopped car on the shoulder',
'heavy traffic',
'stopped traffic',
'heavy traffic',
'traffic heavier than normal',
'heavy traffic',
'stopped car on the shoulder',
'traffic heavier than normal',
'stopped traffic',
'heavy traffic',
'heavy traffic',
'heavy traffic',
'stopped car on the shoulder',
'slowdown',
'stopped traffic',
```

```
    'heavy traffic',
    'stopped car on the shoulder',
    'traffic heavier than normal',
    'heavy traffic',
    'minor accident',
    'major event',
    'stopped car on the shoulder',
    'stopped car on the shoulder']
```

阅读一遍你就会发现，在严重交通拥堵发生之前，确实还是有一些先兆的。当然，这是由人来阅读后得出的结论。我们下面需要做的是，让机器自动把握这些列表的特征，并且对其分类。

我们看看这个最长列表的长度。

```
maxlen = len(max_len_event.events)
maxlen
```

结果为：

```
84
```

下面我们要做的是把事件转换成数字序号，这样后面更容易处理。我们使用以下的一个小技巧：把原来的事件字典倒置，即变"序号：事件名称"为"事件名称：序号"。这样以事件名称查询的效率会高很多。

```
reversed_dict = {}
for k, v in event_dict.items():
    reversed_dict[v] = k
```

我们看看倒置的事件字典。

```
reversed_dict
```

这是输出的结果。

```
{'accident': 12,
 'animal on the shoulder': 22,
 'animal struck': 23,
 'flooding': 29,
 'fog': 11,
 'hail': 31,
 'hazard on road': 26,
 'hazard on the shoulder': 25,
 'heavy traffic': 17,
 'huge traffic jam': 32,
 'ice on roadway': 27,
 'large traffic jam': 24,
```

```
'major event': 7,
'malfunctioning traffic light': 20,
'medium traffic jam': 19,
'minor accident': 18,
'missing sign on the shoulder': 21,
'object on roadway': 6,
'other': 5,
'pothole': 8,
'road closed': 4,
'road closed due to construction': 1,
'road closed due to hazard': 30,
'road construction': 10,
'slowdown': 13,
'small traffic jam': 15,
'stopped car': 14,
'stopped car on the shoulder': 3,
'stopped traffic': 16,
'traffic heavier than normal': 9,
'traffic jam': 2,
'weather hazard': 28}
```

下面编写一个函数，输入一个事件列表，返回对应的事件序号列表。

```
def map_event_list_to_idxs(event_list):
  list_idxs = []
  for event in(event_list):
    idx = reversed_dict[event]
    list_idxs.append(idx)
  return list_idxs
```

然后，我们在刚才找到的最长列表上进行实验。

```
map_event_list_to_idxs(max_len_event.events)
```

结果是这样的。

```
[3,
 17,
 17,
 17,
 13,
 …,
 17,
 18,
 7,
 3,
 3]
```

看来功能实现上没有问题。

导入 NumPy 和 Keras 的一些工具。

```
import numpy as np
from keras.utils import to_categorical
from keras.preprocessing.sequence import pad_sequences
```

系统自动提示我们，Keras 使用 TensorFlow 作为后端框架。

```
Using TensorFlow backend.
```

我们需要清楚，一共有多少种事件类型。

```
len(event_dict)
```

结果是：

```
32
```

因此，我们需要对 32 种不同的事件类型进行转换和处理。我们把整个数据集里的事件类型都变成事件序号。

```
df.events.apply(map_event_list_to_idxs)
```

输出结果如下：

```
0      [9, 17, 18, 14, 13, 17, 3, 13, 16, 3, 17, 17, ...
1                                         [2, 10, 3]
2                                                [2]
3                                                [2]
4                         [2, 2, 2, 2, 2, 2, 2, 9]
...
857                                           [2, 2]
858                            [2, 2, 9, 17, 2, 2]
859                      [17, 3, 2, 2, 2, 2, 2, 2]
860    [17, 3, 3, 17, 3, 17, 2, 3, 18, 14, 3, 3, 16, ...
Name: events, Length: 1722, dtype: object
```

现在，作为人类，我们确实是看不懂列表里面的事件都是什么了，好在计算机对于数字更加喜闻乐见。

我们把该列表命名为 sequences，并且显示前 5 项内容。

```
sequences = df.events.apply(map_event_list_to_idxs).tolist()
sequences[:5]
```

对于输入序列，我们希望它的长度都是一样的。因此，下面我们就用最长的序列长度作为标准，用 0 来填充其他短序列。

```
data = pad_sequences(sequences, maxlen=maxlen)
data
```
输出结果如下：

```
array([[0, 0, 0, ..., 16, 16, 3],
       [0, 0, 0, ..., 2, 10, 3],
       [0, 0, 0, ..., 0, 0, 2],
       ...,
       [0, 0, 0, ..., 17, 2, 2],
       [0, 0, 0, ..., 2, 2, 2],
       [0, 0, 0, ..., 3, 3, 2]], dtype=int32)
```

注意，所有的 0 都填充到了序列的最前端。序列都一样长了。

下面，我们把全部的分类标记存储到 labels 变量里。

```
labels = np.array(df.label)
```

后文提交的好几个函数都需要用到随机变量。为了运行结果的一致性，在这里指定随机种子数值。你第一次尝试运行的时候不要修改它，但是后面自己动手操作的时候可以随意修改它。

```
np.random.seed(12)
```

好了，下面我们"洗牌"，打乱数据的顺序。但是注意序列和对应标记之间要保持一致。

```
indices = np.arange(data.shape[0])
np.random.shuffle(indices)
data = data[indices]
labels = labels[indices]
```

然后，我们取 80% 的数据，用于训练；另外 20% 的数据，用于验证。

```
training_samples = int(len(indices) * .8)
validation_samples = len(indices) - training_samples
```

我们正式划分训练集和验证集。

```
X_train = data[:training_samples]
y_train = labels[:training_samples]
X_valid = data[training_samples: training_samples + validation_samples]
y_valid = labels[training_samples: training_samples + validation_samples]
```

看看训练集的内容。

```
X_train
```

结果为：

```
array([[0, 0, 0, ..., 15, 15, 3],
       [0, 0, 0, ..., 0, 2, 2],
       [0, 0, 0, ..., 0, 0, 16],
       ...,
       [0, 0, 0, ..., 2, 15, 16],
       [0, 0, 0, ..., 2, 2, 2],
       [0, 0, 0, ..., 0, 0, 2]], dtype=int32)
```

注意，由于我们以 "0" 作为填充，因此在原来的 32 种事件类型的基础上，又加了一种。
以下就是我们新的事件类型数量。

```
num_events = len(event_dict) + 1
```

我们使用嵌入层把事件序号转换成由一系列数字组成的向量。这样，可以避免模型把事件序
号当成数值型数据（Numeric Data）来处理。

下面，我们指定每一个序号转换成由 20 个数字组成的向量。

```
embedding_dim = 20
```

利用事件类型数量和事件向量长度，我们随机构造初始的嵌入矩阵。

```
embedding_matrix = np.random.rand(num_events, embedding_dim)
```

下面搭建一个循环神经网络模型，其中的 LSTM 层包含 32 位输出数字。

```
from keras.models import Sequential
from keras.layers import Embedding, Flatten, Dense, LSTM
units = 32
model = Sequential()
model.add(Embedding(num_events, embedding_dim))
model.add(LSTM(units))
model.add(Dense(1, activation='sigmoid'))
```

这里的代码内容已经在 8.6 节进行过介绍，就不对细节进行讲述了。如果你没有看过或者已
经遗忘，可以返回 8.6 节复习。

下面，处理其中的嵌入层参数。我们直接把刚才随机生成的嵌入矩阵放进来，而且不让模型
在训练中对嵌入层参数进行修改。

```
model.layers[0].set_weights([embedding_matrix])
model.layers[0].trainable = False
```

下面，我们开始训练，并且把模型运行结果保存起来。

```
model.compile(optimizer='rmsprop',
              loss='binary_crossentropy',
```

```
                metrics=['acc'])
history = model.fit(X_train, y_train,
                    epochs=50,
                    batch_size=32,
                    validation_data=(X_valid, y_valid))
model.save("mymodel_embedding_untrainable.h5")
```

可以看到，程序在"欢快"地运行中。

```
Train on 1377 samples, validate on 345 samples
Epoch 1/50
1377/1377 [==============================] - 3s 2ms/step - loss: 0.6811 - acc: 0.5621 - val_loss: 0.6795 - val_acc: 0.5826
Epoch 2/50
1377/1377 [==============================] - 2s 2ms/step - loss: 0.6527 - acc: 0.6107 - val_loss: 0.6564 - val_acc: 0.6261
Epoch 3/50
1377/1377 [==============================] - 2s 2ms/step - loss: 0.6277 - acc: 0.6659 - val_loss: 0.6904 - val_acc: 0.5449
Epoch 4/50
1377/1377 [==============================] - 2s 2ms/step - loss: 0.6112 - acc: 0.6797 - val_loss: 0.6968 - val_acc: 0.5855
Epoch 5/50
1377/1377 [==============================] - 2s 2ms/step - loss: 0.5955 - acc: 0.6848 - val_loss: 0.6753 - val_acc: 0.6087
Epoch 6/50
1377/1377 [==============================] - 2s 2ms/step - loss: 0.5885 - acc: 0.6964 - val_loss: 0.6480 - val_acc: 0.6232
Epoch 7/50
1377/1377 [==============================] - 2s 2ms/step - loss: 0.5763 - acc: 0.7095 - val_loss: 0.6524 - val_acc: 0.6464
Epoch 8/50
1377/1377 [==============================] - 2s 2ms/step - loss: 0.5710 - acc: 0.7160 - val_loss: 0.6192 - val_acc: 0.6319
Epoch 9/50
1377/1377 [==============================] - 2s 2ms/step - loss: 0.5697 - acc: 0.7081 - val_loss: 0.6137 - val_acc: 0.6551
Epoch 10/50
1377/1377 [==============================] - 2s 2ms/step - loss: 0.5617 - acc: 0.7248 - val_loss: 0.5706 - val_acc: 0.7130
Epoch 11/50
1377/1377 [==============================] - 2s 2ms/step - loss: 0.5528 - acc: 0.7255 - val_loss: 0.6178 - val_acc: 0.5884
Epoch 12/50
```

训练结束之后，我们利用 Matplotlib 绘图功能，看一下训练中准确率和损失值的变化。

```
import matplotlib.pyplot as plt

acc = history.history['acc']
val_acc = history.history['val_acc']
loss = history.history['loss']
val_loss = history.history['val_loss']

epochs = range(1, len(acc) + 1)

plt.plot(epochs, acc, 'bo', label='Training acc')
plt.plot(epochs, val_acc, 'b', label='Validation acc')
plt.title('Training and validation accuracy')
plt.legend()

plt.figure()

plt.plot(epochs, loss, 'bo', label='Training loss')
plt.plot(epochs, val_loss, 'b', label='Validation loss')
```

```
plt.title('Training and validation loss')
plt.legend()

plt.show()
```

准确率变化曲线如图 8-44 所示。

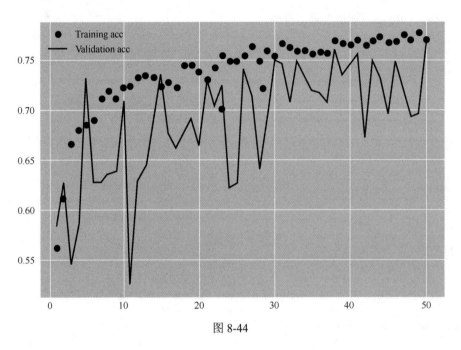

图 8-44

可以看到，效果还是不错的。因为我们的数据中，不同标记的数据各占一半。如果构建一个 dummy model（笨模型）作为标准线的话，那么对所有的输入都猜测 0 或者 1，准确率应该只有 50%。

这里的准确率为 65% ~ 75%，证明我们的模型是有意义的。只不过抖动比较厉害，稳定性差。

这是损失值变化曲线，如图 8-45 所示。

这个图看起来就不是很理想了。虽然训练集上的损失值一路下降，但是验证集上这个效果并不是很明显，损失值一直剧烈波动。

看到结果不是最关键的，关键是我们要分析出目前遇到的问题的原因是什么。

注意，我们前面使用了嵌入矩阵。它随机生成，却又没有真正进行训练调整，这可能是个问题。

因此，我们这里再次构建和运行模型。唯一改动的地方在于，让嵌入矩阵的参数也可以随着训练自动调整。

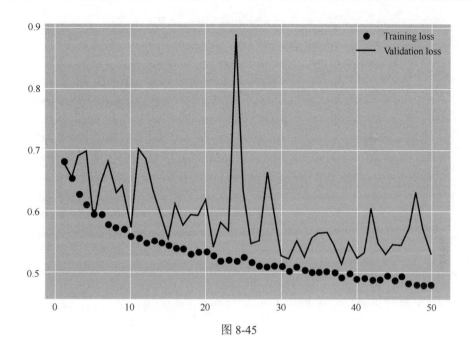

图 8-45

```python
from keras.models import Sequential
from keras.layers import Embedding, Flatten, Dense, LSTM

units = 32

model = Sequential()
model.add(Embedding(num_events, embedding_dim))
model.add(LSTM(units))
model.add(Dense(1, activation='sigmoid'))
```

注意，这里的差别是 trainable 被设置为 True。

```python
model.layers[0].set_weights([embedding_matrix])
model.layers[0].trainable = True
```

构建模型，再次运行。

```python
model.compile(optimizer='rmsprop',
              loss='binary_crossentropy',
              metrics=['acc'])
history = model.fit(X_train, y_train,
                    epochs=50,
                    batch_size=32,
                    validation_data=(X_valid, y_valid))
model.save("mymodel_embedding_trainable.h5")
```

```
   1377/1377 [==============================] - 3s 2ms/step - loss: 0.4790 - acc: 0.7683 - val_loss: 0.4898 - val_acc: 0.7797
   Epoch 26/50
   1377/1377 [==============================] - 2s 2ms/step - loss: 0.4765 - acc: 0.7720 - val_loss: 0.5110 - val_acc: 0.7420
   Epoch 27/50
   1377/1377 [==============================] - 2s 2ms/step - loss: 0.4786 - acc: 0.7720 - val_loss: 0.5449 - val_acc: 0.7072
   Epoch 28/50
   1377/1377 [==============================] - 2s 2ms/step - loss: 0.4743 - acc: 0.7778 - val_loss: 0.5009 - val_acc: 0.7710
   Epoch 29/50
   1377/1377 [==============================] - 2s 2ms/step - loss: 0.4757 - acc: 0.7734 - val_loss: 0.5123 - val_acc: 0.7478
   Epoch 30/50
   1377/1377 [==============================] - 3s 2ms/step - loss: 0.4721 - acc: 0.7829 - val_loss: 0.4973 - val_acc: 0.7710
   Epoch 31/50
   1377/1377 [==============================] - 2s 2ms/step - loss: 0.4697 - acc: 0.7843 - val_loss: 0.4902 - val_acc: 0.7884
   Epoch 32/50
   1377/1377 [==============================] - 2s 2ms/step - loss: 0.4671 - acc: 0.7785 - val_loss: 0.5184 - val_acc: 0.7507
   Epoch 33/50
   1377/1377 [==============================] - 2s 2ms/step - loss: 0.4648 - acc: 0.7843 - val_loss: 0.4875 - val_acc: 0.7913
   Epoch 34/50
   1377/1377 [==============================] - 2s 2ms/step - loss: 0.4639 - acc: 0.7807 - val_loss: 0.5010 - val_acc: 0.7739
   Epoch 35/50
   1377/1377 [==============================] - 3s 2ms/step - loss: 0.4608 - acc: 0.7836 - val_loss: 0.5095 - val_acc: 0.7681
   Epoch 36/50
   1377/1377 [==============================] - 3s 2ms/step - loss: 0.4616 - acc: 0.7800 - val_loss: 0.4920 - val_acc: 0.7710
   Epoch 37/50
```

绘图看看。

```python
import matplotlib.pyplot as plt

acc = history.history['acc']
val_acc = history.history['val_acc']
loss = history.history['loss']
val_loss = history.history['val_loss']

epochs = range(1, len(acc) + 1)

plt.plot(epochs, acc, 'bo', label='Training acc')
plt.plot(epochs, val_acc, 'b', label='Validation acc')
plt.title('Training and validation accuracy')
plt.legend()

plt.figure()

plt.plot(epochs, loss, 'bo', label='Training loss')
plt.plot(epochs, val_loss, 'b', label='Validation loss')
plt.title('Training and validation loss')
plt.legend()

plt.show()
```

如图 8-46 所示，这次的准确率变化曲线，看起来好多了。验证集上的波动没有这么剧烈，模型稳定性提高了许多。而且，准确率也获得了提升，后半程稳定在了 75% 以上。这样的模型，就有应用价值了。

但是我们看看损失值变化曲线，可能就不这么乐观了，如图 8-47 所示。

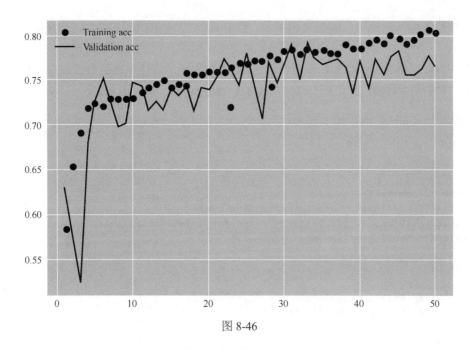

图 8-46

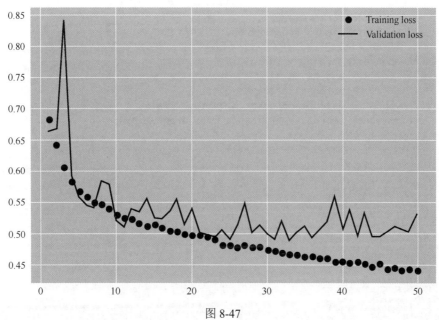

图 8-47

注意，从半程之后，训练集和验证集的损失值变化就发生了分叉。这是典型的过拟合。发生过拟合现象，主要原因就是模型相对复杂，训练数据不够用。这时候，要么增加训练数据，要么降低模型复杂度。

立即增加数据不太现实。因为我们手中，目前只有 29 天里积攒的数据。但是降低模型复杂度是可以利用 Dropout 尝试完成的。Dropout 的实现机理是，在训练的时候，每次随机把一定比例的模型中神经元对应权重参数，设置为 0，让它不起作用。这样，模型的复杂度就会降低。

下面，我们稍微修改一下，在 LSTM 层上加入 dropout=0.2、recurrent_dropout=0.2 这两个参数。

```python
from keras.models import Sequential
from keras.layers import Embedding, Flatten, Dense, LSTM

units = 32

model = Sequential()
model.add(Embedding(num_events, embedding_dim))
model.add(LSTM(units, dropout=0.2, recurrent_dropout=0.2))
model.add(Dense(1, activation='sigmoid'))
```

依然保持嵌入层可以被训练。

```python
model.layers[0].set_weights([embedding_matrix])
model.layers[0].trainable = True
```

再次运行。

```python
model.compile(optimizer='rmsprop',
              loss='binary_crossentropy',
              metrics=['acc'])
history = model.fit(X_train, y_train,
                    epochs=50,
                    batch_size=32,
                    validation_data=(X_valid, y_valid))
model.save("mymodel_embedding_trainable_with_dropout.h5")
```

```
Train on 1377 samples, validate on 345 samples
Epoch 1/50
1377/1377 [==============================] - 4s 3ms/step - loss: 0.6757 - acc: 0.5824 - val_loss: 0.6603 - val_acc: 0.5652
Epoch 2/50
1377/1377 [==============================] - 3s 2ms/step - loss: 0.6461 - acc: 0.6289 - val_loss: 0.6386 - val_acc: 0.6812
Epoch 3/50
1377/1377 [==============================] - 3s 2ms/step - loss: 0.6401 - acc: 0.6383 - val_loss: 0.6362 - val_acc: 0.6319
Epoch 4/50
1377/1377 [==============================] - 3s 2ms/step - loss: 0.6232 - acc: 0.6536 - val_loss: 0.6519 - val_acc: 0.6029
Epoch 5/50
1377/1377 [==============================] - 3s 2ms/step - loss: 0.6067 - acc: 0.6768 - val_loss: 0.6209 - val_acc: 0.6348
Epoch 6/50
1377/1377 [==============================] - 3s 2ms/step - loss: 0.5986 - acc: 0.6812 - val_loss: 0.5978 - val_acc: 0.6609
Epoch 7/50
1377/1377 [==============================] - 3s 2ms/step - loss: 0.5877 - acc: 0.6979 - val_loss: 0.5955 - val_acc: 0.6609
Epoch 8/50
1377/1377 [==============================] - 3s 2ms/step - loss: 0.5836 - acc: 0.6972 - val_loss: 0.5734 - val_acc: 0.7159
Epoch 9/50
1377/1377 [==============================] - 3s 2ms/step - loss: 0.5796 - acc: 0.6855 - val_loss: 0.5766 - val_acc: 0.6812
Epoch 10/50
1377/1377 [==============================] - 3s 2ms/step - loss: 0.5640 - acc: 0.7073 - val_loss: 0.5655 - val_acc: 0.6870
Epoch 11/50
1377/1377 [==============================] - 3s 2ms/step - loss: 0.5579 - acc: 0.7240 - val_loss: 0.5563 - val_acc: 0.7362
Epoch 12/50
```

绘制图形的函数跟之前两次完全一致。

```
import matplotlib.pyplot as plt

acc = history.history['acc']
val_acc = history.history['val_acc']
loss = history.history['loss']
val_loss = history.history['val_loss']

epochs = range(1, len(acc) + 1)

plt.plot(epochs, acc, 'bo', label='Training acc')
plt.plot(epochs, val_acc, 'b', label='Validation acc')
plt.title('Training and validation accuracy')
plt.legend()

plt.figure()

plt.plot(epochs, loss, 'bo', label='Training loss')
plt.plot(epochs, val_loss, 'b', label='Validation loss')
plt.title('Training and validation loss')
plt.legend()

plt.show()
```

这次的准确率变化曲线看起来达到的数值，和没有加入 Dropout 时差不多，如图 8-48 所示。

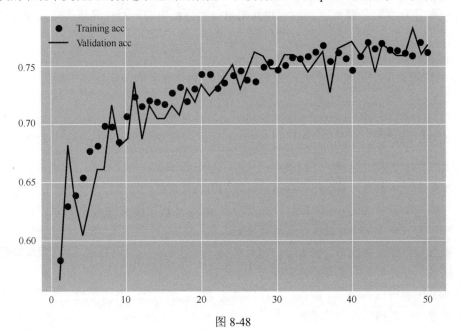

图 8-48

然而，我们可以感受到训练集和验证集的准确率更加贴近，曲线更加平滑。

下面我们看看损失值变化曲线，如图 8-49 所示。

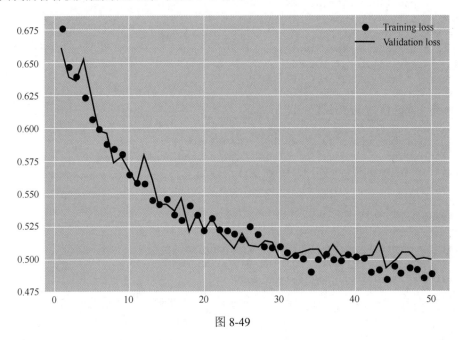

图 8-49

这个图形中过拟合的去除效果就更为明显了。可以看到训练集和验证集两条曲线的波动基本保持了一致。这样我们更可以确信，模型预测能力是稳定的，对外界新的输入信息的适应性更好。

如果把我们的模型放在交通管理部门，可以期望它根据获得的新序列数据，以大约 75% 的准确率，预测严重交通拥堵事件的发生。这样，交通管理部门就可以未雨绸缪，提前做出干预了。

8.7.4　小结与思考

通过本节的学习和实际操作，希望你已了解了以下知识点：

- 不只是文本数据，其他序列数据也可以利用循环神经网络进行分类预测；
- 对定类数据（Categorical Data）进行嵌入表示，如果用随机数作为初始，那么在建模过程中加入嵌入层一起训练，效果会更好；
- 数据量不够的情况下，深度学习很可能会发生过拟合。使用 Dropout 可以降低过拟合的影响，让模型具有更好的稳定性和可扩展性。

希望本节内容可以帮助你了解循环神经网络的更多应用场景。在实际的工作和学习中，灵活运用它来处理序列数据的分类等任务。

8.8　用TensorFlow神经网络分类表格数据

本节以客户流失数据为例，介绍 TensorFlow 如何帮助我们快速构建表格（结构化）数据的神经网络分类模型。

8.8.1　深度学习框架正在发生变化

对于表格数据，你应该并不陌生。毕竟，Excel 在我们平时的工作和学习中还是挺常见的。在前文，我们就分享过如何利用深度神经网络锁定即将流失的客户，其中用到的就是这样的表格数据。

TFLearn 是之前我们使用的高阶深度学习框架，它基于 TensorFlow 之上，包含了大量的细节，让用户可以非常方便地搭建自己的模型。但是，由于 TensorFlow 选择"拥抱"它的竞争者 Keras，导致后者的竞争优势凸显。从更新时间来看，TFLearn 已经很久没有更新；而 Keras 可能还在一直更新。

我们选择免费开源框架，一定要选择开发活跃、社区支持完善的。只有这样，遇到问题才能更低成本、高效率地解决。

同时，TensorFlow 目前已有 2.0 版本。本节，我们将为大家介绍如何用 TensorFlow 2.0 来训练神经网络，对客户流失数据建立分类模型，从而可以帮助银行见微知著，洞察风险，提前做好干预和防范。

8.8.2　实验数据

我们手里拥有的是某银行欧洲区客户的数据，共有 10 000 条记录。客户主要分布在法国、德国和西班牙，如图 8-50 所示。

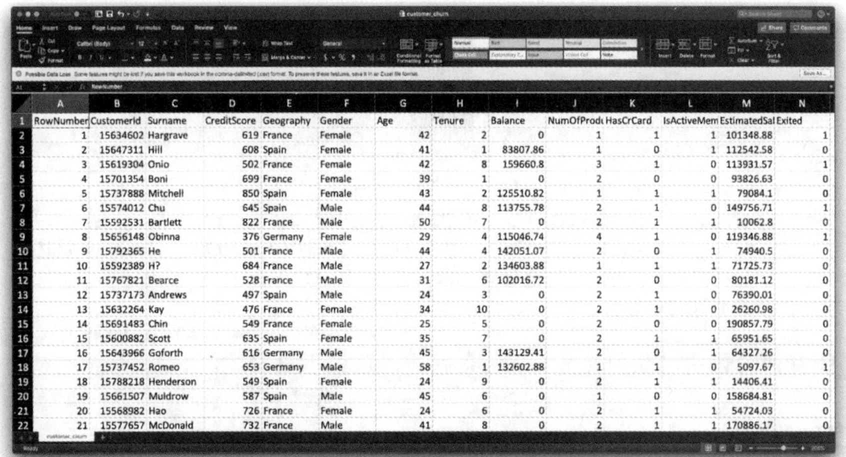

图 8-50

数据来自匿名化处理后的真实数据集。从表格中，可以读取的信息，包括客户的年龄、性别、信用分数、办卡信息等。客户是否已流失的信息在最后一列 Exited。

大家可以在我们的学习平台 https://github.com/zhaihulu/DataScience/ 下载这份数据，并且用 Excel 查看。

8.8.3　实验环境配置

准备好数据后，我们先把 Keras 以及 TensorFlow 库安装好。

```
!pip install keras
!pip install --user tensorflow
```

环境准备完毕，下面我们来一步步运行代码。

导入 Pandas 数据分析包。

```
import pandas as pd
```

利用 read_csv 函数，读取 CSV 格式数据到 Pandas 数据框。

```
df = pd.read_csv('customer_churn.csv')
```

我们来看看前几行的显示结果。

```
df.head()
```

	RowNumber	CustomerId	Surname	CreditScore	Geography	Gender	Age	Tenure	Balance	NumOfProducts	HasCrCard	IsActiveMember	EstimatedSalary
0	1	15634602	Hargrave	619	France	Female	42	2	0.00	1	1	1	101348.88
1	2	15647311	Hill	608	Spain	Female	41	1	83807.86	1	0	1	112542.58
2	3	15619304	Onio	502	France	Female	42	8	159660.80	3	1	0	113931.57
3	4	15701354	Boni	699	France	Female	39	1	0.00	2	0	0	93826.63
4	5	15737888	Mitchell	850	Spain	Female	43	2	125510.82	1	1	1	79084.10

显示正常。下面看看一共都有哪些列。

```
df.columns
```

```
Index(['RowNumber', 'CustomerId', 'Surname', 'CreditScore', 'Geography',
       'Gender', 'Age', 'Tenure', 'Balance', 'NumOfProducts', 'HasCrCard',
       'IsActiveMember', 'EstimatedSalary', 'Exited'],
      dtype='object')
```

我们对所有列的甄别，在前文 8.1 节已有叙述，这里不再赘述。

8.8.4　模型训练

下面，我们来导入深度学习框架模块和函数，后文会用到。

```
import numpy as np
import tensorflow as tf
from tensorflow import keras
from sklearn.model_selection import train_test_split
from tensorflow import feature_column
```

这里，我们设定一些随机种子值。这主要是为了保证结果可复现，这样我们观察和讨论问题会更方便。

首先将 TensorFlow 中的随机种子取值设定为 1。

```
tf.random.set_seed(1)
```

然后我们来分割数据。这里使用的是 scikit-learn 中的 train_test_split 函数。指定分割比例即可。

我们先按照 80:20 的比例，把总体数据分割成训练集和测试集。

```
train, test = train_test_split(df, test_size=0.2, random_state=1)
```

然后，再按照 80:20 的比例，把现有训练集的数据分割成最终的训练集和验证集。

```
train, valid = train_test_split(train, test_size=0.2, random_state=1)
```

这里，我们都指定了 random_state，目的是保证随机分割的结果一致。我们看看几个不同集合的长度。

```
print(len(train))
print(len(valid))
print(len(test))
```

```
⤷  6400
   1600
   2000
```

验证无误。下面我们来做特征工程。

因为我们使用的是表格数据（tabular data），属于结构化数据，所以特征工程相对简单一些。

先初始化一个空的特征列表。

```
feature_columns = []
```

然后，我们指定数值型数据的列。

```
numeric_columns = ['CreditScore', 'Age', 'Tenure', 'Balance', 'NumOfProducts', 'EstimatedSalary']
```

可见，包含了以下列。

- CreditScore：信用分数；
- Age：年龄；
- Tenure：作为本银行多少年的客户；
- Balance：存贷款情况；
- NumOfProducts：使用产品数量；
- EstimatedSalary：估计收入。

对于这些列，只需要直接指定类型，加入特征列表即可。

```
for header in numeric_columns:
    feature_columns.append(feature_column.numeric_column(header))
```

下面是技巧性较强的部分——类别数据。

先看看都有哪些列。

```
categorical_columns = ['Geography', 'Gender', 'HasCrCard', 'IsActiveMember']
```

- Geography：客户所在国家 / 地区；
- Gender：客户性别；
- HasCrCard：是否有本行信用卡；
- IsActiveMember：是否活跃客户。

类别数据的特点在于不能直接用数字描述。例如 Geography 包含国家 / 地区名称。如果你把法国指定为 1，德国指定为 2，计算机可能会“自作聪明”，认为德国是法国的 2 倍，或者德国等于法国加 1。这显然不是我们想要表达的。

所以这里编写了一个函数，把一个类别列名输入进去，让 TensorFlow 帮我们将其转换成它可以识别的类别形式。例如把法国按照 [0, 0, 1]，德国按照 [0, 1, 0] 的形式来表示。这样就不会有数值意义上的歧义了。

```
def get_one_hot_from_categorical(colname):
    categorical = feature_column.categorical_column_with_vocabulary_list(colname,
train[colname].unique().tolist())
    return feature_column.indicator_column(categorical)
```

我们尝试输入 Geography，测试函数工作是否正常。

```
geography = get_one_hot_from_categorical('Geography');geography
```

```
IndicatorColumn(categorical_column=VocabularyListCategoricalColumn(key='Geography', vocabulary_list=('France', 'Spain', 'Germany'), dtype=tf.string,
```

观察结果可知测试通过。

下面，我们放心大胆地把所有类别数据列都用函数测试，并且把结果加入特征列表中。

```
for col in categorical_columns:
    feature_columns.append(get_one_hot_from_categorical(col))
```

看看此时的特征列表内容。

```
feature_columns
```

```
[NumericColumn(key='CreditScore', shape=(1,), default_value=None, dtype=tf.float32, normalizer_fn=None),
 NumericColumn(key='Age', shape=(1,), default_value=None, dtype=tf.float32, normalizer_fn=None),
 NumericColumn(key='Tenure', shape=(1,), default_value=None, dtype=tf.float32, normalizer_fn=None),
 NumericColumn(key='Balance', shape=(1,), default_value=None, dtype=tf.float32, normalizer_fn=None),
 NumericColumn(key='NumOfProducts', shape=(1,), default_value=None, dtype=tf.float32, normalizer_fn=None),
 NumericColumn(key='EstimatedSalary', shape=(1,), default_value=None, dtype=tf.float32, normalizer_fn=None),
 IndicatorColumn(categorical_column=VocabularyListCategoricalColumn(key='Geography', vocabulary_list=('France', 'Spain', 'Germany'), dtype=tf.string
 IndicatorColumn(categorical_column=VocabularyListCategoricalColumn(key='Gender', vocabulary_list=('Male', 'Female'), dtype=tf.string, default_value
 IndicatorColumn(categorical_column=VocabularyListCategoricalColumn(key='HasCrCard', vocabulary_list=(1, 0), dtype=tf.int64, default_value=-1, num_c
 IndicatorColumn(categorical_column=VocabularyListCategoricalColumn(key='IsActiveMember', vocabulary_list=(0, 1), dtype=tf.int64, default_value=-1,
```

可以看到 6 个数值类型和 4 个类别类型都完成了。

下面该构造模型了。

我们直接采用 TensorFlow 2.0 鼓励开发者使用的 Keras 高级 API 来构造一个简单的深度神经网络模型。

```
from tensorflow.keras import layers
```

我们把刚刚整理好的特征列表，利用 DenseFeatures 层来表示。把这样的一个初始层，作为模型的整体输入层。

```
feature_layer = layers.DenseFeatures(feature_columns);feature_layer
```

下面，我们顺序叠放两个中间层，这两层分别包含 200 个和 100 个神经元。这两层的激活函数，我们都采用 ReLU。

ReLU 函数如图 8-51 所示。

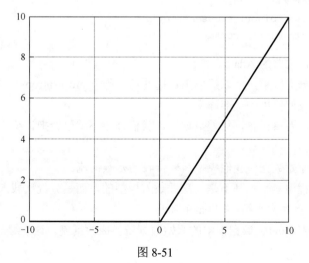

图 8-51

```
model = keras.Sequential([
  feature_layer,
  layers.Dense(200, activation='relu'),
  layers.Dense(100, activation='relu'),
  layers.Dense(1, activation='sigmoid')
])
```

我们希望输出结果是 0 或者 1，所以在第 3 层中只需要 1 个神经元，而且采用 Sigmoid 作为激活函数。

Sigmoid 函数如图 8-52 所示。

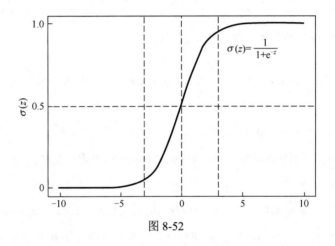

$$\sigma(z) = \frac{1}{1+e^{-z}}$$

图 8-52

模型构造好了，下面我们指定 3 个重要参数来编译模型。

```
model.compile(optimizer='adam',
              loss='binary_crossentropy',
              metrics=['accuracy'])
```

这里，我们选择优化器为 Adam。

因为要评判二元分类效果，所以损失函数选的是 binary_crossentropy。

至于效果指标，我们使用的是准确率。

模型编译好之后，万事俱备，只差数据了。我们开始不就已经把训练集、验证集和测试集分好了吗？

没错，但那只是原始数据。我们模型需要接收的是数据流。

在训练和验证过程中，数据都不是一次性载入模型的，而是分批次载入。每一个批次被称作一个 batch。相应地，批次大小被叫作 batch_size。

为了方便，我们把 Pandas 数据框中的原始数据转换成数据流。这里编写了一个函数。

```
def df_to_tfdata(df, shuffle=True, bs=32):
    df = df.copy()
    labels = df.pop('Exited')
    ds = tf.data.Dataset.from_tensor_slices((dict(df), labels))
    if shuffle:
        ds = ds.shuffle(buffer_size=len(df), seed=1)
    ds = ds.batch(bs)
    return ds
```

这里首先把数据中的标记拆分出来，然后根据标记把数据读入 ds。根据数据是否是训练集来指定是否需要打乱数据顺序。然后，根据 batch_size 的大小设定批次。这样，数据框就变成了神经网络模型"喜闻乐见"的数据流。

```
train_ds = df_to_tfdata(train)
valid_ds = df_to_tfdata(valid, shuffle=False)
test_ds = df_to_tfdata(test, shuffle=False)
```

这里，只有训练集被打乱顺序，因为我们希望验证集和测试集一直保持一致。只有这样，不同参数下，对比的结果才有显著意义。

现在有了模型架构，也有了数据，我们把训练集和验证集输入，让模型尝试拟合。这里指定运行 5 个完整轮次。

```
model.fit(train_ds,
          validation_data=valid_ds,
          epochs=5)
```

```
WARNING: Logging before flag parsing goes to stderr.
W0414 20:03:40.973412 140611989452672 deprecation.py:323] From /usr/local/lib/python3.6/dist-packages/tensorflow/python/feature_column/feature_colum
Instructions for updating:
Use `tf.cast` instead.
W0414 20:03:41.023396 140611989452672 deprecation.py:323] From /usr/local/lib/python3.6/dist-packages/tensorflow/python/ops/lookup_ops.py:1347: to_i
Instructions for updating:
Use `tf.cast` instead.
W0414 20:03:41.033991 140611989452672 deprecation.py:323] From /usr/local/lib/python3.6/dist-packages/tensorflow/python/feature_column/feature_colum
Instructions for updating:
The old _FeatureColumn APIs are being deprecated. Please use the new FeatureColumn APIs instead.
W0414 20:03:41.034913 140611989452672 deprecation.py:323] From /usr/local/lib/python3.6/dist-packages/tensorflow/python/feature_column/feature_colum
Instructions for updating:
The old _FeatureColumn APIs are being deprecated. Please use the new FeatureColumn APIs instead.
Epoch 1/5
200/200 [==============================] - 6s 30ms/step - loss: 5.7275 - accuracy: 0.4167 - val_loss: 3.1814 - val_accuracy: 0.7937
Epoch 2/5
200/200 [==============================] - 5s 27ms/step - loss: 3.1139 - accuracy: 0.7988 - val_loss: 3.1814 - val_accuracy: 0.7937
Epoch 3/5
200/200 [==============================] - 5s 27ms/step - loss: 3.1139 - accuracy: 0.7988 - val_loss: 3.1814 - val_accuracy: 0.7937
Epoch 4/5
200/200 [==============================] - 5s 27ms/step - loss: 3.1139 - accuracy: 0.7988 - val_loss: 3.1814 - val_accuracy: 0.7937
Epoch 5/5
200/200 [==============================] - 5s 27ms/step - loss: 3.1139 - accuracy: 0.7988 - val_loss: 3.1814 - val_accuracy: 0.7937
<tensorflow.python.keras.callbacks.History at 0x7fe28dfc6940>
```

可以看到，最终的验证集准确率接近 80%。

我们输出模型结构。

```
model.summary()
```

```
[→  Model: "sequential"
    _____
    Layer (type)                 Output Shape              Param #
    =================================================================
    dense_features (DenseFeature multiple                  0
    _____
    dense (Dense)                multiple                  3200
    _____
    dense_1 (Dense)              multiple                  20100
    _____
    dense_2 (Dense)              multiple                  101
    =================================================================
    Total params: 23,401
    Trainable params: 23,401
    Non-trainable params: 0
    _____
```

虽然我们的模型非常简单，但依然包含了 23 401 个参数。

下面，我们把测试集输入模型中，看看模型效果如何。

```
model.evaluate(test_ds)
```

```
[→  63/63 [==============================] - 1s 16ms/step - loss: 3.1829 - accuracy: 0.7925
    [3.1829258591409713, 0.7925]
```

准确率依然接近 80%。还不错吧？

但这是真的吗？

8.8.5　疑惑

如果你观察得很仔细，可能已经注意到了一个很奇特的现象。

```
[26]  model.fit(train_ds,
              validation_data=valid_ds,
              epochs=5)

[→  WARNING: Logging before flag parsing goes to stderr.
    W0414 20:03:40.973412 140611989452672 deprecation.py:323] From /usr/local/lib/python3.6/dist-packages/tensorflow/python/feature_column/feature_colum
    Instructions for updating:
    Use `tf.cast` instead.
    W0414 20:03:41.023396 140611989452672 deprecation.py:323] From /usr/local/lib/python3.6/dist-packages/tensorflow/python/ops/lookup_ops.py:1347: to_i
    Instructions for updating:
    Use `tf.cast` instead.
    W0414 20:03:41.033991 140611989452672 deprecation.py:323] From /usr/local/lib/python3.6/dist-packages/tensorflow/python/feature_column/feature_colum
    Instructions for updating:
    The old _FeatureColumn APIs are being deprecated. Please use the new FeatureColumn APIs instead.
    W0414 20:03:41.034913 140611989452672 deprecation.py:323] From /usr/local/lib/python3.6/dist-packages/tensorflow/python/feature_column/feature_colum
    Instructions for updating:
    The old _FeatureColumn APIs are being deprecated. Please use the new FeatureColumn APIs instead.
    Epoch 1/5
    200/200 [==============================] - 6s 30ms/step - loss: 5.7275 - accuracy: 0.4167 - val_loss: 3.1814 - val_accuracy: 0.7937
    Epoch 2/5
    200/200 [==============================] - 5s 27ms/step - loss: 3.1139 - accuracy: 0.7988 - val_loss: 3.1814 - val_accuracy: 0.7937
    Epoch 3/5
    200/200 [==============================] - 5s 27ms/step - loss: 3.1139 - accuracy: 0.7988 - val_loss: 3.1814 - val_accuracy: 0.7937
    Epoch 4/5
    200/200 [==============================] - 5s 27ms/step - loss: 3.1139 - accuracy: 0.7988 - val_loss: 3.1814 - val_accuracy: 0.7937
    Epoch 5/5
    200/200 [==============================] - 5s 27ms/step - loss: 3.1139 - accuracy: 0.7988 - val_loss: 3.1814 - val_accuracy: 0.7937
    <tensorflow.python.keras.callbacks.History at 0x7fe28dfc6940>
```

训练的过程中，除了第一个轮次外，其余 4 个轮次的这几项重要指标居然都没变！它们包括：

- 训练集损失；
- 训练集准确率；
- 验证集损失；
- 验证集准确率。

所谓机器学习，就是不断迭代改进。如果每一轮次下来，结果都一模一样，这难道不奇怪吗？难道没问题吗？

我希望你能够像侦探一样，抓住这个可疑的线索，深入挖掘。

这里，我给你一个提示。

判断一个分类模型的好坏，不能只看准确率。对于二元分类问题，你可以关注 F1 分数（F1 score），以及混淆矩阵（Confusion Matrix）。

如果你验证了上述两个指标，那么你应该会发现真正的问题是什么。

下一步要穷究的是机器迭代而指标却没有优化的原因。

回顾我们的整个过程，好像都很清晰明了、符合逻辑。究竟哪里出了问题呢？

如果你一眼就看出了问题，恭喜你，你对深度学习已经有感觉了。那么我继续追问你，该怎么解决这个问题呢？

这些问题，我们将留在后文解答。

8.8.6　小结与思考

希望通过本节内容的学习，你已掌握了以下知识点：

- TensorFlow 2.0 的安装与使用；
- 表格数据的神经网络分类模型构建；
- 特征工程的基本流程；
- 数据集的随机分割与利用种子数值保持一致；
- 数值型数据列与类别型数据列的处理方式；
- Keras 高阶 API 的模型搭建与训练；
- 数据框转化为 TensorFlow 数据流；
- 模型效果的验证。

希望本节内容对于你处理表格数据分类任务，能有所帮助。

8.9　你的机器"不肯"学习，怎么办？

本节给大家讲讲机器学习数据预处理中，归一化（Normalization）的重要性。

8.9.1 前情回顾

前文我们为大家讲解了用 TensorFlow 2.0 处理结构化数据的分类任务。结尾处，我们给你留了一个问题。

在本节中，我们就来谈谈，机器为什么"不肯学习"，以及怎么做才能让它"学得进去"。

8.9.2 代码

请你打开 8.8 节出现的代码，并全部运行。在此基础上，我们再依次讲解后面需要执行的语句。

首先，我们利用 Keras API 中提供的 predict 函数，来获得测试集上的预测结果。

```
pred = model.predict(test_ds)
```

但是请注意，由于模型最后一层用的激活函数是 Sigmoid，因此 pred 中的预测结果会是 0 ～ 1 的小数。

而我们实际需要输出的是整数 1 或者 0，分别代表客户"流失"（1）或者"未流失"（0）。

幸好，NumPy 软件包里有一个非常好用的函数 rint，它可以帮助我们"四舍五入"，把小数变成整数。

```
pred = np.rint(pred)
```

我们来看看输出结果。

```
pred
```

```
array([[0.],
       [0.],
       [0.],
       ...,
       [0.],
       [0.],
       [0.]], dtype=float32)
```

有了预测结果，下面我们就可以用更多的方法，检验分类效果了。

根据前文的提示，这里主要用到两项统计功能：

- 分类报告；
- 混淆矩阵。

我们先从 scikit-learn 软件包导入对应的功能。

```
from sklearn.metrics import classification_report, confusion_matrix
```

然后，对比测试集的实际标记，即 test［'Exited'］和我们的预测结果 pred。

```
print(classification_report(test['Exited'], pred))
```

```
                 precision    recall  f1-score   support

              0       0.79      1.00      0.88      1585
              1       0.00      0.00      0.00       415

      micro avg       0.79      0.79      0.79      2000
      macro avg       0.40      0.50      0.44      2000
   weighted avg       0.63      0.79      0.70      2000
```

这里，你应该立刻就能意识到出问题了——有一个分类，即在代表"客户流失"的类别 1 里，3 项重要指标（precision、recall 和 f1-score）居然都是 0！

我们用同样的数据查看混淆矩阵，看看到底发生了什么。

```
print(confusion_matrix(test['Exited'], pred))
```

```
[[1585    0]
 [ 415    0]]
```

混淆矩阵的行代表实际分类，列代表预测分类，分别从 0 到 1 排列。

此混淆矩阵的含义：模型预测中，所有测试集数据对应的输出都是 0，其中预测成功 1 585 个（实际分类就是 0），预测错误 415 个（实际分类其实是 1）。

也就是说，我们花费了大量时间和精力训练出来的模型，只会把所有分类结果都设置成 0。在机器学习里，这是一个典型的笨模型。

如果我们的测试集里面，标记分类 0 和 1 的个数是均衡的（各一半），那这种笨模型应该获得 50% 的准确率。然而，我们实际看看，测试集里面分类 0（客户未流失）到底占多大比例。

```
len(test[test['Exited'] == 0])/len(test)
```

结果是：

```
0.7925
```

这个数值恰恰就是 8.8 节里，我们在测试集上获得的准确率。

一开始我们还认为，近 80% 的准确率是好的结果。实际上，如果我们用另外一个测试集，里面只有 1% 的标记是类别 0，那么测试准确率也就只有 1%。

为了不"冤枉"模型，我们再次确认。使用 NumPy 中的 unique 函数，查看预测结果 pred 中到底有几种不同的取值。

```
np.unique(pred)
```

结果是：

```
array([0.], dtype=float32)
```

果不其然，全都是 0。这可不是我们想要的结果啊！

8.9.3 归一化的重要性

问题出在哪里呢？

模型根本就没有学到东西。每一轮次下来，结果都一样，毫无进步。

说到这里，你可能会有疑惑：是不是内容出错了？你可以尝试着用这套流程处理另外一个数据集，就是我们在 7.1 节中用到的贷款审批数据。

你会发现，同一套流程在另外一个数据集上使用，机器确实学习到了规律。

那么，数据集的细节里面藏着什么"魔鬼"？直接说答案：流程上确实有问题，数值型数据没有进行归一化。

归一化是什么？就是让不同特征列上的数值拥有类似的分布区间。最简单的方法是，根据训练集上的对应特征，求 z 分数。

z 分数的定义是：

$$z = \frac{x - \mu}{\sigma}$$

其中，x 是不同特征列上的数值，μ 是均值，σ 是标准差。

为什么一定要进行这一步？回顾一下我们的数据。

```
[40] train.head(5)
```

	CustomerId	Surname	CreditScore	Geography	Gender	Age	Tenure	Balance	NumOfProducts	HasCrCard	IsActiveMember	EstimatedSalary	Exited
)	15742511	Gordon	514	France	Male	35	3	121030.90	1	1	0	10008.68	0
i	15705885	Smeaton	752	Spain	Male	36	2	0.00	2	1	1	45570.84	0
!	15759480	H?	644	France	Female	40	10	139180.97	1	1	1	19959.67	0
i	15775131	Bartlett	580	Spain	Male	32	9	142188.20	2	0	1	128028.60	0
i	15613085	Ibrahimova	628	Spain	Female	33	3	0.00	1	1	1	188193.25	0

这里用红色标出了所有数值特征列。看看有什么特点？对，它们的分布迥异。

NumOfProducts 的波动范围，比起 Balance 或者 EstimatedSalary 要小得多。

机器学习并不是什么"黑科技"。它的背后是比较简单的数学原理。

最常用的迭代方法是梯度下降（Gradient Descent）。如对于只拥有 1 个维度的自变量，梯度下降就是"奔跑着"下降，找局部最优解。如果没找到，就继续跑。如果跑过了，再跑回来。

我们观察的数据集中，仅数值型数据就有 6 个，因此至少要考核这 6 个维度。但是注意，对这 6 个维度，我们用的是同一个学习速率（Learning Rate）。

这就好像同一个老师，同时给 6 个学生上数学课。如果这 6 个学生的知识水平比较一致，这样才是有意义的。这也是为什么大多数学校里都要分年级授课，要保证授课对象的理解能力尽量相似。

对应我们的例子，如果数据分布差异过大，导致不论往哪个方向改变参数，都将"按下葫芦浮起瓢"，越来越糟，那么模型就会判定，在原地不动是最好的策略。所以，它干脆不学了。怎么办？这个时候，就需要归一化了。

8.9.4 新代码

现在我们来修改代码，请把原来的数值型特征采集从这样：

```
for header in numeric_columns:
    feature_columns.append(feature_column.numeric_column(header))
```

替换成这样：

```
for header in numeric_columns:
  feature_columns.append(
      feature_column.numeric_column(
          header,
          normalizer_fn=lambda x: (tf.cast(x, dtype=float)-train[header].mean()))/train
[header].std()))
```

尤其要注意，我们要保证平均值和标准差来自训练集。只有这样，才能保证模型对验证集和测试集的分布一无所知，结果的检验才有意义，否则就如同考试作弊。

这就是为了归一化，你需做的全部工作。

这里我们依然保持原来的随机种子设定。也就是凡是使用了随机函数的功能（训练集、验证集和测试集的划分等），都与更新代码之前完全一致。这样做，改变代码前后的结果才有可对比性。

下面我们使用菜单栏里面的"Run All"运行代码，查看输出。

```
[64] model.fit(train_ds,
              validation_data=valid_ds,
              epochs=5)

Epoch 1/5
200/200 [==============================] - 5s 24ms/step - loss: 0.4814 - accuracy: 0.7987 - val_loss: 0.4711 - val_accuracy: 0.7919
Epoch 2/5
200/200 [==============================] - 5s 23ms/step - loss: 0.4754 - accuracy: 0.8000 - val_loss: 0.4711 - val_accuracy: 0.7906
Epoch 3/5
200/200 [==============================] - 5s 23ms/step - loss: 0.4739 - accuracy: 0.7985 - val_loss: 0.4697 - val_accuracy: 0.7912
Epoch 4/5
200/200 [==============================] - 5s 25ms/step - loss: 0.4728 - accuracy: 0.7984 - val_loss: 0.4697 - val_accuracy: 0.7912
Epoch 5/5
200/200 [==============================] - 5s 24ms/step - loss: 0.4722 - accuracy: 0.7988 - val_loss: 0.4687 - val_accuracy: 0.7919
<tensorflow.python.keras.callbacks.History at 0x7fe2843f2160>
```

首先我们可以注意到，这次的训练过程，数值终于有变化了。

因为其他变量全都保持一致，所以这种变化没有别的原因，只能是使用了归一化。

我们更加关心的是这次的分类报告，以及混淆矩阵。

分类报告是这样的。

```
[71] print(classification_report(test['Exited'], pred))
```

```
                   precision    recall   f1-score    support

              0       0.80       0.98       0.89       1585
              1       0.58       0.09       0.15        415

      micro avg       0.80       0.80       0.80       2000
      macro avg       0.69       0.54       0.52       2000
   weighted avg       0.76       0.80       0.73       2000
```

注意这一次，类别 1 中的几项指标终于不再是 0 了。

```
[72] print(confusion_matrix(test['Exited'], pred))
```

```
   [[1559    26]
    [ 379    36]]
```

混淆矩阵中，类别 1 里也有 36 个预测正确的样本。成功了！

不过别急着欢呼。虽然机器在学习和改进，但是效果好像也不是很好。例如类别 1 的 recall（召回率）简直"惨不忍睹"。有没有什么办法改进呢？

这个问题就需要你了解如何微调模型，以及超参数（Hyper-Parameter）的设定，在此不再详细展开介绍。

8.9.5　小结与思考

本节我们为你介绍了以下知识点：

- 分类模型性能验证（尤其是准确率之外的）评测指标；
- 预处理过程中数值数据归一化的重要性；
- 如何在 TensorFlow 2.0 的数据预处理和特征抽取中使用归一化；
- 如何利用模型预测分类结果，并且使用第三方软件包功能快速统计汇报。

希望上述内容能对你使用深度神经网络进行机器学习有所帮助。

第 9 章

机器学习进阶

经过前两章的学习，不少人对机器学习和深度学习可能仍然一知半解。确实，之前机器学习相关问题的内容，往往针对具体的案例，没有详细论述机器学习的整体步骤与注意事项。本章将以二元分类任务为引，将机器学习过程中的各个概念和机制进行梳理，讨论如何更加有效地分析和理解机器学习的结果，以及如何更加科学地选择、利用数据集进行学习训练。相信本章的讲解一定会帮助你解决一些疑问，让你更加深入地理解和掌握机器学习的含义与应用规则。

9.1 二元分类任务

图像是猫还是狗？情感是正面还是负面？贷款还是不贷款？这些问题，该如何使用合适的机器学习模型来解决呢？前文中，我们介绍了机器学习处理分类问题的具体案例。在本节中，我们将对分类问题的整体处理步骤与注意事项进行详细论述，帮助大家梳理思路。

9.1.1 监督学习

监督学习任务很常见，主要模型是分类与回归。

就分类问题而言，二元分类是典型应用。例如决策辅助，利用结构化数据判断可否贷款给某个客户等；例如情感分析，你需要通过一段文字，来区分情感的正面负面属性等；例如图像识别，你需要识别出图像是猫还是狗等。

本节我们先介绍二元分类这个最为简单和常见的机器学习应用场景。注意要进行分类，你首先需要有合适的数据。

什么是合适的数据呢？这需要回到我们对机器学习的大类划分上。

分类问题属于监督学习。监督学习的特点是要有标记。例如给你 1 000 幅猫的图像，1 000 幅狗的图像，放在一起，没有标注标记。这样是进行不了分类的。虽然你可以让机器学习不同图像的特征，让它把图像区分开，但是这叫作聚类，属于非监督学习。

我们不知道机器是根据什么特征把图像区分开的。你想得到的结果是猫的图像放在一类，狗的图像放在另一类。但是机器抓取特征的时候，也许更喜欢按照颜色区分。结果白猫、白狗的图像被放在一类，黄猫、黄狗的图像被放在另一类，与你想要的结果大相径庭。

所以，要进行分类就必须有标记。但是标记不是凭空产生的，大部分情况下，都是人工设定的。标注标记是一项专业而繁复的劳动。

我们可以自己标注；可以找人帮忙；也可以利用众包的力量说明需求，付费请人帮你标注。

9.1.2 机器学习的含义

有了标记以后，你就能够实施监督学习，进行分类了。

这里我们顺便说一下，什么叫作"机器学习"。这个名字听起来很时髦，其实它做的事情，叫作"基于统计的信息表征"。

先说信息表征（Representation）。我们输入的，可能是结构化数据，例如某个人的各项生理指标等；可能是非结构化数据，例如文本、声音甚至是图像等。但是最终机器学习模型看到的，都是一系列的数字。这些数字以某种形式排布，如图 9-1 所示。

- 可能是零维的，叫作标量（Scalar）；
- 可能是一维的，叫作向量（Vector）；
- 可能是二维的，叫作矩阵（Matrix）；
- 可能是高维的，叫作张量（Tensor）。

但是，不论输入的数据究竟有多少维，只要目标是进行二元分类，那么经过一个或简单、或复杂的模型，最后输出的结果，一定是一个标量数字。

模型会设置一个阈值，例如 0.5，超出这个阈值的数据，被分类到一处；反之，被分类到另一处。任务完成。

那么模型究竟在做什么呢？它的任务就是把输入的数据，表征成最终的标量。

所谓分类模型的优劣，其实就是看模型是否真的达到了预期的分类效果。什么是好的分类效果？就是正样本被判定为正样本（True Positive，TP），负样本被判定为负样本（True Negative，TN）。

什么是不好的分类效果？就是正样本被判定为负样本（False Negative，FN），负样本被判定为正样本（False Positive，FP）。

好的模型，需要尽量增大 TP 和 TN 的比例，降低 FN 和 FP 的比例。评判的标准视类别数据平衡而定。

什么是数据平衡？例如 1 000 幅猫图像，1 000 幅狗图像，可以使用 ROC 曲线和 AUC 值作为评判的标准。如图 9-2 所示，其中 3 条曲线分别代表了 3 种不同分类器的 ROC 曲线，横坐标是伪阳性率（判定为正样却不是真正样的概率），纵坐标是真阳性率（判定为正样也是真正样的概率）。

若数据不平衡，例如有 1 000 幅猫的图像，却只有 100 幅狗的图像，就要使用 Precision（准确率）和 Recall（召回率），或者二者相结合的 F1 score（F1 值），作为评估标准。

因为有这样明确的评估标准，所以二元分类模型不能只满足于"分了类"，而需要向着"更好的分类结果"前进。

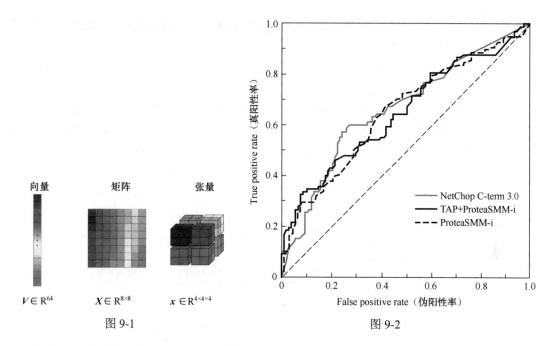

图 9-1

图 9-2

我们可以利用统计结果,不断改进模型的表征方法。所以,模型的参数需要不断迭代。"表征"+"统计"+"迭代",基本上就是所谓的"学习"。

9.1.3 结构化数据

看到这里,希望你的头脑里已经有了机器学习处理二元分类问题的技术路线概貌。

下面我们针对不同的数据类型,介绍具体的操作形式和注意事项。先介绍最简单的结构化数据。例如在机器学习进行决策支持过程中,我们见过的客户信息,如图 9-3 所示。

图 9-3

　　处理这样的数据，首先需要关注数据量。如果数据量大，则可以使用复杂的模型；如果数据量小，则可以使用简单的模型。

　　为什么呢？因为越复杂的模型，表征的信息就越多。表征的信息多未必是好事。因为这些信息既有可能是信号，也有可能是噪声。

　　如果表征的信息多，模型学习过的数据不多，模型可能就会对不该记住的信息形成记忆。在机器学习领域，这是我们不愿见到的结果——过拟合。翻译一下，就是见过的数据的分类效果极好，没见过的数据的分类效果很糟糕。预测误差如图 9-4 所示。

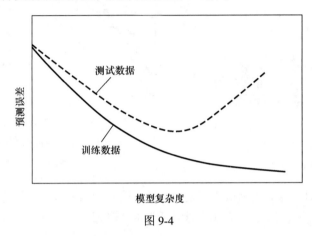

图 9-4

　　确定了模型的复杂度以后，你依然需要根据特征多少，选择合适的分类模型。

　　模型的效果实际上是有等级划分的。例如根据 Kaggle 数据科学竞赛多年的实践结果来看，梯度提升机（Gradient Boosting Machine）优于随机森林，随机森林优于决策树。但是这样对比有些不合适，因为三者的出现也是有时间顺序的。

　　让爷爷和孙子一起赛跑，公平性有待商榷。因此，不需要将不同的分类模型分别调包运行，然后横向对比。许多情况下，这是没有意义的。虽然显得工作量很大，但假如你发现在你自己的数据集上，决策树的效果就是明显优于梯度提升机的，那你倒是很有必要进行仔细研究了。尽管大部分科研人员都会认为，一定是你算错了。

　　另一个需要注意的是特征工程。什么叫特征工程呢？就是手动挑选特征，或者对特征（组合）进行转化。我们在训练模型之前，对特征进行了甄别。很多情况下，我们会直接删除一些数据，例如在借贷信息中删除了以下数据。

- RowNumber：行号，这个对客户流失肯定没有影响，可删除。
- CustomerID：客户编号，这是顺序发放的，可删除。
- Surname：客户姓名，这对客户流失没有影响，可删除。

正式学习之前，需要把掌握的全部数据分成 3 类：

- 训练集；

- 验证集；
- 测试集。

训练集让模型学习，如何利用当前的超参数（例如神经网络的层数、每一层的神经元个数等）组合，尽可能让模型从数据的标记特征中寻找和学习规律，从而更好地匹配特征标记结果。

而验证集的存在是为了对比不同的超参数组合中，哪一个组合更适合当前任务。它必须用训练集没有用过的数据。验证集选择了合适的超参数组合后，它的任务也就结束了。这时候，我们可以把训练集、验证集合并在一起，用最终确定的超参数组合进行训练，获得最优模型。

这个模型表现得怎么样，我们需要用其他的数据来评判。这就是为什么我们还要划分出另外的测试集。

9.1.4　图像信息学习

弗朗西斯·肖莱（François Chollet）在自己的书中举过一个例子，假如你看到了这样的原始数据（见图9-5），你该怎么分类？可能你一看是图像，就立刻决定使用卷积神经网络。

但别着急，想想看，真的需要"直接上大锤"吗？别的不说，外圈的表盘刻度就对我们的模型毫无意义。如果去掉外圈的表盘刻度，表达钟表时间的数据就减少

图 9-5

了很多。一个本来需要用复杂模型解决的问题，因为简单的特征工程转化，其复杂度和难度可能显著下降了。

其实，曾经人们进行图像分类时，都会使用特征工程的方法。那个时候，图像分类问题极其烦琐、成本很高，而且效果还不理想。手动提取的特征，也往往不具备良好的可扩展性和可迁移性。

于是，深度神经网络就登场了。

如果图像数量足够多的话，可以采用"端到端"的学习方式。所谓"端到端"，是指不进行任何特征工程，构造一个规模合适的神经网络模型，只需将图像放入就可以了。

但是，现实往往是残酷的。我们最需要了解的是当图像数量不够多时怎样处理。

深度神经网络属于典型的复杂模型，它的一个示例如图9-6所示。由此可见，数据量太少的时候，很容易出现过拟合。

这个时候，可以尝试以下几个不同的方法。

第一，如果有可能，收集更多的带标注图像。这是最简单的方法，如果成本可以接受，应优先采用该方法。

第二，使用数据增强（Data Augmentation）方法。数据增强这个名字听起来很强大，其实它是指把原始的数据进行镜像、剪裁、旋转、扭曲等处理。这样新的图像与旧图像的标注还是一样

的，但是图像内容发生的变化，可以有效防止模型记住过多噪声。数据增强的一个示例如图 9-7 所示。

INPUT　CONVOLUTION+RELU　POOLING　CONVOLUTION+RELU　POOLING　　FLATTEN　FULLY　SOFTMAX
CONNECTED

HIDDEN LAYERS　　　　　　　　CLASSIFICATION

—CAR
—TRUCK
—VAN
—BICYCLE

图 9-6

图 9-7

第三，使用迁移学习。所谓迁移学习，就是利用别人训练好的模型，保留其中从输入开始的大多数层次（保留其层次数量、神经元数量等网络结构，以及权重数值），只把最后的几层删除，换上自己的几层神经网络，对小规模数据进行训练。这种方法用时少、成本低，效果还特别好。如果重新训练时图像数量少，就很容易过拟合。但是用了迁移学习，过拟合的可能性就大大降低。

迁移学习的原理其实很容易理解。卷积神经网络的层次，越是靠近输入位置，表达的特征就越细微；越远离输入位置，表达的特征就越宏观，如图 9-8 所示。

识别猫和狗，要从形状边缘开始。同样，识别马和羊，也要从形状边缘开始。因此，模型的底层是可以使用的。所需训练的，只是模型最后几层的表征方式。模型结构简单，当然也就不需要这么多数据了。

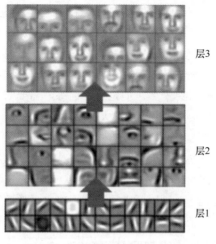

图 9-8

第四，引入随机失活（Dropout）、正册化（Regularization）和提前停止（Early Stopping）等常规方法。注意，这些方法不仅适用于图像数据，也同样适用于其他数据。应用随机失活方法的神经网络前后对比如图 9-9 所示。

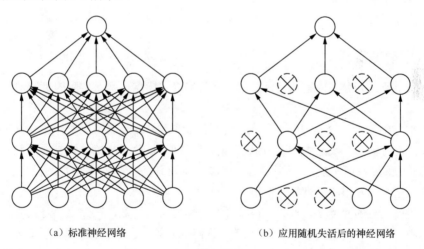

（a）标准神经网络　　　　　　　（b）应用随机失活后的神经网络

图 9-9

9.1.5　文本数据学习

前文介绍过，机器不认识文本，只认识数字。所以，要对文本进行二元分类，就需要把文本转换为数字。这个过程，叫作向量化。

向量化的方式有很多种，大致上可以分成以下两类。

第一类是无意义转换；也就是将转换的数字视作编号，其本身并不携带其他语义信息。我们需要做的就是分词（如果是中文）、向量化、去除停用词，然后将其放进一个分类模型（例如朴素贝叶斯，或者神经网络等），直接获取结果，加以评估。但是这个过程中，显然有大量的语义和顺序信息被丢弃了。

第二类是有意义转换。这时候，每个语言单元（例如单词）转换出来的数字，往往是一个高维向量。这个高维向量可以通过训练产生。但是这种训练，需要对海量语料进行建模。

文本建模成本很高，运算量极大，会占用很大的存储空间。因此，更常见的做法是，使用别人通过大规模语料训练后获得的结果，比如词嵌入模型。注意，如果我们有多个预训练模型可以选择，那么尽量选择与我们要解决任务的文本更为接近的那种。毕竟预训练模型来自统计结果，在两种差别很大的文本中，词语在上下文中的含义也会有显著差异，可能导致语义的刻画不够准确。

如果我们需要在分类的过程中，同时考虑语义和语言单元顺序等信息，那么可以这样做。

第一步，利用词嵌入模型，把输入语句转化为向量，这解决了词语的语义问题。

第二步，采用一维卷积神经网络（Conv1D）模型，或者循环神经网络模型（例如 LSTM），构造分类器。

注意，第二步中，虽然两种不同的神经网络模型都可以应用，但是一般而言，处理二元分类问题时，前者（即卷积神经网络模型）表现更好。

这是因为卷积神经网络实际上已经充分考虑了词语的顺序问题，而循环神经网络用在此处，有种"大炮轰蚊子"的感觉，很容易发生过拟合，导致模型效果不佳。

9.1.6　调用模型实施

如果大家了解二元分类问题的整体流程，并且选好了模型，那么实际的机器学习过程是很简单的。

对于大部分的普通机器学习问题，我们可以用 scikit-learn 来调用模型。注意，其实每一个模型都有参数设置的需要。但是对于很多问题来说，默认使用初始参数就能带来很不错的运行结果。

scikit-learn 虽好，但不能一直很好地支持深度学习任务。因而不论是图像还是文本分类问题，都需要挑选一个好用的深度学习框架。

注意，目前主流的深度学习框架，很难说有好坏之分。毕竟，在深度学习领域如此动荡激烈的竞争环境中，"坏"框架（例如功能不完善、性能低下等）会很快被淘汰出局。

然而，从易用性上来说，框架之间确实有很大区别。目前易用性较好的，是苹果公司的 Turi Create。从 8.2 节"识别动物图像"和 8.3 节"寻找近似图像"这两节中，你应该有所体会，Turi Create 在图像识别和近似度查询问题上，已经易用到可能你自己都不知道究竟发生了什么，任务就解决了。

但是，如果需要对神经网络的结构进行深度设置，那么 Turi Create 就显得不大够用了。毕竟，其开发的目标是给苹果公司的移动设备开发者赋能，让他们更好地使用深度学习技术。

对于更通用的科研任务和实践深度学习任务，我们推荐大家用 Keras。它已经可以把

Theano、TensorFlow 和 CNTK 作为后端。Keras 覆盖了谷歌公司和微软公司的框架，覆盖率几乎达到了深度学习框架界的 50%。

为什么 Keras 那么厉害？因为它简单易学，显著拉低了深度学习的门槛。就连 TensorFlow 的主力开发人员乔希·戈登（Josh Gordon）也认为，人们根本没必要去学习 TensorFlow 的繁复语法，直接学习 Keras，用它完成任务即可。

另外，使用深度学习可能需要 GPU 等硬件设备的支持。GPU 比较贵，建议大家采用租用的方式。

9.2 有效沟通机器学习结果

詹姆斯·亨德勒（James Hendler）教授在一次演讲中说："许多人运行模型，运行结果准确率比别人高时，就觉得任务完成了。例如在做健康信息研究时，需要通过各种特征判定病人是否需要住院治疗。这种场景下很容易构建一个模型并获得很好的分类结果。但是，这其实还远远不够。因为别人（例如他的客户们）非常可能会问一个问题：'so what?'（即'那又怎样？'）。"

模型的准确率很高，可能有运气的成分。模型能否在实际应用中发挥作用，并不能单单依靠一个数字来说明。医生都是专业人士，如果模型不能从理论上说服他们，那他们肯定不会采纳模型获得的结果的。同时，他们对于病患的健康和生命安全也担负着足够重大的责任。因此，他们无法简单接受模型获得的结果，而不加以自己的理解与思考。

对于机器学习模型研究的这种质疑，之前也有很多，但是不少人仅仅质疑，却没有给出有效的解决方法。该怎么办呢？亨德勒教授的解决方法是，给医生提供一些统计图表，例如描述年龄与二次入院关系的散点图。

这种图表属于描述性统计。难道不应该是正式进行模型训练之前就进行的吗？如果把它作为沟通模型的结果，那还研究什么机器学习呢？

9.2.1 简单明了的解释

亨德勒教授耐心地解答了这个问题。没错，这个图表确实属于描述性统计。然而，在成百上千个特征里面，知道该汇报哪几个变量的统计图，就必须是机器学习之后才能制作的。

实际上，医生们看了这个简单的统计图之后，非常震撼。他们的刻板印象是：老年人身体状况差，因此二次入院概率高；年轻人身体状况好，自愈能力强，因此不大容易二次入院。就此，他们发现了一直以来决策上的失误——对于年轻病患，他们往往比较放心，因此缺乏足够的留院观察和治疗措施；反倒是对老年人，照顾得更加精细。这样造成的结果是，本以为没事的年轻人，再次重症发病入院；不少老年人却都治愈后健康回家了。这种统计结果的传递与沟通，有效地改进了医生的决策和行为方式。

其实，亨德勒教授的研究目的不是去跟别人比拼一个数字，而是帮助医生更好地治疗病患。

看似最为简单、没有技术含量的统计图，反倒比各种黑科技更能起到实际作用。

他的博士生，现在正在尝试在深度学习领域找寻那些影响最后结果的关键要素；有的时候，甚至会选择跨过层级，来设计最简单明确的变量间的关联设定。这样，深度学习的结果可以最大限度地对他人进行解释；即便会牺牲一些（当然不会很多）准确率，也是值得的。

9.2.2 对机器学习的反思

为什么我们一直对准确率的数字这么"着迷"，而忽略了模型的沟通与解释呢？其实原因也很简单，机器学习最初的广泛用途，给我们的思维带来了路径依赖。

机器学习逐渐受到世人重视的案例，是几乎每一本介绍机器学习的书都会用到的 MNIST 数据集（Mixde National Institute of Standards and Technology database），如图 9-10 所示。

专家们最初要解决的问题，无非是把原来需要人工分拣的邮件，变成机器自动分拣，其关键在于手写数字的识别。

这个具体案例的特点如下。首先是任务目标单一，即追求更高的准确率；其次是分类数量确定，仅 0 ～ 9，一共 10 个数字，不会更多，也不会更少；最后是犯错成本低，即便准确率达不到 100%，

图 9-10

也没有什么大问题——寄错邮件，在人工分拣时代也是正常的。于是，这样的任务就适合大家努力追求结果准确率数字。但是，人们的思维惯性和路径依赖（包括各种竞赛的规则设置），导致后面的机器学习任务也都只关注数字，尤其是准确率。

但这其实是不对的。类似于决策支持，尤其如健康医疗的决策支持就不适合单单追求数字，因为即便误判 0.1%，背后可能也是鲜活的生命，犯错成本极高。医生并没有因为模型的准确率提升而被取代，反而在信息浪潮奔涌而来的场景下，充当把关人的角色，责任更加重大。

所以一个模型要能说服医生，影响其决策行为，就必须解释清楚判断的依据，而不能递给他一个黑箱，告诉他：你该这样做。

9.2.3 解释学习结果的方法

原理想明白了，怎么实施呢？如果每一个模型运行完，都只是呈现多张描述性统计图给用户，好像也不大合适。

如图 9-11 所示，模型可以很容易地分辨它为"非洲象"。

图 9-11

但是，这到底是机器具有了识别能力，还是只不过是运气使然呢？只看结果，不好分辨。但是我们可以对卷积神经网络训练的结果参数进行可视化，并且将其叠加到原图上，这样就可以直观看到机器做出图像分类的依据究竟是什么，如图 9-12 所示。

图 9-12

显然，在机器重点关注的区域里，非洲象的鼻子和耳朵占了最大的决策比重。由此可以看出，这不是简单的好运气。

以上例子，来自弗朗西斯·肖莱的 *Deep Learning with Python* 一书。书中附有详细的代码，供你用 Python 和 Keras 实现这种可视化结果。

9.2.4　小结与思考

训练出的模型表现良好是成功的基础，但不是全部。只展示一个数字给用户，在很多特定的应用场景下是不够的。问题越是重要，犯错成本越高，这种方式就越不能被接受。这时候多问自己一下"那又怎样",没有坏处。

我们需要明确用户的需求。与之有效沟通的关键在于有同理心,尊重对方。作为一个人,特别是一个专业人士,进行有效思考的必要因素就是足够的理论支撑。

不管是卷积神经网络可视化方法,还是亨德勒教授提出的看似基础的描述性统计图,都可以根据问题的特点加以采用。只要能够真正影响对方的决策,帮助他们更好地达成目标,我们的机器学习分析就有了更好的效果。

9.3　机器学习中的训练集、验证集和测试集

训练集、验证集和测试集,以及林林总总的其他数据集类型,到底该怎么选、怎么用?希望本节的内容能够帮助你游刃有余地处理它们。

9.3.1　准确率高就好吗

在科研工作中,经常会有研究者错误使用数据集测试模型准确率,并和他人成果比较的情况。他们的研究创意可能很新颖,应用价值较高,实际工作可能也着实做了不少,但因对比方法错误,得出来的结果不具备说服力,几乎全部都需要返工。

这里,我们一起来梳理,该怎么使用下列 3 种不同的数据集:

- 训练集;
- 验证集;
- 测试集。

在进行文本分类的教程讲解时,我们经常遇到把测试集当作验证集来使用的情况。

作为演示,数据集想怎么用,就可以怎么用,甚至我们把测试集拿来进行训练,然后在训练集上测试,都没有问题。但是使用这样的方式进行训练,将验证结果拿来写学术论文,并声称我们的模型优于已有研究,就不合适了。

注意,比较模型效能数值结果时,我们只能用不同的模型在相同的测试集上面对比。测试集不同,当然是不可行的。但如果模型 A 用测试集,模型 B 用验证集(与 A 的测试集数据完全一致),可以吗?

很多人可能就会混淆了,觉得既然数据都一样,名称是什么并不重要。可是需要注意的是,哪怕模型 A 用的测试集,就是模型 B 用的验证集,我们也不能把这两个集合运行出来的结果放在一起比较。因为这是"作弊"。大家可能会觉得我们这样说,颇有些吹毛求疵的意味。

下面我们就来重新梳理一下,不同数据集的作用。希望大家能因此清楚,这种似乎过于严苛的要求,其实是很有道理的。我们从测试集开始,继而是验证集,最后是训练集。这样"倒过来"的好处是可能会让大家理解得更加透彻。

9.3.2　测试集

只有在同样的测试集上，两个（或两个以上）模型的对比才有效。这就如同参加高考，两个人考同样一张卷子，分数才能对比。甲考的是 A 地区的卷子，考了 600 分；乙考的是 B 地区的卷子，考了 580 分。我们能不能说，甲比乙成绩好？不能吧。

为了让大家更易于比较自己的模型效果，许多不同领域的数据集都已开放，而且开放的时候，都会指明哪些数据用于训练，哪些数据用于测试。

在亚马逊云服务（Amazon Web Services，AWS）上存储的 fast.ai 公开数据集中，训练集和测试集都已为大家准备好，我们不需要自己进行划分。大家达成共识，做研究、写论文都用这个测试集。所以，如果我们的研究是依靠比别人的模型效果好来说明问题，那就一定先要弄明白对方的测试集是什么。

但是，这个听起来很容易达成的目标，在实践中很容易遇到困难。因为有的人写论文，不喜欢把数据和代码公开。他们一般只提一下，是在某个公开数据集上切分一部分作为测试集；测试集不发布，切分方法（包括工具）和随机种子选取办法也不公开。这是非常不"靠谱"的行为，纯属"自娱自乐"。作为严格的审稿人，根本就不应该允许这样的研究发表。机器学习研究的数据集不开放，便基本上没有可重复性（Reproducibility）。如果我们没有办法精确重复他人的模型训练和测试过程，那么他想写多高的准确率，就纯凭个人意愿了。

当然，我们不是活在理想世界中的。我们在某一个领域用机器学习进行应用研究的时候，面对这种无法重复已发表论文的模型的情境，该怎么办？直接用别人声称的结果与我们的实际运行结果比较，很可能是在追逐海市蜃楼，累到气喘吁吁，也可能徒劳无功。

忽视它？也不行。审稿人那关过不去，他会说，某某研究跟你用的是一样的数据，准确率已经达到 98%，你的才 96%，有什么发表的意义呢？看，左右为难不是？

其实解决办法很简单。不需要考虑对方声称达到了多高的准确率，只需把他提供的数据集自行切分，之后复现对方的模型，重新运行。模型架构一般都是要求汇报的，所以这几乎不是问题。之后把我们的模型和复现的对方模型在同样的测试集上做对比就可以了。当然，论文里要写上一句：由于某篇文章未提供代码与具体数据集切分说明，带来可重复性问题，因此我们不得不独立复现其模型，并在测试集完全一致的情况下进行了比对。

这里多说一句，一定要保证自己的研究是可重复的。不要害怕公布自己的代码和数据。它们不是"独门暗器"，而是支撑研究的凭据。

9.3.3　验证集

验证集就如同高考前的模拟考试。不同于高考的是，模拟考试只是我们调整自己状态的指示器而已。状态不够满意，可以继续调整。当然，参加过高考的同学都有经验——这种调整的结果（从模拟考试到高考），有可能更好，也有可能更糟糕。

回到机器学习上，那就是测试集上检验的是最终模型的性能。最终模型就是我们参加高考时候的状态，包括大家当时的知识储备、情绪心态，以及当天的外部环境（温度、湿度、东西是否带齐）等。最终模型只有一个。就如同每年的高考，我们只能参加一次。

而验证集上运行的实际上是一个模型集合，集合的数量，我们可能数都数不过来。因为这里存在超参数设置的问题。不同的超参数组合对应着不同的潜在模型。验证集的存在，是为了帮我们从这些可能的潜在模型中，选出表现最好的那个。注意这里的表现是指在验证集上的表现。

如有一个超参数叫作训练轮次。在同样的训练集上，训练 3 轮和训练 10 轮，结果可能是不一样的模型。它们的超参数并不相同。那么到底是训练 3 轮好，还是 10 轮好？或者二者都不好，应该训练 6 轮？这种决策就需要在训练后，在验证集上进行测试。如果发现训练 3 轮效果更好，那么就应该丢弃训练 6 轮、10 轮的潜在模型，只用训练 3 轮的模型。这对应一种机器学习正则化方式——提早停止训练。

对于其他的超参数选取，我们也可以举一反三。总之就是按照验证集的效果来选取超参数，从而决定最终模型。下一步，自然就是把它交给测试集进行检验，前文已经详细讲解了。至于最终模型在新数据集（测试集）上表现如何，是无法预判的。

所以，回到我们之前的问题。在使用深度迁移学习进行文本分类的讲解时，我们用验证集筛选出的最好模型，在验证集上运行出分数，将其当成测试成绩，这显然是不妥当的。我们不能把同样的题做三五遍，然后从中找最高分去和别人比。即便大家的模拟考试用的是高考真题，两张卷子完全一样，也没有说服力。所以，验证集的目的不是对比最终模型的效果。因此，怎么设定验证集，划分多少数据用于验证，其实是每个研究者需要独立做出的决策，不应该强行设定为一致。这就如同我们不会在高考前去检查每个考生是否做过一样多的模拟试卷，且试卷内容也要一致。极端点，即便一个考生没有参加过模拟考试，可高考成绩突出，我们也不能不承认他的成绩。

9.3.4　训练集

如果测试集是高考试卷，验证集是模拟考试试卷，那么训练集大概包括很多东西，例如作业题、练习题等。另外，在高三时，部分同学可能每周有统练，每月有月考，也可以将其划定在训练集的范畴。这样一对比，大家大概能了解这几个集合之间本应有的关系。

验证集和训练集应该是不交叠的。这样选择模型的时候，才可以避免被数据交叠的因素干扰。每个学校在进行模拟考试时，却都希望能押中高考的题。这样可以保证本校学生在高考中可以"见多识广"，取得更高分数。高考出卷子的老师就必须尽力保证题目是全新的，以筛选出有能力的学生，而不是为高校选拔一批"见过题目，并且记住了标准答案"的学生。因此，测试集应该既不同于训练集，又不同于验证集。

换句话说，3 个数据集最好都没有交叠。学生应该学会举一反三，能够用知识和规律去处理新的问题。对机器模型的期许其实也一样。在学术论文中，我们见到的大部分用于机器学习模型对比的公开数据集（例如 fast.ai 公开数据集中的 Yelp、IMDB、ImageNet 等），都符合这一要求。

然而，也会有例外。某些数据科学竞赛，就有数据既出现在训练集里，又出现在验证集里，甚至测试集里也会有。面对这种情况，我们该怎么办？如何判断自己的模型究竟是强行记住了答案，还是掌握了文本中的规律？这个问题，作为思考题留给大家。

另一个问题是，训练集要不要和别人的完全一致？一般来说，如果我们要强调自己的模型优于其他人，那么就要保证自己的模型是在同样的训练集上训练出来的。

回顾深度学习的三大要素：

- 数据（Data）；
- 架构（Architecture）；
- 损失（Loss）。

如果我们的训练数据比别人的多得多，那么模型自然"见多识广"。对于深度学习而言，如果训练数据丰富，就可以显著避免过拟合的发生。GPT-2 模型就是因为利用海量社交新闻站点数据做训练，才能傲视其他语言模型。

但是这时候与别的模型结果横向比较，似乎就不大公平了。你的架构设计未必更好。假使对方用同样多的数据训练，结果可能不比你的差，甚至会更优。

9.3.5　小结与思考

这一节我们梳理了机器学习中常见的 3 种不同数据集，即训练集、验证集、测试集。

我们一一分析了其作用，并且用考试这个大多数人都参加过，且容易理解的例子对其进行诠释。通过本节的学习，希望大家对机器学习数据集的概念架构的理解更为清晰，不会再误用它们，避免给自己的研究"挖坑"。

最后给大家留一道思考题。有的时候，我们看到有人把训练集切分出固定的一部分，作为验证集。而有的时候，我们会看到有人采用"交叉验证"的方式，即每一轮训练都动态轮转，把一部分数据作为验证集。那么问题来了，什么样的情况下，我们应该采用第一种方式，即固定切分验证集？什么样的情况下，我们应该采用交叉验证方式呢？后者的优势和缺点，又各是什么呢？

第**10**章

答疑时间

经过前文的学习，相信大家已经对数据科学有了较为系统的理解和认识，但在尝试应用本书介绍的科学方法时，也许会遇到各种各样的问题和困难。因此，本章将为大家讲解如何有效解决各种问题和困难，使用数据科学助力科研，并为各位日后的数据科学学习之路指明方向。

10.1 Python编程遇到问题怎么办？

10.1.1 遭遇编程错误

相信有很多读者是没有编程经验，却又对数据科学感兴趣，甚至不得不实践数据科学的人。我们也需要承认，相当多的文科专业背景的读者对技术不够熟悉，有抵触甚至恐惧心理。

在之前的教学和实验过程中，我们经常收到学习者提出的疑问。其中有很大一部分学习者是在实践编程环节遇到了错误提示，向我们求助。对于这一类问题的反馈，我们秉持着"能帮就帮"的原则。一两句话能够说明的问题，就马上答复；对于那些需要深入调查的问题，我们会让读者把 Jupyter Notebook 或者 R Notebook 文件以及数据发来，以后再提供指导和解决方案。

但是，按照反馈的情况来看，还有不少人遇到了问题，没能够解决就直接放弃了。因为很多人在遇到了问题后，就会开始做长时间的"无用功"。

事实上，遭遇编程错误并不是坏事。以正确的方法尝试解决问题，会帮你积累认知。所谓的"编程经验"，很多都是从各种失败的尝试中提炼出来的。但是如果你面对错误时，尝试使用的方法十分低效，甚至根本不得其法，那就得不偿失了。我们时常揶揄的"从入门到放弃"，往往就是这么来的。

本着"授人以鱼不如授人以渔"的原则，我们来谈谈，非数据科学相关专业的学生该如何应对数据科学 Python 编程中可能出现的问题。

诚然，除错（Debug）是一门专业的学问，我们不可能用一节的内容把它讲清楚。我们只想给大家提供一些建议。对非专业人士来说，直接列一个清单，说明如何除错是不能满足他们的需求的。我们要结合具体的场景来分析。

那么，遭遇 Python 编程问题的场景该如何分类呢？根据长期的观察和思考，我们认为可以分成 3 类：

- 照葫芦画葫芦；
- 照葫芦画瓢；
- 找葫芦画瓢。

简单解释一下。非计算机专业人士使用 Python 编程时，往往没有经过程序设计的基础训练。大家不是从基础关键词、语法、数据结构、算法的路径学习的。我们拿到一个任务，一般都有明确的时限，却没有解法清单，唯一的线索是"这个问题可以用 Python（或者 R）来解决"。有人说，这就像是某人被"塞"了一把伞，然后被推到台风中心。

所以，大家首先寻找的，不会是 Python（或者 R）的基础教科书，而是样例。如果恰好有一个样例，讲解如何绘制词云、如何做中文情感分析、如何用决策树分类、如何抽取海量文本的主题……恰好和我们的任务一致，那我们可能会如释重负。

于是我们就开始了第一步，照葫芦画葫芦，先把样例中的代码重复实践一遍，确定本地可以运行。我们做好了第一步，得出了正确的结果，也就拥有了信心。下面需要做的是把自己的数据载入，看能否得出预期的结果，这一部分就叫作"照葫芦画瓢"。

许多人只需要前两步就能完成任务，高高兴兴收工了。但是如果很不幸，你的任务和样例有一些区别，那你就要在样例的基础上添加新的代码，调用新的软件包来尝试完成任务。你无法自己从头造"瓢"，这一部分就要自己"找葫芦画瓢"了。

对大部分非计算机专业的人士来说，场景就是这 3 类。出离这样的要求，要么找外包，要么自己从头学编程。等你扎扎实实学会了，也就算踏入计算机领域了。

下面我们分别看看，在这 3 种不同的场景下，遇到 Python 编程中的问题，该如何有效尝试解决。

说明一下，虽然本节以 Python 为例讲解方法，但是其中的原理同样适用于大部分数据科学类编程语言和工具，例如 R 等。读者在学习时请举一反三。

10.1.2　照葫芦画葫芦

我们先看第一种场景，也就是"照葫芦画葫芦"。例如，你打算用决策树进行分类，于是找到了 7.1 节"机器学习做决策支持"，开始实践，重现结果。

前面的步骤一直很顺利。你的信心在逐渐增强。当你听说下面这段代码可以帮你绘制出决策树的图形时，你异常欣喜，期待的心情就如同小时候等着父母出差回家给你带来玩具一样。

```
with open("safe-loans.dot", 'w')as f:
    f = tree.export_graphviz(clf,
                            out_file=f,
                            max_depth = 3,
```

```
                                    impurity = True,
                                    feature_names = list(X_train),
                                    class_names = ['not safe', 'safe'],
                                    rounded = True,
                                    filled= True)

from subprocess import check_call
check_call(['dot', '-Tpng', 'safe-loans.dot', '-o', 'safe-loans.png'])

from IPython.display import Image as PImage
from PIL import Image, ImageDraw, ImageFont
img = Image.open("safe-loans.png")
draw = ImageDraw.Draw(img)
img.save('output.png')
PImage("output.png")
```

可是事与愿违，运行后不但没有出现图形，反而出现了一大堆错误信息。

```
WindowsError                                    Traceback (most recent call last)
<ipython-input-14-da79615505d3> in <module>()
     10
     11 from subprocess import check_call
---> 12 check_call(['dot','-Tpng','safe-loans.dot','-o','safe-loans.png'])
     13
     14 from IPython.display import Image as PImage

C:\Users\user\Anaconda2\lib\subprocess.pyc in check_call(*popenargs, **kwargs)
    179        check_call(["ls", "-1"])
    180    """
---> 181        retcode = call(*popenargs, **kwargs)
    182        if retcode:
    183            cmd = kwargs.get("args")

C:\Users\user\Anaconda2\lib\subprocess.pyc in call(*popenargs, **kwargs)
    166        retcode = call(["ls", "-1"])
    167    """
---> 168        return Popen(*popenargs, **kwargs).wait()
    169
    170

C:\Users\user\Anaconda2\lib\subprocess.pyc in __init__(self, args, bufsize, executab
le, stdin, stdout, stderr, preexec_fn, close_fds, shell, cwd, env, universal_newline
s, startupinfo, creationflags)
    388                            p2cread, p2cwrite,
    389                            c2pread, c2pwrite,
---> 390                            errread, errwrite)
    391        except Exception:
    392            # Preserve original exception in case os.close raises.

C:\Users\user\Anaconda2\lib\subprocess.pyc in _execute_child(self, args, executable,
 preexec_fn, close_fds, cwd, env, universal_newlines, startupinfo, creationflags, sh
ell, to_close, p2cread, p2cwrite, c2pread, c2pwrite, errread, errwrite)
    638                            env,
    639                            cwd,
---> 640                            startupinfo)
    641        except pywintypes.error, e:
    642            # Translate pywintypes.error to WindowsError, which is

WindowsError: [Error 2]
```

看到错误信息，你已经很紧张了。更重要的是，它们还是英文的。于是你瞬间变得茫然无措了。于是你开始在网上搜索相同的错误。你发现其他人也遇到了同样的问题，你赶紧往后查看，看看有没有解决办法，你看到了我的答复，如图 10-1 所示。

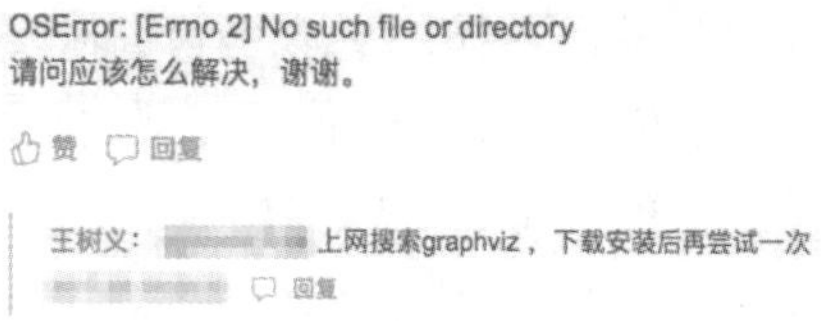

好像安装了 Graphviz，问题就可以解决。赶快下载安装，Graphviz 的官网如图 10-2 所示。

OSError: [Errno 2] No such file or directory
请问应该怎么解决，谢谢。

👍 赞　💬 回复

王树义：████████ 上网搜索graphviz，下载安装后再尝试一次
█████　💬 回复

图 10-1

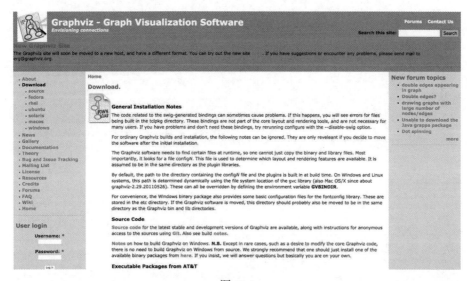

图 10-2

安装结束后，在开始菜单中，可以看到 Graphviz 目录，证明安装成功。回到 Jupyter Notebook 下，重新执行到这一步。按下【Shift+Enter】快捷键。然而，执行结果竟然还是失败了。

你认为自己肯定遗漏了一些重要信息，于是赶紧返回寻找。但当你看到别人安装了 Graphviz 后，问题依然没有解决。你决定放弃了。

其实安装了 Graphviz 以后，提问者确实成功得出了结果。错误到底出现在哪儿？我们先来说说，面对程序给你的这一大堆报错时，你该怎么办？

首先要找出错误出现在哪里。

```
WindowsError                        Traceback(most recent call last)
<ipython-input-14-da79615505d3> in <module>()
    10
    11 from subprocess import check_call
---> 12 check_call(['dot', '-Tpng', 'safe-loans.dot', '-o', 'safe-loans.png'])
    13
    14 from IPython.display import Image as PImage
```

错误提示的第一段已经告诉你了，错误出现在 check_call 这一行，行号为 12。

这就意味着，前面 11 行其实都没有问题。这一大段代码以空行分隔，一共 3 个部分。前面 10 行是第一部分，中间 2 行是第二部分，后面是第三部分。我们把它拆分成 3 个 Jupyter 中的代码段落，单独执行。

```
In [15]: with open("safe-loans.dot", 'w') as f:
             f = tree.export_graphviz(clf,
                                      out_file=f,
                                      max_depth = 3,
                                      impurity = True,
                                      feature_names = list(X_train),
                                      class_names = ['not safe', 'safe'],
                                      rounded = True,
                                      filled= True )
```

```
In [16]: from subprocess import check_call
         check_call(['dot','-Tpng','safe-loans.dot','-o','safe-loans.png'])
```

```
---------------------------------------------------------------------------
WindowsError                              Traceback (most recent call last)
<ipython-input-16-235ba9972806> in <module>()
      1 from subprocess import check_call
----> 2 check_call(['dot','-Tpng','safe-loans.dot','-o','safe-loans.png'])

C:\Users\user\Anaconda2\lib\subprocess.pyc in check_call(*popenargs, **kwargs)
    179         check_call(["ls", "-l"])
    180     """
--> 181     retcode = call(*popenargs, **kwargs)
    182     if retcode:
    183         cmd = kwargs.get("args")

C:\Users\user\Anaconda2\lib\subprocess.pyc in call(*popenargs, **kwargs)
    166         retcode = call(["ls", "-l"])
    167     """
--> 168     return Popen(*popenargs, **kwargs).wait()
    169
    170

C:\Users\user\Anaconda2\lib\subprocess.pyc in __init__(self, args, bufsize, executable, stdin, stdout, stderr, preexec_fn, close_fds, sh
ell, cwd, env, universal_newlines, startupinfo, creationflags)
    388                 p2cread, p2cwrite,
    389                 c2pread, c2pwrite,
--> 390                 errread, errwrite)
    391         except Exception:
    392             # Preserve original exception in case os.close raises.

C:\Users\user\Anaconda2\lib\subprocess.pyc in _execute_child(self, args, executable, preexec_fn, close_fds, cwd, env, universal_newline
s, startupinfo, creationflags, shell, to_close, p2cread, p2cwrite, c2pread, c2pwrite, errread, errwrite)
    638                 env,
    639                 cwd,
--> 640                 startupinfo)
    641         except pywintypes.error, e:
    642             # Translate pywintypes.error to WindowsError, which is

WindowsError: [Error 2]
```

上面的运行结果，证明我们的猜测是对的。第 1 部分运行起来没有问题，第 2 部分只有两行，第 1 行不报错，只有 check_call 这一行报错。这样问题就聚焦了。

注意，这种方法只适合此处展示的线性环节。所谓线性，就是顺序执行的若干步骤。前面的改动会对后面有影响，但是后面的改动对前面没有影响。如果是循环问题，这种方法可能会失效。

check_call 这一行到底遇到了什么问题呢？我们还是要回到报错信息里寻找线索。

这么长的报错信息，该看哪里呢？我的经验是，问题发生位置要看开头（我们刚才已经做完了），问题症结十有八九要看末尾。

我们看看报错信息的末尾是什么。

```
C:\Users\user\Anaconda2\lib\subprocess.pyc in _execute_child(self, args, executable,
preexec_fn, close_fds, cwd, env, universal_newlines, startupinfo, creationflags,
shell, to_close, p2cread, p2cwrite, c2pread, c2pwrite, errread, errwrite)
    638                              env,
    639                              cwd,
--> 640                              startupinfo)
    641         except pywintypes.error, e:
    642             # Translate pywintypes.error to WindowsError, which is

WindowsError: [Error 2]
```

你可能又犯难了，这么多的术语，我如何懂得？

你不需要懂这些术语，看最后的报错信息，叫作"WindowsError:［Error 2］"。这是一个错误代码，但是包含的信息不够。我们需要查询 2 号 Windows 错误代码究竟是什么意思。这时候，就该搜索引擎出场了。

经过仔细筛选和阅读学习，所谓的"WindowsError:［Error 2］"，是指"系统找不到你指定的文件"。这样我们再次回头审视出问题的代码句。

```
check_call(['dot', '-Tpng', 'safe-loans.dot', '-o', 'safe-loans.png'])
```

其实，我们是让 Python 调用一个 Graphviz 的命令，叫作 dot，用它将前面生成的 safe-loans.dot 文件，转换成 PNG 格式的图片。

系统找不到什么文件呢？我们打开当前的 demo 目录，你会看到 safe-loans.dot 文件赫然在目。而 PNG 文件此时还没有生成。因此，我们锁定了问题——系统找不到的是 dot 这个命令。

这就是为什么必须要先安装 Graphviz，否则 Python 找不到 DOT 文件。但是为什么明明安装了 Graphviz，还会遭遇报错呢？你确定这时候 Python 可以找到 dot 包吗？我们尝试一下。到命令提示符下面，执行 dot 命令试试看，如图 10-3 所示。

图 10-3

真相大白了。在命令提示符下，自己都找不到 dot 命令，你能指望 Python 有多智能呢？

怎么办？方法其实并不难，只需要加上必要的路径，让计算机知道 dot 这个命令在哪里就可以了。我们到 C 盘的 Program Files，或者 Program Files（x86）目录下，寻找 Graphviz 安装目录。你会发现，路径为：

```
C:\Program Files(x86)\Graphviz2.38\bin\
```

于是这次执行图 10-4 所示的命令。

```
C:\Users\user\demo>"C:\Program Files (x86)\Graphviz2.38\bin\dot"
```

图 10-4

你会看到，没有报错信息了。再接再厉，这次把图 10-5 所示的完整命令输入。

```
C:\Users\user\demo>"C:\Program Files (x86)\Graphviz2.38\bin\dot" -Tpng safe-loans.dot -o safe-loans.png
```

图 10-5

这次不但没有报错，而且你想要的 PNG 文件已经生成了。不过，这些都是手动完成的，可是我们还是需要用程序来完成，不是吗？

于是你回到 Jupyter Notebook 里，尝试给 dot 命令加上路径。

```
In [17]: from subprocess import check_call
         check_call(['C:\Program Files (x86)\Graphviz2.38\bin\dot','-Tpng','safe-loans.dot','-o','s
```

```
WindowsError                              Traceback (most recent call last)
<ipython-input-17-702c1c45e6ab> in <module>()
      1 from subprocess import check_call
----> 2 check_call(['C:\Program Files (x86)\Graphviz2.38\bin\dot','-Tpng','safe-loan
s.dot','-o','safe-loans.png'])

C:\Users\user\Anaconda2\lib\subprocess.pyc in check_call(*popenargs, **kwargs)
    179         check_call(["ls", "-l"])
    180     """
--> 181     retcode = call(*popenargs, **kwargs)
    182     if retcode:
    183         cmd = kwargs.get("args")

C:\Users\user\Anaconda2\lib\subprocess.pyc in call(*popenargs, **kwargs)
    166         retcode = call(["ls", "-l"])
    167     """
--> 168     return Popen(*popenargs, **kwargs).wait()
    169
    170

C:\Users\user\Anaconda2\lib\subprocess.pyc in __init__(self, args, bufsize, executab
le, stdin, stdout, stderr, preexec_fn, close_fds, shell, cwd, env, universal_newline
s, startupinfo, creationflags)
    388                                 p2cread, p2cwrite,
    389                                 c2pread, c2pwrite,
--> 390                                 errread, errwrite)
    391             except Exception:
    392                 # Preserve original exception in case os.close raises.

C:\Users\user\Anaconda2\lib\subprocess.pyc in _execute_child(self, args, executable,
 preexec_fn, close_fds, cwd, env, universal_newlines, startupinfo, creationflags, sh
ell, to_close, p2cread, p2cwrite, c2pread, c2pwrite, errread, errwrite)
    638                                 env,
    639                                 cwd,
--> 640                                 startupinfo)
    641             except pywintypes.error, e:
    642                 # Translate pywintypes.error to WindowsError, which is

WindowsError: [Error 2]
```

报错信息又出现了，而且和之前一模一样，说明我们的改动并没有成功。想一想错误的原因是什么。

这次我们搜索执行的 Python 命令（check_call），以及输入路径中的特征部分 Program Files。经过浏览，我们发现一条来自 Stack Overflow 网站的链接，打开后如图 10-6 所示。

图 10-6

提问者问，为什么使用（和我们类似的）完全路径，Python 依然找不到命令。被赞同的答题者回复是：你应该用斜杠（/），而不是反斜杠（\）。

看了这个答案，我们恍然大悟。于是回到 Jupyter Notebook 里，把 C:\Program Files（x86）\Graphviz2.38\bin\dot 改成 C:/Program Files（x86）/Graphviz2.38/bin/dot。

再次运行，这部分不再报错了。

最后，尝试一直没能正确运行到的最后一段代码。

```
In [19]:  from IPython.display import Image as PImage
          from PIL import Image, ImageDraw, ImageFont
          img = Image.open("safe-loans.png")
          draw = ImageDraw.Draw(img)
          img.save('output.png')
          PImage("output.png")
```

Out[19]:

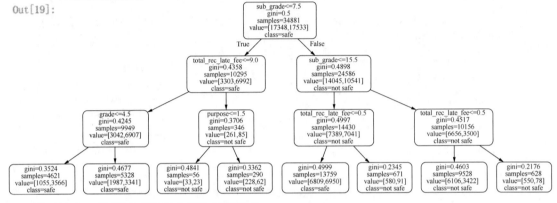

是不是有一种想要"仰天大笑"的感觉？

现在我们来回答一下，为什么有的同学的问题获得了解决，而其他人似乎没能解决问题呢？

原因在于操作系统环境差异。提问者用的是 macOS。安装 Graphviz 之后，macOS 记录下了 Graphviz 的各项可执行命令。Python 因此也知道了 dot 命令在哪里，所以调用起来没有任何问题。

我们如果一开始使用的操作系统也是 macOS 的话，也不会意识到 Windows 上操作系统环境的这种差异。同时，在很多情况下，在 Windows 上安装了 Graphviz 后，只需要重启一次，操作系统就会自动识别 dot 命令的完全路径，所以根本就不必修改代码内容。当然，也有一些操作系统可能这样做了无效。同样是 Windows，环境差异都如此之大。

操作系统、Python 版本、调用的相关软件包版本……这些环境差异可能直接导致"照葫芦画葫芦"时出现严重问题，也是最容易"踩到的坑"。不过通过我们前面的叙述，相信你能够找到"从坑里爬起来"，甚至是"避开坑"的方法。

10.1.3　照葫芦画瓢

当你完整重现样例或教程中的运行结果后，就该开始照葫芦画瓢了。毕竟你需要分析的是自己的数据。

但是一定要注意，务必在画葫芦完成后，开始画瓢。很多人在没有完整重现我们的教程结果时，就开始改动，把不同层次的问题混杂在一起，这就很难发现和解决问题了。

这里我们举个例子。有的读者在学完 6.3 节"评论数据情绪时间序列可视化"的内容后，完全重现了结果，然后输入了自己的数据。我们展示的样例用的是餐厅评论数据，该读者用的是外卖评论数据。以下是我原文中读入数据后的样例。

```
In [3]: df.head()
Out[3]:
```

	comments	date
0	这辈子最爱吃的火锅，一星期必吃一次啊！最近才知道他家还有免费鸡蛋羹……	2017-05-14 16:00:00
1	第N次来了，还是喜欢?……\ \ 从还没上A餐厅的楼梯开始，服务员已经在那迎宾了，然……	2017-05-10 16:00:00
2	大姨过生日，姐姐订的这家A餐厅的包间，服务真的是没得说，A餐厅的服务也是让我由衷的欣赏，很久……	2017-04-20 16:00:00
3	A餐厅的服务哪家店都一样，体贴入微。这家店是我吃过的排队最短的一家，当然也介于工作日且比较晚……	2017-04-25 16:00:00
4	因为下午要去天津站接人，然后我前几天就说想吃A餐厅，然后正好这有，就来这吃了。\ 来的……	2017-05-21 16:00:00

图 10-7 是他的数据。

	content	time
0	味道超棒 小哥蛮帅的	2017-08-09
1	杯子很好看! 就是汉堡与图片上的个头差太多了，有点上当的感觉	2017-07-20
2	味道不错，骑手同志很快就送到了。	2017-07-20
3	赞，味道不错，大家可以试试啊！	2017-07-19
4	可以 看着不错的 口感很好的	2017-07-15

图 10-7

看起来很相似，不是吗？可是前面情感分析等环节都没有问题，到了绘制图形环节，又出现一堆报错信息。

```
In [14]: ggplot(aes(x="time", y="sentiment"), data=df) + geom_point() + geom_line(color = 'blue') + scale_x_date(labels = date_format("%Y-

---------------------------------------------------------------------------
ValueError                                Traceback (most recent call last)
E:\python_install\lib\site-packages\IPython\core\formatters.pyc in __call__(self, obj)
    670                 type_pprinters=self.type_printers,
    671                 deferred_pprinters=self.deferred_printers)
--> 672             printer.pretty(obj)
    673             printer.flush()
    674             return stream.getvalue()

E:\python_install\lib\site-packages\IPython\lib\pretty.pyc in pretty(self, obj)
    381                         if callable(meth):
    382                             return meth(obj, self, cycle)
--> 383                     return _default_pprint(obj, self, cycle)
    384                 finally:
    385                     self.end_group()

E:\python_install\lib\site-packages\IPython\lib\pretty.pyc in _default_pprint(obj, p, cycle)
    501     if _safe_getattr(klass, '__repr__', None) not in _baseclass_reprs:
    502         # A user-provided repr. Find newlines and replace them with p.break_()
--> 503         repr_pprint(obj, p, cycle)
```

复习一下，我们说过报错信息的开头和结尾最为重要。开头是确定位置。因为这里本来就只有一行语句，所以可以忽略。那我们看看结尾吧，如图 10-8 所示。

```
E:\python_install\lib\site-packages\numpy\core\numeric.pyc in asanyarray(a, dtype, order)
    581
    582         """
--> 583         return array(a, dtype, copy=False, order=order, subok=True)
    584
    585

ValueError: invalid literal for float(): 2017-02-27

<matplotlib.figure.Figure at 0x4819a518>
```

图 10-8

注意，这里提示的是取值错误"ValueError"，并且标注了问题，就是评论时间，例如"2017–02–27"。

回顾一下，在原文中，评论时间的格式为 Python 可以识别的时间单位，这样最后绘出的图形才是图 10-9 这样的。

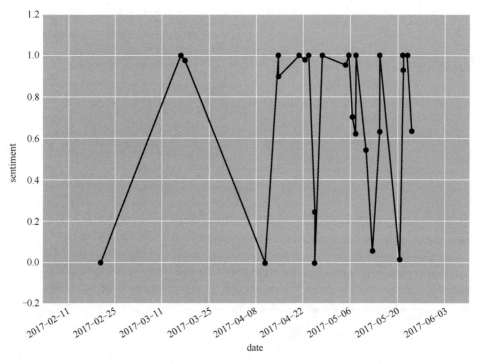

图 10-9

而这里，时间显示为"2017–02–27"，应该没错啊。数据框中的时间是从新到旧排列的。我们显示的最后一条数据，就是"2017–02–27"。

```
In [3]: df.time.iloc[-1]
Out[3]: u'2017-02-27'
```

这里需要记住一条非常重要的命令。

type（）

它可以帮助我们弄清楚取值的类型。

```
In [4]:  type(df.time.iloc[-1])
Out[4]:  unicode
```

这下"原形毕露"了。数据框里的每一个时间条目，存储的格式都不是 Python 日期，而是简单的字符串！难怪当我们需要绘制时间序列图形的时候会报错。

明白了问题所在，解决方法也就容易找到了。我们再次用搜索引擎，查找 Pandas 中将字符串转换为日期的方法。

我们可以单击相关的结果链接，如图 10-10 所示。

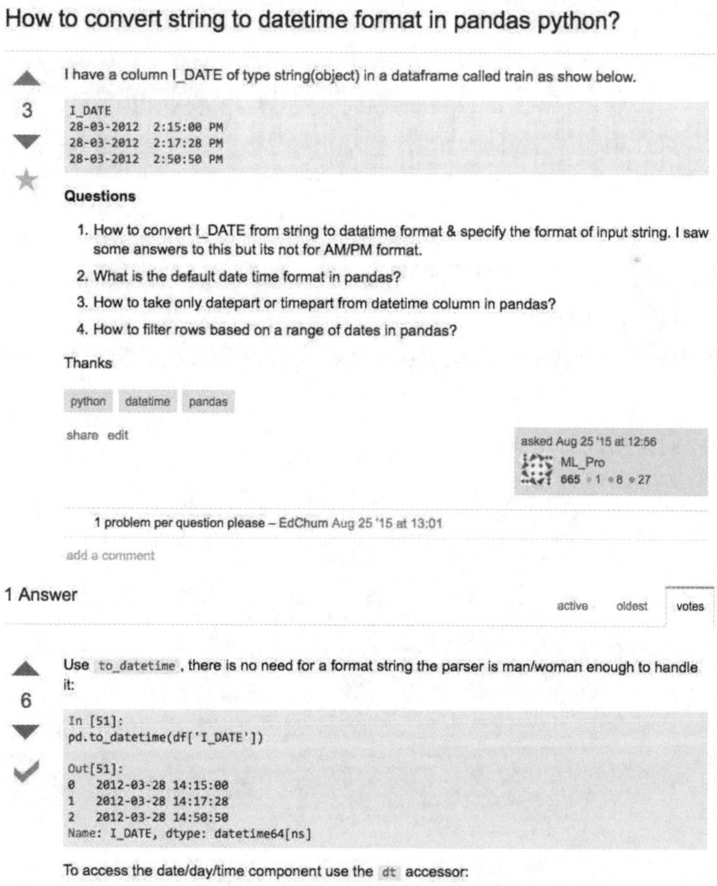

How to convert string to datetime format in pandas python?

▲ I have a column I_DATE of type string(object) in a dataframe called train as show below.

3
```
I_DATE
28-03-2012  2:15:00 PM
28-03-2012  2:17:28 PM
28-03-2012  2:50:50 PM
```
▼

★

Questions

1. How to convert I_DATE from string to datatime format & specify the format of input string. I saw some answers to this but its not for AM/PM format.

2. What is the default date time format in pandas?

3. How to take only datepart or timepart from datetime column in pandas?

4. How to filter rows based on a range of dates in pandas?

Thanks

python　datetime　pandas

share edit

asked Aug 25 '15 at 12:56

ML_Pro
665 ● 1 ●8 ●27

1 problem per question please – EdChum Aug 25 '15 at 13:01

add a comment

---

1 Answer   active   oldest   votes

▲ Use `to_datetime`, there is no need for a format string the parser is man/woman enough to handle
   it:

6
```
In [51]:
pd.to_datetime(df['I_DATE'])

Out[51]:
0   2012-03-28 14:15:00
1   2012-03-28 14:17:28
2   2012-03-28 14:50:50
Name: I_DATE, dtype: datetime64[ns]
```
▼

✔

To access the date/day/time component use the `dt` accessor:

图 10-10

选定答案里清晰明白地说明——使用 Pandas 数据框的 to_datetime 函数，并且给出了详细的样例。试试看。

```
df.time = pd.to_datetime(df.time)
```

然后重新执行刚才的两条语句。

```
In [7]: df.time.iloc[-1]
Out[7]: Timestamp('2017-02-27 00:00:00')

In [8]: type(df.time.iloc[-1])
Out[8]: pandas._libs.tslib.Timestamp
```

这次 Python 正确识别出了日期格式，然后我们再绘图。

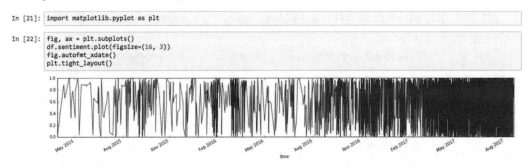

```
In [21]: import matplotlib.pyplot as plt

In [22]: fig, ax = plt.subplots()
         df.sentiment.plot(figsize=(16, 3))
         fig.autofmt_xdate()
         plt.tight_layout()
```

虽然由于数据量过大，后半部分看不清楚，但是结果已经初步显现了。下面就是分段截取数据，细致地进行可视化的工作了。

问题出在哪里呢？对比我们使用的 Excel 数据文件，和该读者自己使用的数据文件，你就能看出端倪了。

图 10-11 是我们使用的餐厅评论原始数据。

图 10-11

图 10-12 是该读者使用的外卖评论原始数据。

	A	B
1	content	time
2	味道超棒 小哥蛮帅的	2017-08-09
3	杯子很好看，就是汉堡与图片上的个头差太多了，有点上当的感觉	2017-07-20
4	味道不错，骑手同志很快就送到了。	2017-07-20
5	赞，味道不错，大家可以试试啊！	2017-07-19
6	可以 看着不错的 口感很好的	2017-07-15
7	可以 挺便宜的	2017-07-14
8	很满意 骑手送来得很快	2017-07-10
9	好，不错，吃得挺舒服	2017-07-10
10	很好，喜欢，送货也快！	2017-06-28
11	#南洋鸡肉卷餐##脆皮手枪腿#不错	2017-06-28
12	很好。快递小哥很快送货到门	2017-08-18

图 10-12

你会看到，餐厅评论原始数据中不仅有日期，还有具体的时间。虽然时间大都是“16:00:00”，但 Pandas 在读入的时候，会将其自动转化为日期时间格式。然而该读者的数据里只有日期，没有具体的时间。Pandas 读入数据时，不确定要不要做转化，默认将其当成字符串处理。

所以，如果你需要“照葫芦画瓢”，一定要仔细对比数据格式。即便是这样微小的差异，都会造成后续运行结果的区别，乃至报错。

10.1.4 找葫芦画瓢

如果样例里面没有提供某个功能，但是你确实需要用它，怎么办？这个时候似乎手里没有“葫芦”可以照着画，你要自己找“葫芦”。例如在学习了 3.1 节词云制作后，需要把词云变成需要的形状，如图 10-13 所示的效果。

但是书中并没有提供这样的样例，只能做出图 10-14 所示这种四四方方的词云图。

如果你也遇到了类似的问题，我的建议是按图索骥查询原始文档。

```
from wordcloud import WordCloud
wordcloud = WordCloud().generate(mytext)
```

这里，我们注意 wordcloud 这个关键词，然后结合 python 到搜索引擎里查找。

搜索结果里我们可以找到 WordCloud 词云包的官方 GitHub 站点，如图 10-15 所示。

GitHub 是目前全球主要的代码托管与分享站点之一。图 10-15 右上方几个统计选项很重要，尤其是 Star，它说明了该项目的受欢迎程度。WordCloud 软件包的受欢迎程度超过 3 000，可以说是非常优秀的。向下翻看，可以找到 Examples 部分，如图 10-16 所示。

你是不是眼前一亮啊？对，你需要的绘图结果就在这里，而且有专门链接直达使用方式。单击链接，你就能看到官方的 masked 词云样例代码了，如图 10-17 所示。

图 10-13

图 10-14

图 10-15

图 10-16

图 10-17

浏览代码，你会发现这一段注释。

```
#alice_mask = np.array(Image.open(path.join(d, "alice_mask.png")))
```

这里告诉你，你如果打算把词云绘制成特殊的图形，需要指定一个 mask 图像文件。样例里面的文件叫作 alice_mask.png。

我们来看看这个文件是什么样的。因为源代码就在这里，指定的文件也没有加入完全路径，因此它只可能放在样例代码文件的相同目录下。

我们单击页面上方的路径链接，返回上层目录，如图 10-18 所示。

图 10-18

目录里面所有的文件都在这里。我们找到 alice_mask.png 文件，打开看看，如图 10-19 所示。

图 10-19

原来你需要提供这样一张黑白图像，词云会显示在其中的黑色区域内。

10.1.5　小结与思考

总结一下，对非计算机专业的同学来说，编程中遇到的问题，需要依据不同的场景，分别采取不同的思考方式尝试有效解决。

对于"照葫芦画葫芦"类场景，方法如下：

- 确认你的运行环境尽量和我们的运行环境一致（安装相同的软件版本），如果环境不一致（例如操作系统差异等），遇到问题的时候要时刻意识到这种差异可能是造成无法重复结果的原因；
- 把遇到问题的代码拆开，聚焦到实际产生问题的代码片段上，这就是所谓的"分而治之"；
- 认真阅读报错信息，里面可能有非常重要的线索，尤其是开头和结尾部分；
- 善用搜索引擎，输入可以准确定义问题的关键字；
- 明白 Stack Overflow 网站的重要性，其中被支持的答案可能一语道破你百思不得其解的问题。

对于"照葫芦画瓢"类场景，方法如下：

- 确认你已经圆满完成了"照葫芦画葫芦"工作；
- 确保你自己的数据格式与样例中的数据格式一致；
- 认真阅读报错信息，从中找到问题的大致方向；
- 利用搜索引擎查找类似问题的已知有效解决方法。尤其要注意 Stack Overflow 网站的相关链接。

对于"找葫芦画瓢"类场景，方法如下：

- 依照类似的功能，按图索骥找到提供相应功能的软件包；
- 阅读其官方说明文档，最好能找到特定功能的样例代码；
- 读代码的时候务必注意注释信息，其中可能包含了注意事项和重要资源；
- 自己实践的第一步，是用找到的"新葫芦"画出"葫芦"，然后再尝试"画瓢"。

不论对于哪一类场景，遇到的问题可能会成为你未来的财富。但前提是必须把它们及时记录下来，并且养成定期回顾的好习惯。

如果遇到实在解决不了问题，最后一招就是提问。但是请你在提问之前，确定自己已经通过上述步骤和流程尝试了可能有效的方法。这不仅是《提问的智慧》里面讲解的，更是为了你自己能够学有所得。提问的时候，要注意提供你的运行代码（最好是 .ipynb 这样的格式，包含完整的报错信息）、用到的实际数据，以及你的尝试过程等。信息越详细，别人就越可能帮助你解决问题。

向谁提问呢？当然可以问老师、问我们。但是别忘了你一直在使用的 Stack Overflow 网站，它本来就是一个让你提问的好地方啊。通过观察别人的问题和答案，你应该不难发现，网站上的

"高手"们大都非常热心助人。

另外，不要满足于永远当一个非专业人员。如果你打算在数据科学的路径上走得足够远、足够稳，夯实基础就是必要的。

10.2　如何高效学Python?

10.2.1　你是哪一类人

随着数据科学概念的普及，Python 这门并不算新的语言变得十分流行。而学习 Python 该如何入手呢？本书并没有包含 Python 基础教程的内容，因为现有的学习资源已经足够好了。

但是，有这么多现成的资源和路径，为什么许多人依然在为学习 Python 发愁呢？因为学习有一个效率问题。Python 语法清晰明快、简单易学，这是 Python 如此普及的重要原因之一。但是，选择合适的 Python 学习方式，需要和你自身的特性相结合。

人群划分的标准是什么？不是你的专业是否是计算机相关专业，也不是你是否已经工作，而是另一个重要的指标——你的自律能力。

自律能力强的人，可能学得更好。可是，自律能力不够强的人，难道就注定什么也不能学了？当然不是。每个人都有不同的特点，没有绝对的高下之分。只要你能清楚认识自己，就能以更高效的方法来学习新知识和技能。

下面我们分类探讨不同自律能力的人，该如何学习 Python，才能更高效。我为大家准备了 3 种完全不同的路径，相信你能找到适合你的那一种。

- 路径 I：适合自律能力稍差的人。

我们先从自律能力稍差的人说起。

这样的人学习起来往往是三分钟热度。偶然受到了刺激，发奋要学习 Python，以便投入数据科学的事业中。他会立即到图书馆或者书店抱回来一本，类似《X 天从入门到精通 Python》的书开始学习。结果 30 天还没到，他可能就顺利完成了从入门到放弃的全过程。

没能坚持下来，自己肯定是有责任的。但是最大的问题在于过度高估自己的自律能力。这样的人，可以到 Coursera 平台上，按部就班地学习一门非常好的 MOOC（慕课，一种大型开放式网络课程）——Programming for Everybody（Getting Started with Python）。

我推荐这门课程，是因为课程质量好。首先是教材好。这本教材的来源是有故事的。艾伦 B. 唐尼（Allen B. Downey）写了一本书 *Think Python: How to Think like a Computer Scientist*。如图 10-20 所示。

查尔斯·塞弗伦斯（Charles Severance）觉得这本书写得非常好，想把它作为教材。于是在征得作者同意的前提下，大量借鉴了这本书的内容架构，编写了一本 *Python for Informatics*。如图 10-21 所示。

图 10-20

图 10-21

　　查尔斯在写作这本书的时候，同时开放推出了 iBooks 格式，里面就包含了自己的授课视频，供学生直接观看学习。如图 10-22 所示。

图 10-22

　　后来，查尔斯用这本书扩展，做成了一门 MOOC。2015 年该课程上线不久，硅谷的资深工程师就争相学习。

　　查尔斯深谙课程迭代的技艺。他不断添加内容，完善课程体系，将这门课程发展成一门专项课程（Signature Track），并且将教材升级为 *Python for Everybody: Exploring Data In Python 3*。如图 10-23 所示。

　　在目前全球 MOOC 口碑榜上，查尔斯的这门专项课程一直名列前茅。如图 10-24 所示。

　　这门专项课程深入浅出地讲解 Python 中简单的语法，而且还用数据科学的一些基础工作任务，带动大家使用 Python 编写简单项目。这种扎实的训练过程可以增强你的信心，激发你的兴趣。

图 10-23   图 10-24

对于自律能力差的同学来说，下面这个特性更重要：一切工作都有时限。

Coursera 上的课程，每周的任务很明确。练习题正确率如果不能达到 80%，就不能过关。到了截止日期，如果不能完成全部练习和课程项目，就拿不到图 10-25 所示的证书。

图 10-25

老师在前面引领你，助教在旁边督促你，平台用时间表提醒你，论坛上的同学们在用同侪压力推挤你……想偷懒？想三天打鱼两天晒网？这应该很难。

- 路径Ⅱ：适合自律能力还不错的人。

如果你的自律能力还不错，那么选择面就会宽很多。这里我们给大家推荐另一个 MOOC 平台，叫作 DataCamp。如图 10-26 所示。

图 10-26

这个平台的代码运行采用云环境。学习者不需要在本机安装任何环境，一个支持 HTML5 标准的浏览器就能带给你完整的学习体验。

对初学者来说，这种入门方式太好了。要知道，许多人的学习热情就是被环境配置和依赖软件包安装的"坑"消磨掉的。你可以点击 Courses 栏目，查看已经提供的 349 种课程。如图 10-27 所示。

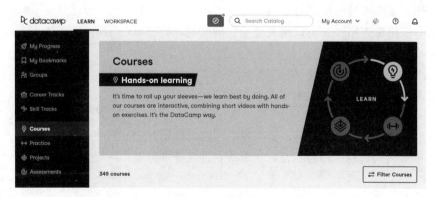

图 10-27

这些课程涵盖了从 Python 基础到数据处理，直至人工智能和深度神经网络的方方面面。所有的课程都是短小精悍的。一般不超过 4 小时，你就可以完成某一主题的学习。这样你学起来毫不费力，可以在相当短的时间内获得反馈（练习题自动评分）和成就感（证书）。

这个平台的课程进度完全由学习者自己掌控，所以它适合有一定自律能力的学习者。它既可以给你即时的回馈，让你时刻了解自己所处的位置进度，不会迷失方向，又能让你充分体验自主学习的乐趣。

　　DataCamp 的课程，一般都是第一部分免费开放，后面需要购买后才能解锁并学习。如果你对自己的学习能力和毅力有信心，可以购买一个完整时间段（例如一年）的课程。在此期间，所有平台上的课程你都可以学习，并且可以在通过后获取图 10-28 所示的证书。

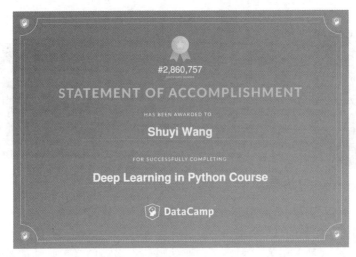

图 10-28

- 　路径 III：适合自律能力强的人。

　　前面提到的课程费用不菲。对于自律能力强的人来说，你的选择可以非常简单直接——可以用最受推崇的教材，自己看书学习。但有可能最受推崇的教材，其实是没有的。这个世界上没有哪件东西大家都说好。但口碑非常好的教材是存在的，例如这本起了个怪名字的教材《笨办法学 Python》（*Learn Python the Hard Way*）。如图 10-29 所示。

　　你千万不要被教材的名称迷惑，望文生义，而觉得这是一本糟糕的 Python 入门教材。恰恰相反，这本教材的设计非常适合人们的认知规律。

　　学东西应该由浅入深、由易到难，逐步递进；如果你一味追求新知识，那么之前学的东西会很快遗忘。如果你总是原地打转，会感觉枯燥且无聊。

图 10-29

　　好的教材，应该在每一部分给学习者提供新的知识和内容，提出足够的挑战。但是挑战性不能高到让学习者产生挫败感而放弃，同时也不能忽视在后续内容中把前面所学的知识改换面貌，让其不断螺旋上升式重复出现。只有这样才能巩固所学，让学习者感受到基础知识的作用，增强学习的愉悦感。

《笨办法学 Python》就是一本这样的教材。你需要做的就是把书打开，同时打开一个好用的代码编辑器，开始按书中的要求编写代码、运行代码、修改代码……

10.2.2　记忆与实践

至此，3 条基本的 Python 入门路径讲完了。通过对自己自律能力的清晰认识，相信你可以找到一种适合自己逐渐学习和掌握 Python 的方式。

但是完成了读书和听课，是不是就万事大吉了？当然不是。

许多人以为拿到了证书，或学完了教材，就算真正掌握 Python 了。然后他们把这门语言丢弃在一旁，去看美剧和小说了。相信我，你会遗忘的。大部分人的记忆模式，都是图 10-30 所示的形式。

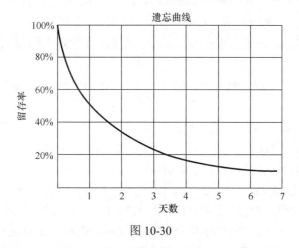

图 10-30

不学以致用的话，不出一个星期，刚刚学会的新知识大概就会忘光。如果你不希望自己辛苦学来的 Python 知识被如此轻易浪费掉，应该怎么办？应该实践。

实践 Python 技能，未必一定要找一个世界 500 强企业的核心技术部门，加班敲代码。你可以从生活中寻找各种有趣的问题，然后思考能否用 Python 编程解决它。

如果你逐渐可以从生活中寻找各种有趣的问题，然后思考能否用 Python 编程解决它，有了这种感觉，证明你在进步。

不要指望自己一出手就能写出完美的代码，要把"迭代"两个字时刻记在心里。这样你才能容忍自己的笨拙，并且不断提高。正如古人说的那句：勤学似春起之苗，不见其增，日有所长。

我在做自己的第一个项目的过程中，曾经遇到了中文编码、隐私信息存储、文件名空格处理、绝对与相对路径、发布流程划分、功能解耦合、Web 图片地址附带参数

等一系列的问题。

通过回顾用 Git 版本控制工具记载下来的日志，以及使用版本对比功能，你可以清楚地看到自己是在何时利用什么方法解决了这些问题。然后别忘了，给自己工具箱里的新增小技能打个钩。

一个个小问题都被你攻克的时候，你才能真正感受到所学技能的价值，并且增强自信。

10.3　如何高效学习数据科学？

10.3.1　学习的焦虑

一次线下工作坊教学中，我带领学生尝试搭建自己的第一个深度神经网络，具体工作包括从下载最新版的 Anaconda 安装包开始，直到完成第一个神经网络分类器。

我要求他们一旦遇到问题就立即提出，而我帮助解决问题的时候，所有人要围过来一起看解决方案，以提升效率。

我给学生们介绍了神经网络的层次结构，并且用 TensorBoard 可视化展示。他们对神经网络和传统的机器学习算法的区别不是很了解，我就带着他们一起体验深度学习游乐场。

看着原本的直线变成曲线，然后从开放到闭合，把平面上的点根据内外区分，他们都很兴奋。欣喜之余，一个学生不无担忧地问我："老师，我现在能够把样例运行起来了，但是里面有很多内容我现在还不懂，这么多东西该怎么学呢？"

我觉得这是个非常好的问题。对于非信息技术类本科毕业生，尤其是非计算机专业毕业生，读研阶段若要用到数据科学方法，确实有很多知识和技能需要补习，也有不少人因此很焦虑。但是焦虑是没有用的，它不会提供一丝一毫完善和进步。要学会拆解和处理问题，这才是你不断进步的保证。

本节我将和你谈一谈，看似无边无际、高深难懂而又时刻更新的数据科学，该怎样学才更高效。

10.3.2　以目标为导向的学习

大家觉得自己可能在数据科学的知识海洋里面迷失，是因为学习模式不合适。我们可能已经习惯了把要学习的内容当成学科知识树，然后系统地一步步学完；认为前面如果学不好，必然会影响后面内容的理解和消化。

现在，踏入社会的我们突然要独自面对一个新的学科领域。没有教学大纲和老师的方向与进度指引，教材又如此繁多，我们根本不知道该看哪一本，可能会觉得茫然无措。

其实，如果数据科学的知识是一个凝固的、静态的集合，我们又有无限长的学习时间，用原来的方法学习也挺好。可现实是，我们的时间是有限的，数据科学的知识却日新月异。今年的热点，明年可能就不是热点了。深度学习专家 Andrej Karpathy 评论不同的机器学习框架时说：

Matlab is so 2012. Caffe is so 2013. Theano is so 2014. Torch is so 2015. TensorFlow is so 2016.

怎么办呢？我们需要以目标为导向来学习。例如，你要写的论文里，需要对数据分类，那么就研究分类模型。

分类模型属于监督学习。传统机器学习里，K-近邻（K-Nearest Neighbors，KNN）、逻辑回归、决策树等都是经典的分类模型。如果你的数据量很大，希望用更为复杂而精准的模型，那么可以尝试深度神经网络。

如果你需要对图像进行识别处理，就需要认真学习卷积神经网络，以便高效处理二维图像数据。

如果你要进行的研究是给时间序列数据（例如金融资产价格变动等）找到合适的模型，那么你就要认真了解递归神经网络（Recurrent Neural Network），尤其是长短期记忆模型。这样用人工智能"玩股市水晶球"才能游刃有余。

但如果你目前还没有明确的研究题目，怎么办？不要紧。可以以案例为学习单位，不断积累能力。实践领域需求旺盛，数据科学的内容又过于庞杂，近年来 MOOC 上数据科学类课程的发展，越来越有案例化趋势。

一向以技术培训类见长的平台，如 Udacity、Udemy 等自不必说，就连从高校"生长"出来的 Coursera，也在习题中加入大量实际案例场景。

华盛顿大学的机器学习课程就非常领先地在第一门课中，通过案例展示后面课程的主要内容。注意，学第一门课时，学生们对于相关的技术（甚至是术语）还一无所知呢！

然而当代码运行完，出现结果的时候，你真的会因为不了解和未掌握细节就一无所获吗？当然不是。退一万步说，至少你见识了可以用这样的方法成功解决该场景的问题。这就叫认知。你获得了认知后，可以快速了解整个领域的概况，知道哪些知识对自己目前的需求更加重要，在学习中的优先级更高。

比案例学习更高效的"找目标"方式，是参加项目，动手实践。

这里告诉你一个真实的例子。我的一个三年级研究生，本科学的是工商管理。刚入学的时候按照我的要求，他学习了密歇根大学的 Python 课程，并且拿到了系列证书。但是很长的一段时间里，他根本就不知道该怎么实际应用这些知识，论文自然也写不出来。

一个偶然的机会，我带着他参加了另一个老师的研究项目，他负责技术环节，进行文本挖掘。因为有了实际的应用背景和严格的时间限定，他学得很用心，工作非常努力。之前学习的技能在此时真正被激活了。

等到项目圆满结束时，他主动来找我，与我探讨能否把这些技术、方法应用于本学科的研究，写一篇论文。于是我们一起确定了论文题目，设计了实验。然后我把数据采集和分析环节交给他来做，他也很完美地做出了结果。有了这些经验，他意识到自己毕业论文中的数据分析环节的缺失，于是又顺便改进了毕业论文的分析深度并投了稿。

一个周五的工作日，我们收到了期刊的正式录用通知。看得出来，他很激动，也很开心。

10.3.3　学习的深度

确定目标后，你就知道该学什么，不该学什么。但是下一个问题就来了，该学的内容，要学到多深、多细呢？

在 7.1 节"机器学习做决策支持"里，我们尝试了决策树模型。所谓应用决策树模型，实际上就是调用了一个包。

```
from sklearn import tree
clf = tree.DecisionTreeClassifier()
clf = clf.fit(X_train_trans, y_train)
```

这里仅仅用了 3 行语句，就完成了决策树的训练功能。

这里我们用的是默认参数。如果你需要了解可以进行哪些参数调整设置，在函数的括号里使用【Shift+Tab】快捷键，就能看到详细的参数列表，并且知道默认的参数取值是多少。

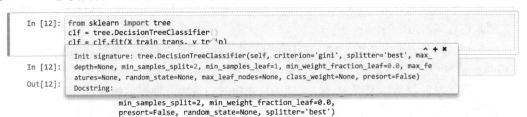

如果你需要更详细的说明，可以直接查询文档。在最新版本 scikit-learn 相关功能的官方文档中有详细说明，如图 10-31 所示。

图 10-31

当明白了每个函数工作的方法、参数可以调整的类型和取值范围后，你是否可以宣称自己了解这个功能了？

你好像不太有信心。因为你觉得这只是"知其然"，而没有做到"知其所以然"。但是，你真的需要进一步了解这个函数 / 功能是如何实现的吗？注意，图 10-31 中的函数定义部分，有一个指向 source 的链接，如图 10-32 所示。

```
class sklearn.tree. DecisionTreeClassifier (criterion='gini', splitter='best', max_depth=None,
min_samples_split=2, min_samples_leaf=1, min_weight_fraction_leaf=0.0, max_features=None, random_state=None,
max_leaf_nodes=None, min_impurity_decrease=0.0, min_impurity_split=None, class_weight=None,          [source]
presort=False) ¶
```

图 10-32

单击它，你会导航到这个函数的源代码，其托管在 GitHub 上，如图 10-33 所示。

```
734      super(DecisionTreeClassifier, self).__init__(
735          criterion=criterion,
736          splitter=splitter,
737          max_depth=max_depth,
738          min_samples_split=min_samples_split,
739          min_samples_leaf=min_samples_leaf,
740          min_weight_fraction_leaf=min_weight_fraction_leaf,
741          max_features=max_features,
742          max_leaf_nodes=max_leaf_nodes,
743          class_weight=class_weight,
744          random_state=random_state,
745          min_impurity_decrease=min_impurity_decrease,
746          min_impurity_split=min_impurity_split,
747          presort=presort)
748
749  def fit(self, X, y, sample_weight=None, check_input=True,
750          X_idx_sorted=None):
751      """Build a decision tree classifier from the training set (X, y).
752
753      Parameters
754      ----------
755      X : array-like or sparse matrix, shape = [n_samples, n_features]
756          The training input samples. Internally, it will be converted to
757          ``dtype=np.float32`` and if a sparse matrix is provided
758          to a sparse ``csc_matrix``.
759
760      y : array-like, shape = [n_samples] or [n_samples, n_outputs]
761          The target values (class labels) as integers or strings.
762
763      sample_weight : array-like, shape = [n_samples] or None
764          Sample weights. If None, then samples are equally weighted. Splits
765          that would create child nodes with net zero or negative weight are
766          ignored while searching for a split in each node. Splits are also
767          ignored if they would result in any single class carrying a
768          negative weight in either child node.
769
770      check_input : boolean, (default=True)
771          Allow to bypass several input checking.
772          Don't use this parameter unless you know what you do.
773
```

图 10-33

如果你是专业人士，希望研究、评估或者修改该函数，认真阅读源代码是非常有必要的。但是作为非计算机专业的你，如果仅是为了应用，那完全不必深入这样的细节，将别人写好的、广受好评的软件包当成黑箱，正确地使用就可以了。

但是基础必须打牢。数据科学应用的基础，主要是编程、数学和英语。数学（包括基础的微积分和线性代数）和英语许多本科专业都会开设。非计算机专业人士主要需要补习的是编程知识。只有明白基础的语法，才能和计算机进行无障碍的交流。

10.3.4　协作的快乐

了解了该学什么、学多深入之后，我们来谈谈提升学习效率的终极秘密武器。

这个武器，就是协作。协作的好处，似乎是人人都知道的。但是，在实践中，很多人根本没有协作。因为我们长期接受的训练是"独立"解决问题。但是，你即便再习惯一个人完成某些"创举"，也不得不逐渐面对一个真实而残酷的世界——一个人的单打独斗很难带来大成就，你必须学会协作。

非计算机专业人士在面对屏幕编程时，可能会有一种孤独无助的感觉，似乎自己被这个世界抛弃了。这种错误的心态会让这些人变得焦虑、恐慌，而且很容易放弃。协作却可以将人们从这种孤独感中拯救出来，而且这些人需要主动地、更好地协作。

你面前的计算机或者移动终端，就是无数人的协作成果。你用的操作系统，也是无数人的协作成果。你用的编程语言，还是无数人的协作成果。你调用的每一个软件包，依然是无数人的协作成果。并非只有你所在的小团队的沟通和共事，才叫作协作，协作其实早已发生在世界级别的尺度上了。

当你从 GitHub 上下载并使用某个开源软件包的时候，你就与软件包的作者建立了协作关系。想想看，这些人可能受雇于大型信息技术企业，月薪达到 6 位数（美元），能与他们协作不是很难得的机会吗？

当你在论坛上提出技术问题并且获得解答的时候，就与其他的使用者建立了协作关系。这些人有可能是资深的信息技术专家，他们做咨询的收费是按照秒来算的。

这个社会就是因为分工协作，才变得更加高效的。

数据科学也是一样。谷歌、微软等公司为什么开源自己的深度学习框架，给全世界免费使用？正是因为他们明白协作的终极含义，知道这种看似吃亏的事情，带来的回报无法估量。

这种全世界范围内的协作，使得知识产生的速度加快，用户的需求被刻画得更清晰透彻，也使得技术应用的范围被拓宽，深度被加深。

如果你在这个协作系统里，就会和系统一起日新月异地发展。如果你不幸脱离于这个系统，就只能看着别人一飞冲天了。

这样的时代，你该怎么更好地和别人协作呢？

首先，你要学会寻找协作的伙伴。这就需要你掌握搜索引擎、问答平台和社交媒体等的应用。你要不断更新自己的认知，找到更适合解决问题的工具，向更可能回答你问题的人提问。经常到 GitHub 和 Stack Overflow 上逛一逛，收获可能大到令你吃惊。

其次，要有清晰的逻辑和准确的表达方式。不管是搜寻答案，还是提出问题，清晰的逻辑都能让我们少走弯路。表达水平决定了你与他人协作的有效性和深度。

最后，不要只做接受帮助者，要尝试主动帮助别人解决问题，把自己的代码开源在 GitHub上，写文章分享自己的知识和见解。这不仅可以帮你在社交网络中积累资源，还可以使你通过别人的反馈增长自己的认知。你可以通过其他人的赞同、评论等更正自己的错误概念，使自己取得更大进步。

可以带来协作的链接，就在那里。如果你不知道它们的存在，它们就是虚幻的。当大家了解它们、掌握它们、使用它们，它们带来的巨大益处就是实打实的。

10.3.5　小结与思考

我们谈了目标。它可以帮助你分清楚哪些需要学，哪些不需要学。你现在应该知道找到目标的有效方法——项目实践或者案例学习。

我们聊了深度。你了解到大部分的功能实现只需要了解黑箱接口就可以，不需要深入内部的细节。然而对于基础知识和技能，你应务必夯实，才能走得更远。

我们强调了协作。你应充分使用别人的优质工作成果，主动分享自己的认知，与更多优秀的人建立链接，摆脱单兵作战的窘境，把自己变成优质协作系统中的关键节点。

愿你在学习数据科学过程中，获得认知的增长，享受知识和技能更新带来的愉悦，放下焦虑感，体验学习的美好感受。

10.4　数据科学入门后，该做什么？

我们提供 3 种学习方式，助你建构多重网络，获得能力与价值的非线性增长。

10.4.1　打开进阶之路

到了这里，很多读者肯定已经跟着我们的全部教程，从头到尾实践了一遍。中间不懂的地方，也专门看书或者上网查找，获得了解决方法。你感觉自己数据科学算是入门了，但是之后该做什么呢？

读完这本书，达成学习目的的背后，一定是辛勤的付出，而且从入门到进阶，绝不是再多去看几本书这么简单。我们也不希望大家在付出这些时间和汗水后就此止步。

下一步该干什么？我认为主要包括 3 点：

- 实践中学习；
- 教学中学习；
- 传播中学习。

希望这部分内容能帮助主动勤奋学习的你，在入门数据科学之后，走上高效进阶之路。

10.4.2　实践中学习

第 1 种方式，是在实践中学习。简单来说，就是针对现实世界中的任务，整合与磨炼自己的技能。

　　为什么是"现实世界中的任务"？教科书里面的任务，往往为了结果的一致性和讲解方便，隐藏了很多的细节。尤其是数据，基本上都是清理好的，或者是很容易整理和转换的，将其直接输入模型，就可以得出结果。这样确实有助于提升你的成就感。

　　但是处理一次现实世界的数据你就会发现，如果一个机器学习任务，整体的时长是 10 小时的话，那么其中大概 8 小时都不是用来建模训练的。建模这件事，如今做起来，可能和搭积木几乎没区别。本书介绍了少量代码搞定图像识别的例子。更极端的例子是连写代码的步骤都可以省略。你只需要根据目标把若干层次堆叠好，剩下的就是算力和时间在发挥功效了。

　　我曾疑惑学生是怎么获得很高的图像识别率的，是如何调整超参数的？而学生告诉我他们用了 Google 的 Cloud AutoML。超参数调整由云端后台直接"搞定"，根本不用自己调整。

　　但是，你应该清楚，即便在数据和模型齐备的情况下，为了能够让你的原始数据可以被这个标准化的模型接受，你也要花费不少时间和心力。

　　文本数据需要进行编码转换（有些词汇里面有非英文拉丁字母）、替换标点和特殊符号（例如 Emoji 符号）、处理大小写，同样也需考虑停用词问题。对于中文，甚至还需要分词。还需要找到足够好的词嵌入模型。对于长短不同的句子，也要明白该如何截断和补齐。

　　时间序列需要清理缺失数据、提取特征、设定时间窗口和地理围栏。为了平衡数据集，还需要在随机抽取的基础上，考虑前导事件序列是否有重复，是否为空。面对一个大小只有 1GB 的小型数据集，如果操作不当，这些预处理动作将会耗费大量的时间资源。

　　如果你只是满足于用别人清理好的数据直接输入模型，那么这些知识你是不会接触到的。你只有在实践中，才可能积累这种层级的认知。而当你不断扩展和延伸这些琐碎的、书本上来不及介绍的知识时，你就在向着专业的高峰攀爬。

　　你可以把学到的数据分析技能应用到自己的研究与工作中，变手工为自动，让老板和客户赞叹；也可以把基于规则的系统，改造成从数据中提炼规律的智能自适应系统；也可以去参加五花八门的开放数据竞赛，与各路高手过招。

　　有了这些积累，你甚至可以尝试在工作与学习之余，打造自己的智能应用。挖掘痛点、迭代开发，把成果放到应用商店或者网站上。

10.4.3　教学中学习

　　第 2 种方式，是在教学中学习。但是这并非要求你转换职业去当老师。因为你可能常听过一句话，叫作"教是最好的学"。

　　"教"这个动作蕴含着两件事：输出和被接受。输出可以"倒逼"你的输入，而且是高质量输入。为了讲出来，你就必须自己弄懂。

　　自己弄懂之后，还不算结束。因为"教"是有明确对象的，对方能否接受和理解，才是评价你教学效果的准则。

　　为了让对方接受和理解，你就不得不想办法，把原来仅限于自己理解的知识，用举例、说明、比喻等方法，包装成对方可以吸纳和理解的内容。为了说明白一些动态过程，你甚至需要制作动图乃至视频。教学这个过程，会充分强化自身与知识内容之间的连接。

你可能会认为，免费教学很吃亏。其实不然。教学过程中，你梳理了专业知识、打磨了沟通技巧、建立了声誉和信任感。不要对这些收获视而不见。并非只有货币化的回报才有价值。

你可以给身边的同事、同学、朋友讲解自己在数据分析实践中获得的新知识。还可以参加开放数据日等活动，给其他初级参与者以编程指导。如果你恰巧身边缺乏感兴趣的线下受众，也不要紧，我们有网络。知乎、Quora 和 Stack Overflow 等问答社区，都是给别人答疑解惑的好场所。你可以搜寻数据科学板块的热点问题，如果会就把答案写下来。在这个过程中，你也能充分触摸市场的温度，了解哪些具体问题更受人们关注。

10.4.4　传播中学习

第 3 种方式，是在传播中学习。

人们常说，这是一个个体崛起的时代。个体崛起的基础，是传播技术的发展。统计一下，每天大家花在微信、头条、知乎和抖音上的时间有多少。不只是你，许多人每天的时间和注意力，也会花在这些信息传播平台上。提醒一下，在这些平台上创作和发布内容是免费的。

把你实践的经验，用图文记录下来；把你之前线下的讲解教学，用视频展现出来。总之，要形成一个可发布的完整作品，而不只是片段。然后，找准用户群，将其放到相应的平台上。这样，你就能以最低廉的成本，把自己创作的文本、图像甚至是影像，传播到互联网。

有专业的团队替你解决租用服务器、网络安全、负载均衡，乃至是版权保护的问题，你只需要专注于内容。高质量、满足需求的内容，会给你带来更多的受众。更多的受众，会迅速提升你的专业声誉，扩大你的社会网络，乃至带来更多的优质机会。你在之前的实践和教学中积攒的认知，都会在这个过程中迅速放大，乃至充分变现。

10.4.5　小结与思考

实现数据科学的从入门到进阶，我给你推荐了 3 种方法，分别是：

- 实践中学习；
- 教学中学习；
- 传播中学习。

细心的你，一定已经发现了，这 3 种方法实际上是在帮助你扩展 3 个网络。

实践中学习，是在帮助你扩展技能网络。与知识、技能连接越多，你学习与领悟新知识就越快，尤其会提升你的专业敏感度。面对新问题，获取同样的信息，新手可能"眉毛胡子一把抓"，最终束手无策；而高手只要看一眼，就可以猜出问题可能出现在哪里，并且快速掌握对应的新知识，来加以解决。

教学中学习，是在帮助你扩展专业网络。给别人提供知识服务，不仅可以帮助自己提升沟通技能，打磨和优化知识结构，更是与同事、同学、同业建立更好连接的机会。你的收获，除了帮助别人所获取的快乐外，还有专业声誉（即靠谱程度）的提升。

在传播中学习，可以帮助你扩展社会网络。你可以利用日渐完善的内容传播平台，建立个人品牌，增加关注者数量。这将给你带来不可估量的优质机会，帮助你实现自己的价值与理想。

这三者之间绝不是孤立的关系，它们是相互促进的。

你有了更广阔的社会网络，就有更多的机会接触到更有价值的问题，获取更宝贵的专属数据，甚至是操作更丰富的计算资源，从而获得自己独特的技能认知，反过来促进技能网络的扩展。而你的技能增长，会让教学内容更有深度和质量，从而进一步扩展专业网络。你的声誉越高，口碑越好，就会受到越来越多的关注，加入你的社会网络的人也会越来越多。这种增长，即所谓"正反馈"，是非线性的。

我们早已在波澜不惊的世界里，习惯以线性观点来衡量事物的变化。所以总有一天，你会被自己的成长速度吓到。这就是为什么对"数据科学入门后，该做什么"这个问题，我无法给你推荐什么进阶书。因为你需要的，根本就不是另一本包含更多公式的高难度教材。

只有看到这些别人看不到的网络，把你自己融入真实的世界中，甚至逼迫自己适应并成长，你才有可能在技术、数据急速改变与塑造的新环境里借势而起，让自己充分增值，并且与适合自己的机遇产生联系。